スタンダード 工学系の 複素解析

安岡 康一・広川 二郎／著

講談社

はじめに

　本書は大学や高専専攻科で学ぶ「複素解析」の教科書として企画しました．講義に合わせて学習しやすいよう全 15 章として，各章には「**要点**」と，その章の理解に必要な「**準備**」事項を示しました．また本文のあとには「**展開**」という練習問題をつけました．1 時間の講義には 2 時間の予習・復習が必要とされていますが，本書に沿って学習すれば無理なく行えます．

　本文枠外には**要点**マークをつけて，各章の要点が本文のどこに書かれているかを一目でわかるように工夫しました．また図は 3 色にしてポイントを理解しやすくしました．

　本書の構成は「I．複素関数」「II．微分・積分」「III．展開・留数・応用」の 3 部で，各部は 5 章に分かれています．各部の扉には何をどの順に学ぶのかを説明するとともに，各章の項目と代表的な式や図を示しました．また各部の終わりにはその部で学んだ事項を**確認事項**として章ごとに一覧表示したので，学習を済ませたあとにチェックマークで理解度の確認ができます．

　展開に載せた練習問題は各章 10 問程度です．本文の説明順に問題を配置しました．また巻末に略解をつけましたので必ず全問解いて，知識を定着させてください．

　工学系に必須の内容がコンパクトにまとまり，また予習・復習がしやすく，しかも低価格な教科書に仕上がっていると感じていただければ幸いです．

　　　　　　　　　　　　　　　　　　　著者を代表して　安岡康一

スタンダード工学系の複素解析　目次

はじめに iii

第 I 部　複素関数 1

1　複素数 2
　1.1　複素数 2
　1.2　複素平面 3
　1.3　極形式 5

2　複素平面 8
　2.1　ド・モアブルの定理 8
　2.2　n 乗根 9
　2.3　複素平面図形 11

3　複素関数 14
　3.1　複素関数 14
　3.2　写像 16
　3.3　1 次変換 17

4　指数・三角関数 20
　4.1　指数関数 20
　4.2　三角関数 22

5　双曲線・対数・べき関数 26
　5.1　双曲線関数 26
　5.2　対数関数 28
　5.3　べき関数 30

第 II 部 微分・積分 ... 33

6 正則性 ... 34
- 6.1 微分と正則性 ... 34
- 6.2 コーシー・リーマンの方程式 ... 36
- 6.3 正則性の判定 ... 37

7 複素関数の微分 ... 40
- 7.1 微分公式 ... 40
- 7.2 調和関数 ... 42
- 7.3 複素ポテンシャル ... 43

8 複素積分と積分路 ... 46
- 8.1 線積分 ... 46
- 8.2 積分公式 ... 47
- 8.3 積分路 ... 49

9 コーシーの積分定理 ... 52
- 9.1 コーシーの積分定理 ... 52
- 9.2 積分路の変更 ... 54
- 9.3 多重連結領域の扱い ... 56

10 コーシーの積分公式 ... 58
- 10.1 コーシーの積分公式 ... 58
- 10.2 正則関数の導関数 ... 60
- 10.3 モレラの定理,リューヴィルの定理 ... 62

第 III 部 展開・留数・応用 ... 65

11 級数展開 ... 66
- 11.1 数列と級数 ... 66
- 11.2 べき級数 ... 68

11.3　収束半径 70

12　べき級数とテーラー展開 72
　　　12.1　テーラー展開 72
　　　12.2　正則関数のべき級数表示 74
　　　12.3　べき級数の性質 76

13　ローラン展開と留数 78
　　　13.1　ローラン展開 78
　　　13.2　特異点 81
　　　13.3　留数の求め方 81

14　留数による実積分 84
　　　14.1　留数定理 84
　　　14.2　三角関数を含む実定積分 85
　　　14.3　有理関数の定積分 86
　　　14.4　フーリエ変換型の定積分 88

15　複素積分の応用 90
　　　15.1　矩形積分路 90
　　　15.2　主値積分 91
　　　15.3　分岐点とリーマン面 93

問題略解 97
参考文献 103
索引 104

I 複素関数

　複素数は工学のあらゆる場面で使われています．とくに工学系大学課程では複素数を変数とする複素関数の理解が求められます．第I部では，複素数，複素平面，複素平面図形といった基礎事項のあとに，複素関数とは何かを学びます．複素関数の指数関数，三角関数，対数関数などは実関数とは別に定義されます．複素関数を実関数と同じに扱える場合と扱えない場合を理解します．以下に各章の学習項目と項目を代表する式や図を示します．

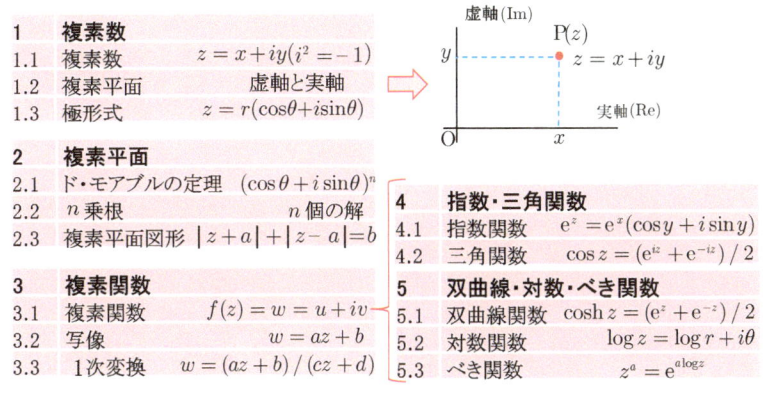

1　複素数
1.1　複素数　　　　$z = x + iy\,(i^2 = -1)$
1.2　複素平面　　　虚軸と実軸
1.3　極形式　　　　$z = r(\cos\theta + i\sin\theta)$

2　複素平面
2.1　ド・モアブルの定理　$(\cos\theta + i\sin\theta)^n$
2.2　n乗根　　　　　　n個の解
2.3　複素平面図形　$|z+a|+|z-a|=b$

3　複素関数
3.1　複素関数　　$f(z) = w = u + iv$
3.2　写像　　　　$w = az + b$
3.3　1次変換　　$w = (az+b)/(cz+d)$

4　指数・三角関数
4.1　指数関数　$e^z = e^x(\cos y + i\sin y)$
4.2　三角関数　$\cos z = (e^{iz} + e^{-iz})/2$

5　双曲線・対数・べき関数
5.1　双曲線関数　$\cosh z = (e^z + e^{-z})/2$
5.2　対数関数　　$\log z = \log r + i\theta$
5.3　べき関数　　$z^a = e^{a \log z}$

1 複素数

> **要点**
> 1. 複素数 $z = x + iy$ の実部 x を $\mathrm{Re}\, z$, 虚部 y を $\mathrm{Im}\, z$ と表す．
> 2. z の極形式は $z = r(\cos\theta + i\sin\theta)$, 絶対値 $|z| = r$, 偏角 $\arg z = \theta$.
> 3. 偏角は $\theta = \mathrm{Arg}\, z + 2n\pi$, $\mathrm{Arg}\, z$ を主値とよび，範囲を 2π に限定する．
> 4. 複素数の加減乗除は複素平面上での絶対値と偏角の変化で表される．

> **準備**
> 1. 整数，実数，有理数，無理数の関係を確認する．
> 2. $(x\,y)$ 平面上の任意の直線について，位置や傾きを方程式で表せ．

1.1 複素数

2乗して -1 となる数 i を次式のように定義する．i を **虚数単位** という．

$$i^2 = -1$$

複素数 は実数と虚数単位の組み合わせによって次式のように表す．

$$z = x + iy \,(= x + yi)$$

x を複素数 z の **実部** とよび $\mathrm{Re}\, z$ と書き，y を **虚部** とよんで $\mathrm{Im}\, z$ と書く．また，実部が 0 の $z = iy\,(y \neq 0)$ を **純虚数** という．

2つの複素数 $z_1 = x_1 + iy_1$, $z_2 = x_2 + iy_2$ が等しいとは，次式のように実部と虚部がともに等しいことをいう．よって，$z = 0$ は，$x = y = 0$ を意味する．

$$z_1 = z_2 \quad \Leftrightarrow \quad x_1 = x_2 \quad \text{かつ} \quad y_1 = y_2$$

複素数の四則演算は次ページの式で定義される．実部と虚部は個別に計算し，乗算では $i^2 = -1$ の関係を代入，除算では分母を有理化している．

加：$z_1 + z_2 = (x_1 + iy_1) + (x_2 + iy_2) = (x_1 + x_2) + i(y_1 + y_2)$
減：$z_1 - z_2 = (x_1 + iy_1) - (x_2 + iy_2) = (x_1 - x_2) + i(y_1 - y_2)$
乗：$z_1 z_2 = (x_1 + iy_1)(x_2 + iy_2) = (x_1 x_2 - y_1 y_2) + i(x_1 y_2 + x_2 y_1)$
除：$\dfrac{z_2}{z_1} = \dfrac{x_2 + iy_2}{x_1 + iy_1} = \dfrac{(x_2 + iy_2)(x_1 - iy_1)}{(x_1 + iy_1)(x_1 - iy_1)} = \dfrac{x_1 x_2 + y_1 y_2}{x_1^2 + y_1^2} + i\dfrac{x_1 y_2 - x_2 y_1}{x_1^2 + y_1^2}$

例題 1.1 $z_1 = -2 + 3i$, $z_2 = 1 - 2i$ について四則演算せよ．

答 加：$z_1 + z_2 = (-2 + 3i) + (1 - 2i) = -1 + i$
減：$z_1 - z_2 = (-2 + 3i) - (1 - 2i) = -3 + 5i$
乗：$z_1 \cdot z_2 = (-2 + 3i) \cdot (1 - 2i) = (-2 + 6) + (4 + 3)i = 4 + 7i$
除：$\dfrac{z_2}{z_1} = \dfrac{(1 - 2i)(-2 - 3i)}{(-2 + 3i)(-2 - 3i)} = \dfrac{-8 + i}{4 + 9} = \dfrac{-8}{13} + \dfrac{1}{13}i$ ■

1.2 複素平面

実数を数直線上の点に対応させたように，複素数 $z = x + iy$ を，(x, y) 平面上の点 $\mathrm{P}(z)$ に 1 対 1 対応させることができる．この平面を**複素平面**または**複素数平面**といい，図 1.1 のように表す．y 軸を**虚軸**，x 軸を**実軸**といい，両者の交点を原点 O とよぶ．原点 O と点 P との距離を複素数 z の**絶対値**といい，$|z|$ で表す．よって $|z| = |x + iy| = \sqrt{x^2 + y^2}$ である．

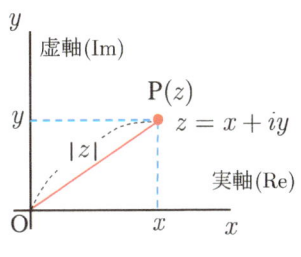

図 1.1 複素平面

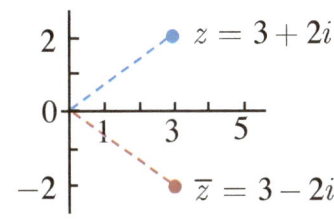

図 1.2 共役複素数

複素数 $z = x + iy$ に対して複素数 $\bar{z} = x - iy$ を z の**共役複素数**といい，$\bar{z}$ で表す．図 1.2 の例からわかるように，$\bar{z}$ は実軸に対して z と対称の位置にある．

$$\bar{z} = x - iy \quad (z = x + iy) \tag{1.1}$$

であるから，z と $\bar{z}$ の和と差よりよく使う関係式 (1.2) が求まる．

$$\frac{z+\bar{z}}{2} = \operatorname{Re} z = x, \quad \frac{z-\bar{z}}{2i} = \operatorname{Im} z = y \tag{1.2}$$

また共役複素数については次式が成り立つ．

(a) $\overline{z_1 + z_2} = \bar{z}_1 + \bar{z}_2$ (b) $\overline{z_1 - z_2} = \bar{z}_1 - \bar{z}_2$ (c) $\overline{z_1 z_2} = \bar{z}_1 \bar{z}_2$

(d) $\overline{\left(\dfrac{z_1}{z_2}\right)} = \dfrac{\bar{z}_1}{\bar{z}_2}$ (e) $\operatorname{Re} z = \dfrac{z+\bar{z}}{2}$ (f) $\operatorname{Im} z = \dfrac{z-\bar{z}}{2i}$

たとえば (c) は $z_1 z_2 = (x_1 x_2 - y_1 y_2) + i(x_1 y_2 + x_2 y_1)$ だから，$\overline{z_1 z_2} = (x_1 x_2 - y_1 y_2) - i(x_1 y_2 + x_2 y_1) = (x_1 - iy_1)(x_2 - iy_2) = \bar{z}_1 \bar{z}_2$ と確認できる．

例題 1.2 $\bar{\bar{z}}$, $z \cdot \bar{z}$, $|z_1 + z_2|^2$ を求めよ．

答 $\bar{\bar{z}} = \overline{\overline{x+iy}} = \overline{x-iy} = x+iy = z$,
$z \cdot \bar{z} = (x+iy)(x-iy) = x^2 - ixy + ixy - i^2 y^2 = x^2 + y^2 = |z|^2$,
$|z_1 + z_2|^2 = (z_1 + z_2)\overline{(z_1 + z_2)} = (z_1 + z_2)(\bar{z}_1 + \bar{z}_2)$
$= z_1 \bar{z}_1 + (z_1 \bar{z}_2 + \overline{z_1 \bar{z}_2}) + z_2 \bar{z}_2 = |z_1|^2 + 2\operatorname{Re}(z_1 \bar{z}_2) + |z_2|^2$
($z \cdot \bar{z} = |z|^2$ の関係はよく使う) ∎

図 1.3 は 2 つの複素数 $z_1 = 3+i$, $z_2 = 1+2i$ の和：$z_1 + z_2 = 4+3i$ を，複素平面図形として求めたもので，一方の複素数と原点を結ぶ線分を平行移動して他方の点につなげている．減算 $z_1 - z_2$ は z_1 と $-z_2$ の和と考えればよいので，図 1.4 のように原点に対して z_2 と対称な位置に $-z_2 (= -x_2 - iy_2)$ をおき z_1 との和をとる．

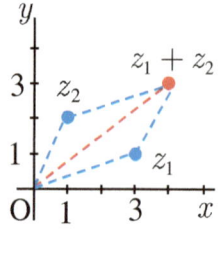

図 1.3 複素数の和

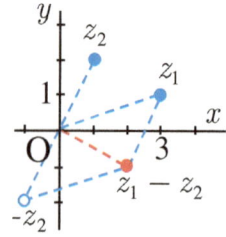

図 1.4 複素数の差

1.3 極形式

図 1.5 に示すように,複素数 $z = x + iy (\neq 0)$ に対応した複素平面上の点を P とする.原点 O から点 P までの距離を r,実軸の正の部分から線分 OP へなす角を θ とすると,$x = r\cos\theta$,$y = r\sin\theta$ である.よって式 (1.3) が成り立ち,これを**極形式**という.なお,$\theta = \tan^{-1}\dfrac{y}{x}$ である.

$$z = r(\cos\theta + i\sin\theta) \tag{1.3}$$

r は複素数 z の絶対値に等しく式 (1.4) の関係が得られる.

$$r = |z| = \sqrt{x^2 + y^2} = \sqrt{z\bar{z}} \tag{1.4}$$

また $|z|^2 = (\operatorname{Re} z)^2 + (\operatorname{Im} z)^2$ の関係式より,不等式 $|z| \geq \operatorname{Re} z$,$|z| \geq \operatorname{Im} z$ が成り立つ.なお 2 つの複素数について,不等式 $|z_1| > |z_2|$ は実数の大小関係を表すが,$z_1 > z_2$ は意味をなさない.

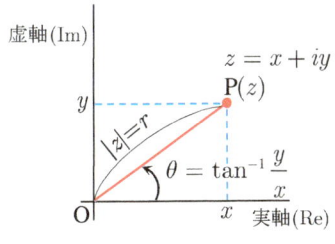

図 1.5 極形式

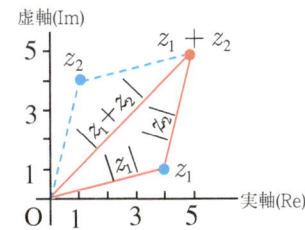

図 1.6 三角不等式

図 1.6 は,2 つの複素数 z_1 と z_2 の加算を示す.三角形の 2 辺の和は他の 1 辺よりも大きいので,式 (1.5) に示す三角不等式が成り立つ.

$$|z_1 + z_2| \leq |z_1| + |z_2| \tag{1.5}$$

式 (1.5) から帰納法により,一般化された三角不等式 (1.6) が求まる.

$$|z_1 + z_2 + \cdots + z_n| \leq |z_1| + |z_2| + \cdots + |z_n| \tag{1.6}$$

よって複素数の和の絶対値は各複素数の絶対値の和を超えることはない.

図 1.5 の θ は式 (1.7) のように表され θ を**偏角**とよんで $\arg z$ で表す．

$$\theta = \arg z \tag{1.7}$$

ただし，1 つの偏角を θ とすると，一般に $\arg z = \theta + 2n\pi$（n は整数）と表されるため，偏角の範囲を 2π に限定する場合がある．通常 $-\pi < \theta \leq \pi$ または $0 \leq \theta < 2\pi$ の範囲が使われ，この範囲内の偏角を**主値**といい，大文字の $\mathrm{Arg}\, z$ で表す．

複素数 $z = x + iy$ は極形式の $z = r(\cos\theta + i\sin\theta)$ に変換することができる．たとえば $z = 1 - \sqrt{3}i$ を変換する場合は，絶対値を $|z| = \sqrt{1^2 + (\sqrt{3})^2} = 2$ と求め，次に偏角を $\theta = \tan^{-1}\dfrac{-\sqrt{3}}{1} = -\dfrac{\pi}{3}$ と求める．以上から求める極形式は $z = 1 - \sqrt{3}i = 2\left\{\cos\left(-\dfrac{\pi}{3} + 2n\pi\right) + i\sin\left(-\dfrac{\pi}{3} + 2n\pi\right)\right\}$ である．このように，偏角の範囲が指定されていない場合は，$2n\pi$ を加えることに注意する．

図 1.7 は，2 つの複素数 $z_1 = r_1(\cos\theta_1 + i\sin\theta_1)$，$z_2 = r_2(\cos\theta_2 + i\sin\theta_2)$ の積 $z_1 z_2$ を複素平面上で表す．三角関数の加法定理を使って整理すると，

$$z_1 z_2 = r_1 r_2 (\cos\theta_1 \cos\theta_2 - \sin\theta_1 \sin\theta_2) + i(\sin\theta_1 \cos\theta_2 + \cos\theta_1 \sin\theta_2)$$
$$= r_1 r_2 \{\cos(\theta_1 + \theta_2) + i\sin(\theta_1 + \theta_2)\}$$

となる．よって積の場合に絶対値は積，偏角は和として式 (1.8) で与えられる．

$$|z_1 z_2| = r_1 r_2 = |z_1||z_2|, \quad \arg(z_1 z_2) = \theta_1 + \theta_2 = \arg z_1 + \arg z_2 \tag{1.8}$$

よってある複素数に $z = \cos\theta + i\sin\theta$ をかけると，絶対値は変わらないが，偏角は角度 θ 増加するといえる．たとえば $z = i$ の場合 $\theta = \dfrac{\pi}{2}$ だから，ある複素数に i をかけると原点を中心に反時計まわりに $\dfrac{\pi}{2}$ 回転する．この様子を図 1.8 に示す．

除算については，積の式 $|zz_1| = |z||z_1|$，$\arg(zz_1) = \arg z + \arg z_1$ において，$z = \dfrac{z_2}{z_1}$ とおけば式 (1.9) が得られる．

$$\left|\dfrac{z_2}{z_1}\right| = \dfrac{|z_2|}{|z_1|}, \quad \arg\dfrac{z_2}{z_1} = \arg z_2 - \arg z_1 \tag{1.9}$$

よって

$$\dfrac{z_2}{z_1} = \dfrac{r_2}{r_1}\{\cos(\theta_2 - \theta_1) + i\sin(\theta_2 - \theta_1)\} \tag{1.10}$$

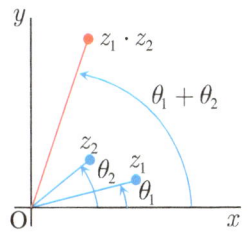
図 1.7 複素数の積

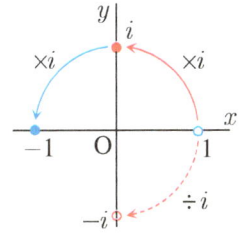
図 1.8 i の作用

である．ある複素数を i で割ると，図 1.8 のように時計まわりに $\frac{\pi}{2}$ 回転する．

例題 1.3 複素数 $z = 1 + i$ を極形式に変換せよ．
答 $|z| = \sqrt{1^2 + 1^2} = \sqrt{2}$, $\theta = \tan^{-1} \frac{1}{1} = \frac{\pi}{4}$ より $z = \sqrt{2} \left(\frac{1}{\sqrt{2}} + i \frac{1}{\sqrt{2}} \right)$
$= \sqrt{2} \left\{ \cos \left(\frac{\pi}{4} + 2n\pi \right) + i \sin \left(\frac{\pi}{4} + 2n\pi \right) \right\}$ ∎

展開

問題 1.1 以下について $z_1 + z_2$, $z_1 - z_2$, $z_1 \cdot z_2$, $\frac{z_2}{z_1}$ を計算せよ．
(1) $z_1 = i$, $z_2 = 1 - i$ (2) $z_1 = 8 + 3i$, $z_2 = 9 + 2i$
(3) $z_1 = 2 - i$, $z_2 = \overline{z_1} = 2 + i$

問題 1.2 以下の複素数を複素平面上に図示し，その絶対値を求めよ．
(1) $-\frac{1}{\sqrt{2}} + \frac{1}{\sqrt{2}} i$ (2) $\sqrt{3} + i$ (3) $-3 - \sqrt{3} i$

問題 1.3 三角不等式 $|z_1 + z_2| \leq |z_1| + |z_2|$（式 (1.5)）を，$|z|^2 = z\overline{z}$ および $2\mathrm{Re} z = z + \overline{z}$ の関係を利用して導出せよ．

問題 1.4 $|z_1 - z_2| \geq |z_1| - |z_2|$ となることを**問題 1.3** と同様に示せ．

問題 1.5 $\overline{z} - 2iz = 1 + i$ より z を求めよ．

問題 1.6 偏角の範囲を $0 \leq \theta < 2\pi$ として，以下の複素数 z を極形式で表せ．
(1) $1 + \sqrt{3} i$ (2) $\frac{\sqrt{3}}{4} - \frac{1}{4} i$ (3) $\frac{-\sqrt{3}}{2}$ (4) $\left(\sqrt{3} + i \right)^2$
(5) $\frac{1 - i}{1 + i}$

2 複素平面

> **要点**
> 1. ド・モアブルの定理は $(\cos\theta + i\sin\theta)^n = \cos n\theta + i\sin n\theta$ である．
> 2. $w = \sqrt[n]{z}$ を z の n 乗根といい，異なる n 個の値をもつ．
> 3. 1 の n 乗根は $\sqrt[n]{1} = \left(\cos\dfrac{2k\pi}{n} + i\sin\dfrac{2k\pi}{n}\right)$ $(k = 0, 1, \cdots, n-1)$．
> 4. 複素平面上の図形は加・減算により平行移動，乗・除算により回転・拡大縮小する．

> **準備**
> 1. $z = 1 + i$ として，複素平面上に $z, \bar{z}$, および $-z$ を図示せよ．
> 2. 続いて，$z, 2z, z + \bar{z}$ を図示し偏角を求めよ．
> 3. 続いて，$z^2, \dfrac{1}{z}, \dfrac{1}{z^2}$ を図示し偏角を求めよ．

2.1 ド・モアブルの定理

複素数の積を表す式 (1.8) で，$z_1 = z_2 = z = r(\cos\theta + i\sin\theta)$ とおくと，$|z^2| = r^2$, $\arg(z^2) = 2\theta$ である．よって $z^2 = r^2(\cos 2\theta + i\sin 2\theta)$ となる．また z^3 は $z \cdot z^2$ だから，$|z^3| = r^3$, $\arg(z^3) = 3\theta$ である．よって $n = 1, 2, \cdots$ について次式が成り立つ．

$$z^n = r^n (\cos n\theta + i\sin n\theta)$$

$n < 0$ については式 (1.10) で，$z_2 = 1$, $z_1 = z^n$ とおいて $n = -1, -2, \cdots$ とすれば同様に計算できる．ここで複素数の絶対値を $|z| = r = 1$ として $z = (\cos\theta + i\sin\theta)$ とすれば，式 (2.1) に示す**ド・モアブルの定理**が導かれる．

$$(\cos\theta + i\sin\theta)^n = \cos n\theta + i\sin n\theta \quad (n = 0, \pm 1, \pm 2, \cdots) \tag{2.1}$$

式 (2.1) の左辺は $n = 2$ の場合に $\cos^2\theta + 2i\cos\theta\sin\theta - \sin^2\theta$ となるので，

次式に示す三角関数の 2 倍角の公式が導かれる．

$$\cos 2\theta = \cos^2 \theta - \sin^2 \theta, \quad \sin 2\theta = 2\cos\theta \sin\theta$$

例題 2.1 $z = \dfrac{1}{\sqrt{3}} + i$ とする．ド・モアブルの定理を使って z^2, z^3 を計算し，さらに z, z^2, z^3 を複素平面上に図示せよ．

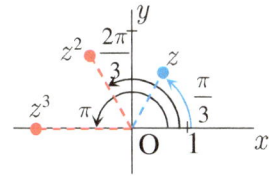

答 z を極形式で表すと，$z = \dfrac{2}{\sqrt{3}}\left(\cos\dfrac{\pi}{3} + i\sin\dfrac{\pi}{3}\right)$ となるから $z^2 = \dfrac{4}{3}\left(\cos\dfrac{2\pi}{3} + i\sin\dfrac{2\pi}{3}\right)$．同様に $z^3 = \dfrac{8}{3\sqrt{3}}(\cos\pi + i\sin\pi)$．よって右図のように図示できる． ■

2.2　n 乗根

自然数 n により，$z = w^n$ となる w を z の n 乗根といい，次式で表す．

$$w = \sqrt[n]{z}$$

w の絶対値を R，偏角を ϕ とすると $w = R(\cos\phi + i\sin\phi)$ なので，ド・モアブルの定理 (2.1) を使えば $w^n = R^n(\cos n\phi + i\sin n\phi) = z$ となる．$z = r\{\cos(\theta + 2k\pi) + i\sin(\theta + 2k\pi)\}$ とおいて絶対値と偏角を比較すると，

$$R = \sqrt[n]{r}, \quad \phi = \frac{\theta}{n} + \frac{2k\pi}{n}$$

となる．$k = n$ で ϕ の第 2 項は 2π となり $k = 0$ と同じになる．よって z の **n 乗根**は次式で与えられ $k = 0, 1, \cdots, n-1$ の n 個の異なる値をもつ．なお $\arg z$ の主値に対応して，$k = 0$ での値を $\sqrt[n]{z}$ の**主値**とよぶ．

$$\sqrt[n]{z} = \sqrt[n]{r}\left(\cos\frac{\theta + 2k\pi}{n} + i\sin\frac{\theta + 2k\pi}{n}\right) \quad (k = 0, 1, \cdots, n-1) \quad (2.2)$$

1 の n 乗根は $r = 1, \theta = 0$ として次式で表される．

$$\sqrt[n]{1} = \left(\cos\frac{2k\pi}{n} + i\sin\frac{2k\pi}{n}\right) \quad (k = 0, 1, \cdots, n-1) \quad (2.3)$$

偏角の範囲を $0 \leq \theta < 2\pi$ とした場合の 3 乗根 $\sqrt[3]{1}$, 4 乗根 $\sqrt[4]{1}$, 5 乗根 $\sqrt[5]{1}$ を図 2.1 に示す．それぞれの根は以下の式で与えられ，原点を中心とする半径 1 の円（これを**単位円**という）の円周を n 等分した点であることがわかる．

3 乗根　$1, -\dfrac{1}{2} + \dfrac{\sqrt{3}}{2}i, -\dfrac{1}{2} - \dfrac{\sqrt{3}}{2}i$

4 乗根　$1, i, -1, -i$

5 乗根　$\left(\cos\dfrac{2k\pi}{5} + i\sin\dfrac{2k\pi}{5}\right)$　$(k = 0, 1, 2, 3, 4)$

なお各解に対応する点は半径 1 の円に内接する正 3 角形，正 4 角形，正 5 角形の頂点と一致する．

図 2.1　$\sqrt[3]{1}$, $\sqrt[4]{1}$, $\sqrt[5]{1}$ の根

例題 2.2　$z^3 = 1 - i$ の解を求め図示せよ．z の偏角の範囲は $0 \leq \theta < 2\pi$ とする．

答　$z = r(\cos\theta + i\sin\theta)$ とおくと，$z^3 = r^3(\cos 3\theta + i\sin 3\theta)$．$1 - i = \sqrt{2}\left(\cos\dfrac{7\pi}{4} + i\sin\dfrac{7\pi}{4}\right)$ だから，$r^3 = \sqrt{2}$, $3\theta = \dfrac{7\pi}{4} + 2n\pi$．よって $r = \sqrt[6]{2}$, $\theta = \dfrac{7\pi}{12} + \dfrac{2}{3}n\pi$．偏角の範囲を考慮して $n = 0, 1, 2$ とおけば $z_1 = \sqrt[6]{2}\left(\cos\dfrac{7\pi}{12} + i\sin\dfrac{7\pi}{12}\right)$, $z_2 = \sqrt[6]{2}\left(\cos\dfrac{5\pi}{4} + i\sin\dfrac{5\pi}{4}\right)$, $z_3 = \sqrt[6]{2}\left(\cos\dfrac{23\pi}{12} + i\sin\dfrac{23\pi}{12}\right)$ となる．■

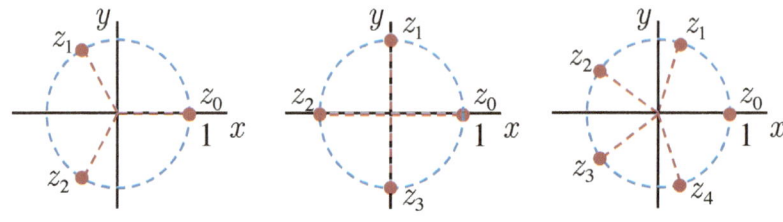

2.3 複素平面図形

複素数 z は複素平面上の 1 点を表すが，式 $z = iy$ は $\mathrm{Re}\, z = x = 0$ となる点の集合で直線となり，虚軸を表す．また $|z| = \sqrt{x^2 + y^2} = 1$ は原点からの距離が 1 となる点の集合で，原点を中心とする半径 $r = 1$ の円を表す．複素数の式で平面図形を表す方法はⅡ部の微分・積分で頻繁に使われる．

式 $\mathrm{Re}\, z > 0$ が表す範囲は図 2.2 に示す複素平面の右半面であり，虚軸上の点は含まないため破線とした．式 $|z+1| + |z-1| = 4$ は図 2.3 の楕円を表し，2 つの焦点 $(-1, 0)$ と $(1, 0)$ からの距離の和が 4 となる点の集合である．たとえば図中の赤の破線のように，点 $(-1, 0)$ から x 軸の正方向に距離 3 進み点 $(2, 0)$ で折り返すと点 $(1, 0)$ で距離 4 になる．また y 軸上の点 $(0, \sqrt{3})$, $(0, -\sqrt{3})$ も 2 つの焦点からの距離の和が 4 となることがわかる．

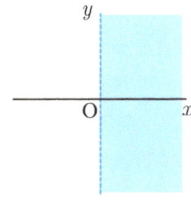

図 2.2　$\mathrm{Re}\, z > 0$　の範囲

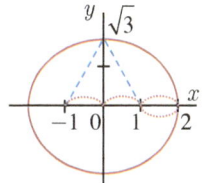

図 2.3　楕円:$|z+1| + |z-1| = 4$

例題 2.3　次の関係式を満たす z の範囲を図示せよ．
(1)　$1 \leq |z - 1 - i| < 2$　　(2)　$\dfrac{\pi}{3} < \theta \leq \dfrac{2}{3}\pi$

答　実線は点を含み，破線は点を含まないとして (1) は左下，(2) は右下．　■

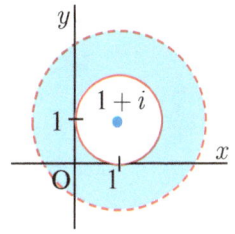

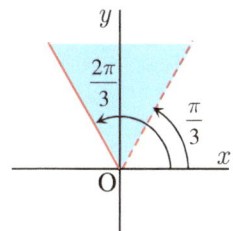

図 2.4 は図 1.3 に示した複素数の和を点の移動としてかき直した図である．$z+a$ は，点 z を a だけ平行移動することと同じである．図 2.5 に示す青の単位円 $|z|=1$ を赤の円に移動するときは $w=z+a$ とおく．$|z|=|w-a|=1$ より w を z におき換えればよい．点 a を中心とする半径 1 の円は $|z-a|=1$ となる．なお 4 章で学ぶ複素指数関数 e^{iz} を使うと中心 a，半径 1 の円は $z=a+\mathrm{e}^{i\theta}$ と表される．

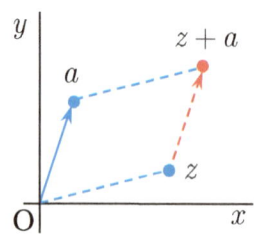

図 2.4 点 z を a だけ移動

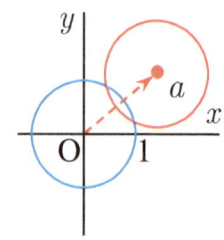

図 2.5 単位円 $|z|=1$ を a だけ移動

減算の図 1.4 をかき直すと図 2.6 となる．点 z を $-a$ だけ移動した点は $z-a$ であるが，原点から点 $z-a$ までの距離 $|z-a|$ は図形の対称性から 2 点 a,z 間の距離に等しい．このため点 z と点 a 間の距離は両者の差の絶対値 $|z-a|$ で求められる．

次に媒介変数を使って直線を表す方法を示す．図 2.6 の点 b,c はそれぞれ 2 点 a,z を通る直線が y 軸，x 軸と交わる点である．(x,y) 平面上では直線を式 $y=-\dfrac{b}{c}x+b$ で表すが z 平面上では媒介変数 t（実数）を使う．複素数 z,a,c は同一直線上の点なので $a-z=t(b-a)$ の関係がある．整理すると，直線の式は $z=a(1+t)-bt$ となる．なお $t=0$ で $z=a$，$t=-1$ で $z=b$ である．

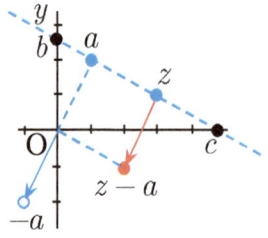

図 2.6 z と a 間の距離：$|z-a|$

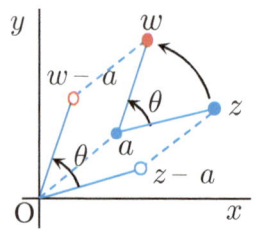

図 2.7 z を a のまわりに θ 回転

図2.7は点zを点aのまわりに角度θ回転させて点wに移動する様子を表している．偏角は原点を基点に定義した（図1.5）ので，図1.7からわかるようにある複素数に$z=\cos\theta+i\sin\theta$をかけると偏角は原点を基点にθだけ増加する．よって，はじめに線分azを点aが原点に重なるように平行移動する必要がある．zの移動先は点$(z-a)$で，θ回転すると点$(z-a)(\cos\theta+i\sin\theta)$となる．これは図の点$(w-a)$なので，$a$を足して平行移動すれば，点$z$を$a$のまわりに回転した複素数は$w=(z-a)(\cos\theta+i\sin\theta)+a$と求まる．

展開

問題 2.1 次のzを$a+ib$の形式で求めよ．
(1) $z=\left(\dfrac{\sqrt{3}}{4}-\dfrac{i}{4}\right)^{25}$
(2) $z=\left(-\dfrac{1}{8}+\dfrac{\sqrt{3}}{8}i\right)^{16}$

問題 2.2 次のzを$a+ib$の形式で求めよ．
(1) $z=\sqrt{\dfrac{\sqrt{3}}{4}-\dfrac{1}{4}i}$
(2) $z=\sqrt[4]{-\dfrac{1}{8}+\dfrac{\sqrt{3}}{8}i}$

問題 2.3 $z=1+i$ の3乗根を偏角の範囲 $-\pi<\theta\leq\pi$ で求め図示せよ．

問題 2.4 $z=-2\sqrt{3}-2i$ の4乗根を偏角の範囲 $0\leq\theta<2\pi$ で求め図示せよ．

問題 2.5 $|z-1-i|+|z+1-i|=4$ を満足する範囲を図示せよ．

問題 2.6 $-2<\operatorname{Im}z<2$ を満足する範囲を図示せよ．

問題 2.7 $|z-1|=2|z+2|$ を満足する範囲を図示せよ．

問題 2.8 $z^6+3z^3-4=0$ を解き，解を複素平面上に示せ．

3 複素関数

> **要点**
> 1. 複素関数 $w = f(z)$ は異なる 2 つの複素平面（z 平面, w 平面）上の点集合を関係づける.
> 2. z 平面上の点集合を w 平面上の点集合に対応づけることを写像という.
> 3. 複素定数 a, b, c, d による写像 $w = \dfrac{az + b}{cz + d}$ を z の 1 次変換という.

> **準備**
> 1. (x, y) 平面上の円, 楕円, 双曲線を表す 2 変数関数 $f(x, y)$ を示せ.
> 2. 関数 $\dfrac{az + b}{cz + d}$ の分子が分母の実数倍となる a, b, c, d の条件を示せ.

3.1 複素関数

複素平面上の**集合**とは，有限もしくは無限個の点の集まりのことで，たとえば直線上の点，円内部の点や方程式の解などがあてはまる．また点 z_0 を中心とする半径 ρ の円内部の点集合 $|z - z_0| < \rho$ を z_0 の**近傍**とよぶ.

図 3.1 は集合と点の分類を示す．集合 D に対して，点 z_0 とその十分小さい近傍が集合 D に完全に含まれる点 z_0 を**内点**という．これに対して点 z_1

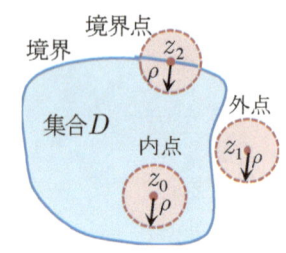

図 3.1 集合と点

とその十分小さい近傍が集合 D に含まれない点 z_1 を**外点**という．内点でもなく外点でもない点 z_2 を**境界点**といい境界点の集合を**境界**という.

境界点を 1 つも含まない集合を**開集合**，境界点をすべて含む集合を**閉集合**という．たとえば $|z| < 1$ は開集合，$|z| \leq 1$ は閉集合である．集合 D 内の任意の 2 点を D 内の連続曲線で結ぶことができるとき，集合 D は**連結**であるという.

また連結である開集合を**領域**という．連結でない集合の例としては $xy > 0$ がある．この場合は第 1 象限と第 3 象限の点集合であるが両象限の任意の 2 点を集合内の連続曲線で結ぶことはできない．なお領域は数直線上の区間に相当する．また領域にいくつか，もしくはすべての境界点を加えた集合を**範囲**という．

複素平面上の領域 D 内の複素数 z に，複素数 w が対応するとき，$w = f(z)$ と表し，$f(z)$ を**複素関数**という．領域 D を f の**定義域**，z を f の**独立変数**，w を f の**従属変数**という．また独立変数 z のある面を **z 平面**，関数値 $w = f(z)$ を示す面を **w 平面**という．w を領域 S 内の点とすると，$f(z)$ は図 3.2 に示すように異なる複素平面上の点を関係づけることがわかる．なお，領域は境界を含まないため破線で示した．

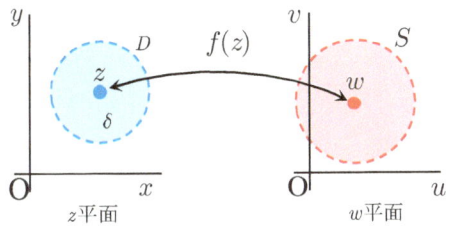

図 3.2　複素関数 $f(z)$ と z 平面および w 平面の関係

複素数 z に対して 1 つの関数値 $w = f(z)$ が対応するとき，関数 $f(z)$ は**1 価関数**であるという．このとき複数の異なる z に同じ w が対応してもよい．また，1 つの z に対して 2 つ以上の関数値が対応する場合を**多価関数**という．

実数の変数 x, y を**実変数**という．x, y が独立変数の場合，$z = x + iy$ を**複素変数**とよぶ．u, v が独立変数の複素変数として $w = u + iv (u = \mathrm{Re}\, w, v = \mathrm{Im}\, w)$ と表すとき，$w = f(z)$ の関係より，u, v はそれぞれ x, y の関数となる．このため w を，

$$w = f(z) = u(x, y) + iv(x, y)$$

と表す．なお u, v のように，変数が実数の関数を**実関数**という．

実関数は 2 次元の (x, y) 平面上のグラフで表すことができる．しかし複素関数の場合は，独立変数が複素数 $(z = x + iy)$ で従属変数も複素数 $(w = u + iv)$ のため，合計 4 次元となり 2 次元平面上のグラフでは表すことができない．このため異なる 2 平面である z 平面および w 平面上に，別々に表す必要がある．

例題 3.1 $z = x + iy$ として次の関数の実部 $u(x, y)$, 虚部 $v(x, y)$ を求めよ.
(1) $w = z^2 + z$　(2) $w = \dfrac{z}{\bar{z}}$

答　(1) $u = \text{Re}\, w = x^2 - y^2 + x$, $v = \text{Im}\, w = 2xy + y$

(2) $w = \dfrac{(x+iy)(x+iy)}{(x-iy)(x+iy)}$ より $u = \text{Re}\, w = \dfrac{x^2 - y^2}{x^2 + y^2}$, $v = \text{Im}\, w = \dfrac{2xy}{x^2 + y^2}$　■

3.2　写像

 z 平面上の集合 D の各点を, 複素関数 $w = f(z)$ によって w 平面上の点 $f(D)$ に対応づけることを, **写像**または**変換**という. $f(z)$ は z の**像**という.

写像を使うと, 複素平面の関係を幾何学的にわかりやすく示すことができる. なお 2.3 節では, z 平面上の演算により点や線および図形がどのように移動するかを説明したが, この節では複素関数 $f(z)$ によって z 平面上の図形が, w 平面上の図形にどのように変換されるかを示す.

図 3.3 は複素関数 $w = z + a$ による写像を示している. z 平面上の中心 z_0, 半径 r の円:$|z - z_0| = r$ の w 平面上の像は, 中心 $z_0 + a$, 半径 r の円である. また図 3.4 は複素関数 $w = az\,(|a| = 1)$ による写像を示したもので, z 平面上の円 $|z - z_0| = r$ の像は, 複素数 a の偏角 θ だけ反時計方向に回転した円である.

以上から複素関数 $w = az + b$ は複素数 a の絶対値に応じた拡大と縮小および, 偏角 $\arg z$ に応じた回転, さらに b による平行移動を表すことがわかる.

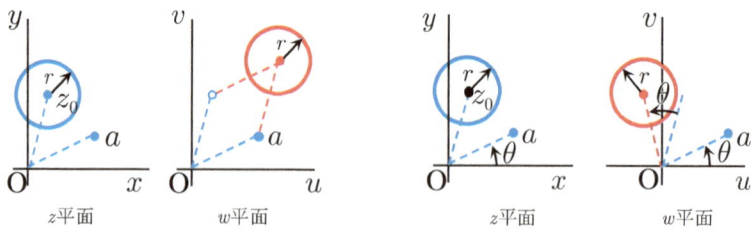

図 3.3　平行移動　　　　　　　図 3.4　回転

図 3.5 は複素関数 $\dfrac{1}{z}$ による写像を示す. z 平面上の単位円とその円周上の点

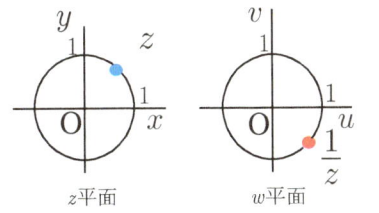
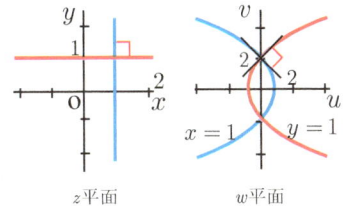

図 3.5　$\dfrac{1}{z}$ による反転　　　　　図 3.6　$w = z^2$ による写像

z の像は，w 平面上で同じく単位円とその円周上の点となる．これは複素数 $\dfrac{1}{z}$ の絶対値は $\dfrac{1}{|z|}$，偏角は $-\arg z$ となるためで，この写像を**反転**という．

図 3.6 は $w = z^2$ による写像を示す．$z = x + iy$ とおくと $w = u + iv = x^2 - y^2 + 2ixy$ であるので，z 平面上で虚軸に平行な直線 $x = 1$ は w 平面上では $w = 1 - y^2 + 2iy$ となる．よって $u = 1 - \left(\dfrac{v}{2}\right)^2$ から u の正方向に凸の放物線を表す．また実軸に平行な直線 $y = 1$ は $w = x^2 - 1 + 2ix$ より $u = \left(\dfrac{v}{2}\right)^2 - 1$ となるので u の負方向に凸の放物線に対応する．z 平面上の 2 本の直線は直交し，w 平面上の 2 つの放物線も交点で接線をかくと互いに直交していることがわかる．このように曲線間の角度が写像によって変化しない場合を**等角写像**といい，ポテンシャル線と力線など工学上重要な応用がある．

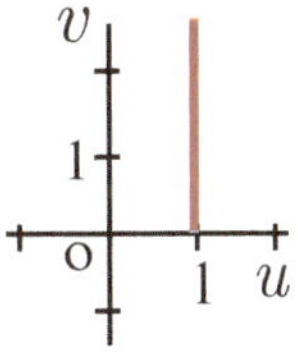

例題 3.2　複素数 $z = x + iy$ の実部と虚部が $y = x$ の関係にあるとき，複素関数 $w = z^2 + 1$ により変換される w 平面上の図形を示せ．

答　$z^2 + 1$ に $z = x + iy, y = x$ を代入すると $(x+iy)^2 + 1 = x^2 - y^2 + 1 + 2ixy = 1 + 2ix^2$ となる．よって $u = 1, v = 2x^2 (\geq 0)$ となるから w 平面上の像は右図の $u = 1, v \geq 0$ の線となる．■

3.3　1 次変換

しばしば使われる変換あるいは写像として式 (3.1) に示す**1 次変換**，または**1 次分数変換**がある．ここで a, b, c, d は複素定数とする．

$$w = \frac{az+b}{cz+d} \quad (ad-bc \neq 0) \tag{3.1}$$

$a \neq 0$, $c = 0$ の場合を考えると，$ad - bc \neq 0$ の条件から $d \neq 0$ より，$w = \frac{a}{d}z + \frac{b}{d}$ となる．3.2節で示した $w = az + b$ と同様に拡大縮小，回転と平行移動を表す．次に $c \neq 0$ の場合は，$w = \dfrac{\dfrac{a}{c}z + \dfrac{b}{c}}{z + \dfrac{d}{c}} = \dfrac{a}{c} + \dfrac{\dfrac{bc-ad}{c^2}}{z + \dfrac{d}{c}}$ と変形できるから，右辺第 1 項は平行移動，第 2 項の分子は拡大縮小と回転，第 2 項の分母は反転と平行移動を示す．このように 1 次変換は写像の基本変換要素を含むことがわかる．

z 平面上の異なる 3 点 z_1, z_2, z_3 をそれぞれ w 平面上の異なる 3 点 w_1, w_2, w_3 に変換する 1 次変換は次式で与えられる．

$$\frac{w-w_1}{w-w_3} \cdot \frac{w_2-w_3}{w_2-w_1} = \frac{z-z_1}{z-z_3} \cdot \frac{z_2-z_3}{z_2-z_1} \tag{3.2}$$

これは式 (3.2) を $(w-w_1)(w_2-w_3)(z-z_3)(z_2-z_1) = (w-w_3)(w_2-w_1)(z-z_1)(z_2-z_3)$ と変形して $z = z_1$ とすると右辺は 0 だから $w = w_1$ となり，また z_2, z_3 もそれぞれ w_2, w_3 に変換されるためである．

$z_1 = -1, z_2 = 0, z_3 = 1$ を $w_1 = -1, w_2 = -i, w_3 = 1$ に写像する 1 次変換は式 (3.2) より $w = \dfrac{z-i}{-iz+1}$ と求まる．この様子を図 3.7 に示す．これらは実軸上の点なので $z = x$ とすると，$w = \dfrac{x-i}{-ix+1}$ より $w \cdot \overline{w} = |w|^2 = \dfrac{x-i}{-ix+1} \cdot \dfrac{x+i}{ix+1} = 1$ となる．z 平面上の実軸は w 平面上では単位円となる．また $z = i$ の像は $w = 0$

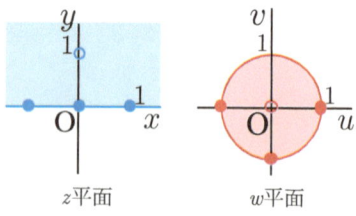

図 3.7 $w = \dfrac{z-i}{-iz+1}$ の写像

である．さらに図 3.7 の青で示す z 平面の上半面 $y \geq 0$ は，w 平面では単位円とその内部に変換される．

例題 3.3 1 次変換 $w = \dfrac{2z+1}{z-1}$ による円 $|z| = 2$ の写像を求めよ．

答 $w = \dfrac{2z+1}{z-1}$ を z について解くと $z = \dfrac{w+1}{w-2}$．$|z| = 2$ に代入すると $\left|\dfrac{w+1}{w-2}\right| = 2$ より $|w+1| = 2|w-2|$．両辺を 2 乗し $z\overline{z} = |z|^2$ の関係を利用

して展開すると $w\overline{w} - 3w - 3\overline{w} + 5 = 0$ より
$(w-3)(\overline{w}-3) - 4 = 0$. よって $|w-3| = 2$ となるから中心が 3 で半径 2 の円が像となる． ∎

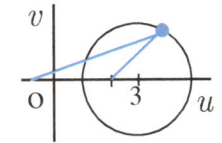

展開

問題 3.1 $w = \dfrac{iz+1}{z-2i}$, $z = x+iy$, $w = u+iv$ のとき u, v を x, y の関数として表せ．

問題 3.2 z 平面上の直線 $y = 1$ の関数 $w = z^2$ による w 平面上の写像を示せ．

問題 3.3 z 平面上の曲線 $x^2 - y^2 = 1$ の関数 $w = z^2$ による w 平面上の写像を示せ．

問題 3.4 z 平面上の曲線 $2xy = 3$ の関数 $w = z^2$ による w 平面上の写像を示せ．

問題 3.5 z 平面上の円 $|z-1| = 1$ の関数 $w = \dfrac{1}{z}$ による w 平面上の写像を示せ．

問題 3.6 例題 3.3 で，円 $|z| = 1$ の w 平面の写像を求めよ．

問題 3.7 $z_1 = 0, z_2 = i, z_3 = 1$ を $w_1 = i, w_2 = 1, w_3 = 0$ に写像する 1 次変換を求めよ．

問題 3.8 $z_1 = -2, z_2 = 2i, z_3 = 2$ を $w_1 = 0, w_2 = i, w_3 = \infty$ に写像する 1 次変換を求めよ．

問題 3.9 1 次変換の逆変換（w から z を求める）も 1 次変換であることを示せ．

4 指数・三角関数

> **要点**
> 1. 複素指数関数は実関数を使って $e^z = e^x(\cos y + i \sin y)$ と定義する．
> 2. 複素三角関数は複素指数関数を使って次式のように定義する．
> $$\cos z = \frac{e^{iz} + e^{-iz}}{2}, \sin z = \frac{e^{iz} - e^{-iz}}{2i}$$
> 3. オイラーの公式は複素数 z でも成り立ち $e^{iz} = \cos z + i \sin z$ である．

> **準備**
> 1. 実数の指数関数の定義を調べよ．
> 2. $a(>0), b(>0), p, q$ を実数とするとき以下の指数法則を完成させよ．
> $a^p \cdot a^q = a^{(\ \ )}, (a^p)^q = a^{(\ \ )}, (ab)^p = a^{(\ \ )} \cdot b^{(\ \ )}$
> 3. 実数の三角関数について，加法定理の証明方法を調べよ．

4.1 指数関数

複素指数関数 e^z または $\exp z$ は，実関数 $e^x, \cos y, \sin y$ により定義する．

$$e^z = e^x(\cos y + i \sin y) \tag{4.1}$$

e^z は実関数 e^x の拡張であるため次のことが成り立つ．

(1) e^z は $z = x$ で e^x に等しい（式 (4.1) で $y = 0$ より確認）

(2) すべての z に対して微分可能

(3) 導関数は $(e^z)' = e^z$（参照：**例題 6.2**）

z が純虚数 (iy) の場合は，式 (4.1) で $x = 0$ とおけるので，**オイラーの公式**(4.2) が得られる．

$$e^{iy} = \cos y + i \sin y \tag{4.2}$$

$y = 2n\pi$ (n：整数) とすれば $\mathrm{e}^{2n\pi i} = 1$ である．また式 (4.1) の括弧内を式 (4.2) で置き換えると $\mathrm{e}^z = \mathrm{e}^x \mathrm{e}^{iy}$ となる．$z = x + iy$ を代入すると $\mathrm{e}^{x+iy} = \mathrm{e}^x \mathrm{e}^{iy}$ となるので，実数の指数関数の累乗法則が複素数に拡張できた．また，

$$|\mathrm{e}^{iy}| = |\cos y + i \sin y| = \sqrt{(\cos y)^2 + (\sin y)^2} = 1$$
$$|\mathrm{e}^z| = \mathrm{e}^x, \quad \arg \mathrm{e}^z = y + 2n\pi \quad (n = 0, \pm 1, \pm 2, \cdots)$$

である．ここで，$\mathrm{e}^x > 0$, $\mathrm{e}^x \neq 0$, $|\mathrm{e}^{iy}| = 1$ より $\mathrm{e}^z \neq 0$ である．

式 (4.2) を使うと，複素数の極形式 $z = r(\cos\theta + i\sin\theta)$ は

$$z = r\mathrm{e}^{i\theta} \tag{4.3}$$

と書け，これを**極形式の指数表示**という．

例題 4.1 方程式 $\mathrm{e}^z = 1 + i$ の解 z を求めよ．

答 例題 1.3 より $1 + i = \sqrt{2}\left\{\cos\left(\dfrac{\pi}{4} + 2n\pi\right) + i\sin\left(\dfrac{\pi}{4} + 2n\pi\right)\right\} = \mathrm{e}^{(\log\sqrt{2})}\mathrm{e}^{\left(\frac{\pi}{4} + 2n\pi\right)i} = \mathrm{e}^{\left\{\frac{1}{2}\log 2 + \left(\frac{\pi}{4} + 2n\pi\right)i\right\}} = \mathrm{e}^z$ より，$z = \dfrac{1}{2}\log 2 + \left(\dfrac{\pi}{4} + 2n\pi\right)i$ ∎

指数関数の公式を以下に示す．(1)(2) は指数法則，(3) はべき乗，(4) は周期性の公式である．

(1) $\mathrm{e}^{z_1}\mathrm{e}^{z_2} = \mathrm{e}^{z_1 + z_2}$

(2) $\dfrac{\mathrm{e}^{z_1}}{\mathrm{e}^{z_2}} = \mathrm{e}^{z_1 - z_2}$

(3) $(\mathrm{e}^z)^n = \mathrm{e}^{nz}$ $(n = 0, \pm 1, \pm 2, \cdots)$

(4) $\mathrm{e}^{z + 2n\pi i} = \mathrm{e}^z$ $(n = 0, \pm 1, \pm 2, \cdots)$

例題 4.2 $\mathrm{e}^{z_1}\mathrm{e}^{z_2} = \mathrm{e}^{z_1 + z_2}$ となることを示せ．

答 $\mathrm{e}^{z_1}\mathrm{e}^{z_2} = \mathrm{e}^{x_1}(\cos y_1 + i \sin y_1) \cdot \mathrm{e}^{x_2}(\cos y_2 + i \sin y_2)$
$= \mathrm{e}^{x_1}\mathrm{e}^{x_2}\{(\cos y_1 \cos y_2 - \sin y_1 \sin y_2) + i(\sin y_1 \cos y_2 + \cos y_1 \sin y_2)\}$
$= \mathrm{e}^{x_1 + x_2}\{\cos(y_1 + y_2) + i\sin(y_1 + y_2)\} = \mathrm{e}^{x_1 + x_2}\mathrm{e}^{i(y_1 + y_2)} = \mathrm{e}^{z_1 + z_2}$ ∎

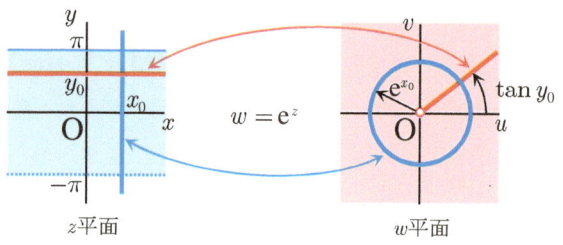

図 4.1　e^z による写像

複素指数関数 $w = e^z = e^x e^{iy}$ による写像の例を図 4.1 に示す．$w = e^{x+iy} = e^x e^{iy} = e^x(\cos y + i \sin y) = u + iv$ だから，$u = e^x \cos y, v = e^x \sin y$ である．これより $u^2 + v^2 = e^{2x}, v = \tan y \cdot u$ となる．よって z 平面上で y 軸に平行な直線 $x = x_0$ の w 平面上の像は半径 e^{x_0} の円で，x 軸に平行な直線 $y = y_0$ は角度 $\tan y_0$ で原点を含まない半直線である．また z 平面上の帯状の範囲 $-\pi < y \leq \pi$ の像は，w 平面上では原点を除く全平面である．

4.2　三角関数

オイラーの公式 (4.2) より $e^{\pm ix} = \cos x \pm i \sin x$ だから，$\cos x = \frac{1}{2}\left(e^{ix} + e^{-ix}\right), \sin x = \frac{1}{2i}\left(e^{ix} - e^{-ix}\right)$ となる．これより複素三角関数の余弦関数 $\cos z$ と正弦関数 $\sin z$ を式 (4.4) で定義し，それ以外の三角関数は $\sin, \cos$ により定義する．

$$\cos z = \frac{e^{iz} + e^{-iz}}{2}, \quad \sin z = \frac{e^{iz} - e^{-iz}}{2i} \tag{4.4}$$

$$\tan z = \frac{\sin z}{\cos z}, \quad \cot z = \frac{\cos z}{\sin z}, \quad \sec z = \frac{1}{\cos z}, \quad \operatorname{cosec} z = \frac{1}{\sin z}$$

複素数の**オイラーの公式**(4.5) は，式 (4.4) から e^{-iz} を消去して得られる．

$$e^{iz} = \cos z + i \sin z \tag{4.5}$$

$z = x + iy$ とおいて $\cos z, \sin z$ を展開すると次式が得られる．

$$\begin{aligned}\cos z &= \cos x \cosh y - i \sin x \sinh y \\ \sin z &= \sin x \cosh y + i \cos x \sinh y\end{aligned} \tag{4.6}$$

ここで，$\cosh y = \dfrac{e^y + e^{-y}}{2}, \sinh y = \dfrac{e^y - e^{-y}}{2}$ は実数の双曲線関数である．

複素三角関数 sin, cos については実三角関数と同様に以下の式が成り立つ．(1) は恒等式，(2),(3) は加法定理，(4)(5) は偶奇の公式，(6),(7) は絶対値の公式である．なお絶対値の公式は式 (4.6) と実数の双曲線関数の公式 $\cosh^2 y - \sinh^2 y = 1$ および三角関数の公式 $\sin^2 x + \cos^2 x = 1$ を使って導かれる．また式 (4.6) より，複素三角関数は実数と同様に，周期 2π の周期関数である．

(1)　$\sin^2 z + \cos^2 z = 1$

(2)　$\cos(z_1 \pm z_2) = \cos z_1 \cos z_2 \mp \sin z_1 \sin z_2$

(3)　$\sin(z_1 \pm z_2) = \sin z_1 \cos z_2 \pm \sin z_2 \cos z_1$

(4)　$\cos(-z) = \cos z$

(5)　$\sin(-z) = -\sin z$

(6)　$|\cos z|^2 = \cos^2 x + \sinh^2 y \quad (z = x + iy)$

(7)　$|\sin z|^2 = \sin^2 x + \sinh^2 y \quad (z = x + iy)$

例題 4.3　加法定理 (2),(3) のうち，$\cos(z_1 + z_2)$ と $\sin(z_1 + z_2)$ を導け．
答　$e^{i(z_1+z_2)} = e^{iz_1} e^{iz_2}$ および $e^{-i(z_1+z_2)} = e^{-iz_1} e^{-iz_2}$ の式を式 (4.5) を使って展開し，辺々の和または差をとると得られる．■

例題 4.4　$\sin\left(\dfrac{\pi}{6} + i\right)$ を計算せよ．
答　$\sin\left(\dfrac{\pi}{6} + i\right) = \sin\dfrac{\pi}{6}\cos i + \cos\dfrac{\pi}{6}\sin i = \dfrac{1}{2}\dfrac{e^{i\cdot i} + e^{-i\cdot i}}{2} + \dfrac{\sqrt{3}}{2}\dfrac{e^{i\cdot i} - e^{-i\cdot i}}{2i} = \dfrac{e + e^{-1}}{4} + \sqrt{3}\dfrac{e - e^{-1}}{4}i \left(= \dfrac{1}{2}\cosh 1 + \dfrac{\sqrt{3}}{2}i\sinh 1\right)$ ■

例題 4.5　方程式 $\cos z = i$ を解け．
答　$\cos z = \dfrac{e^{iz} + e^{-iz}}{2} = i$ の両辺に $2e^{iz}$ をかけて整理すると $e^{2iz} - 2ie^{iz} + 1 = 0$．この 2 次方程式を解くと $e^{iz} = \dfrac{2i \pm \sqrt{(-2i)^2 - 4}}{2} = (1 \pm \sqrt{2})i$．符号が正の場合は，$e^{iz} = (1 + \sqrt{2})i = e^{\log(1+\sqrt{2})}e^{\left(\frac{\pi}{2} + 2n\pi\right)i}$ より，$iz = \log(1 + \sqrt{2}) + \left(\dfrac{\pi}{2} + 2n\pi\right)i$，符号が負の場合は $e^{iz} = (\sqrt{2} - 1)(-i)$ と

おいて同様に計算すると，$iz = \log(\sqrt{2}-1) + \left(-\dfrac{\pi}{2}+2n\pi\right)i$．以上より，$z = \left(\pm\dfrac{\pi}{2}+2n\pi\right) - i\log\left(\pm 1+\sqrt{2}\right)$． ∎

$\sin z$ による写像を考える．$\sin z = u + iv$ とすると式 (4.6) より，$u = \sin x \cosh y$, $v = \cos x \sinh y$ である．$\cosh y = \dfrac{u}{\sin x}$, $\sinh y = \dfrac{v}{\cos x}$, $\sin x = \dfrac{u}{\cosh y}$, $\cos x = \dfrac{v}{\sinh y}$ と変形して実関数の公式 $\cosh^2 y - \sinh^2 y = 1$ および $\sin^2 x + \cos^2 x = 1$ に代入すると次式が得られる．

$$\frac{u^2}{\sin^2 x} - \frac{v^2}{\cos^2 x} = 1 \cdots (a), \quad \frac{u^2}{\cosh^2 y} + \frac{v^2}{\sinh^2 y} = 1 \cdots (b)$$

上式 (a) で x 一定とすれば双曲線，(b) で y 一定とすれば楕円の式になる．

図 4.2 に $\sin z$ による写像の例を示す．z 平面上の y 軸に平行な直線は $x = \dfrac{\pi}{4}$ で一定だから，式 (a) に $\sin\dfrac{\pi}{4} = \dfrac{1}{\sqrt{2}}$, $\cos\dfrac{\pi}{4} = \dfrac{1}{\sqrt{2}}$ を代入すると，w 平面上の像は双曲線：$2u^2 - 2v^2 = 1$ となる．同様に，z 平面上の直線 $y = \dfrac{\pi}{4} = 0.785$ の像は w 平面上の楕円：$\dfrac{u^2}{(1.32)^2} + \dfrac{v^2}{(0.87)^2} = 1$ となる．

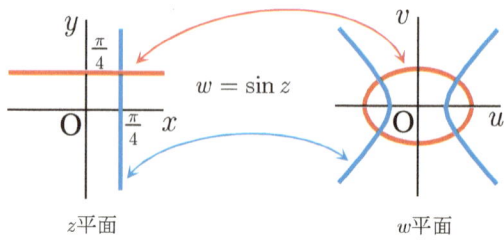

図 4.2 $\sin z$ による写像

なお複素三角関数は実三角関数と異なり，$|\cos z| \leq 1$, $|\sin z| \leq 1$ が成り立たない（参照：**例題 4.6**）．また実関数で $\sin x = 0$ の場合は $x = 0$ であるが，複素関数 $\sin z = 0$ の場合は $z \neq 0$ である．これは $\sin z = \dfrac{e^{iz} - e^{-iz}}{2i} = 0$ より $e^{2iz} = 1 = e^{2n\pi i}$．よって $z = n\pi$（n：整数）となるためである．$\cos z = 0$ も同様に計算すると $z = \dfrac{\pi}{2} + n\pi$（$n$：整数）である．

例題 4.6 z が純虚数で $z = iy$ の場合に，$\lim_{y \to \infty} |\cos z|$ を求めよ．

答 $\lim_{y \to \infty} |\cos(iy)| = \lim_{y \to \infty} \left| \dfrac{e^{i \cdot (iy)} + e^{-i \cdot (iy)}}{2} \right| = \dfrac{1}{2} \lim_{y \to \infty} |e^{-y} + e^{y}| = \infty$ ∎

逆三角関数は次のように定義される．

(1) $w = \cos^{-1} z \Leftrightarrow z = \cos w$

(2) $w = \sin^{-1} z \Leftrightarrow z = \sin w$

(3) $w = \tan^{-1} z \Leftrightarrow z = \tan w$

例題 4.7 $w = \cos^{-1} z$ において，$z = x + iy, w = u + iv$，とする場合に，x, y と u, v の関係式をそれぞれ示せ．

答 $z = \cos w$ に z, w を代入すると，$x + iy = \cos(u + iv) = \cos u \cosh v - i \sin u \sinh v$．実部虚部を比較すると $x = \cos u \cosh v, \quad y = -\sin u \sinh v$ ∎

展開

問題 4.1 次の値を $u + iv$ の形式で求めよ．
(1) $e^{1 - \pi i}$ (2) $\cos\left(\dfrac{\pi}{2} - i\right)$

問題 4.2 次の値を $u(x, y) + iv(x, y)$ の形式で求めよ．なお $z = x + iy$ とせよ．
(1) $e^{(1 - \pi i)z}$ (2) $\sin(z + 1)$ (3) $\sinh(iz)$

問題 4.3 以下の方程式を解け．
(1) $\cos z = 0$ (2) $\cos z = 2i$
(3) $\cos z = a \, (a > 1)$ (4) $\sin z = \cosh 3$

問題 4.4 $|\cos z|^2 = \cos^2 x + \sinh^2 y$ であることを示せ．（複素三角関数の公式 (6)）

問題 4.5 $\overline{\sin z} = \sin \bar{z}$ であることを示せ．

問題 4.6 式 (4.6) を導出せよ．

5 双曲線・対数・べき関数

> **要点**
> 1. 複素双曲線関数は次式で定義される．
> $$\cosh z = \frac{e^z + e^{-z}}{2}, \quad \sinh z = \frac{e^z - e^{-z}}{2}$$
> 2. 複素対数関数は $\log z = \log|z| + i(\mathrm{Arg}\, z + 2n\pi) \quad (n = 0, \pm 1, \pm 2, \cdots)$
> と表される多価関数である．
> 3. べき関数 z^a は a の種類により1価から無限多価まで異なる性質を示す．

> **準備**
> 1. 双曲線関数 $\cosh(x + y), \sinh(x + y)$ を展開せよ．
> 2. 実数の対数関数の定義を調べよ．

5.1 双曲線関数

複素双曲線関数の余弦関数 $\cosh z$ と正弦関数 $\sinh z$ を式 (5.1) により定義し，その他の双曲線関数は $\cosh, \sinh$ により定義する．

$$\cosh z = \frac{e^z + e^{-z}}{2}, \quad \sinh z = \frac{e^z - e^{-z}}{2} \tag{5.1}$$

$$\tanh z = \frac{\sinh z}{\cosh z}, \coth z = \frac{\cosh z}{\sinh z}, \mathrm{sech}\, z = \frac{1}{\cosh z}, \mathrm{cosech}\, z = \frac{1}{\sinh z}$$

式 (5.1) および式 (4.4) の z を iz でおき換えると，複素双曲線関数と複素三角関数は相互に以下の関係であることがわかる．

$$\cosh iz = \frac{e^{iz} + e^{-iz}}{2} = \cos z, \quad \sinh iz = i\frac{e^{iz} - e^{-iz}}{2i} = i\sin z$$

$$\cos iz = \frac{e^{i \cdot iz} + e^{-i \cdot iz}}{2} = \cosh z, \quad \sin iz = \frac{e^{i \cdot iz} - e^{-i \cdot iz}}{2i} = i\sinh z$$

例題 5.1 $\cosh\left(1 + \dfrac{\pi}{2}i\right)$ を計算せよ．

答 $\cosh\left(1 + \dfrac{\pi}{2}i\right) = \dfrac{1}{2}\{e^{1+\frac{\pi}{2}i} + e^{-(1+\frac{\pi}{2}i)}\}$
$= \dfrac{1}{2}\left\{e \cdot \left(\cos\dfrac{\pi}{2} + i\sin\dfrac{\pi}{2}\right) + e^{-1} \cdot \left(\cos\dfrac{\pi}{2} - i\sin\dfrac{\pi}{2}\right)\right\} = \dfrac{i}{2}\left(e - \dfrac{1}{e}\right)$ ∎

双曲線関数の展開公式を (1)，(2) に示す．(3) は式 (5.1) より得られる．

(1) $\cosh(z_1 \pm z_2) = \cosh z_1 \cosh z_2 \pm \sinh z_1 \sinh z_2$

(2) $\sinh(z_1 \pm z_2) = \sinh z_1 \cosh z_2 \pm \cosh z_1 \sinh z_2$

(3) $\cosh^2 z - \sinh^2 z = 1$

例題 5.2 $\cosh(z_1 + z_2) = \cosh z_1 \cosh z_2 + \sinh z_1 \sinh z_2$ となることを示せ．

答 右辺 $= \dfrac{e^{z_1} + e^{-z_1}}{2}\dfrac{e^{z_2} + e^{-z_2}}{2} + \dfrac{e^{z_1} - e^{-z_1}}{2}\dfrac{e^{z_2} - e^{-z_2}}{2}$
$= \dfrac{1}{4}\left(e^{z_1+z_2} + e^{z_1-z_2} + e^{-z_1+z_2} + e^{-z_1-z_2}\right)$
$\quad + \dfrac{1}{4}\left(e^{z_1+z_2} - e^{z_1-z_2} - e^{-z_1+z_2} + e^{-z_1-z_2}\right)$
$= \dfrac{1}{2}\{e^{z_1+z_2} + e^{-(z_1+z_2)}\} = \cosh(z_1 + z_2)$ ∎

例題 5.3 $\cosh z = 0$ を解け．

答 $\cosh z = \dfrac{e^z + e^{-z}}{2} = 0$ の両辺に e^z をかけると，$e^{2z} + 1 = 0$．e^z の 2 次方程式を解くと $e^z = \pm\sqrt{-1} = \pm i = e^{(\pm\frac{\pi}{2} + 2n\pi)i}$．よって $z = \left(\pm\dfrac{\pi}{2} + 2n\pi\right)i \quad (n = 0, \pm1, \pm2, \cdots)$ ∎

例題 5.4 $\cosh\left(2 - i\dfrac{\pi}{2}\right)$ を $u + iv$ の形式で求めよ．

答 $\cosh\left(2 - \dfrac{\pi}{2}i\right) = \dfrac{1}{2}\{e^{(2-\frac{\pi}{2}i)} + e^{-(2-\frac{\pi}{2}i)}\} = \dfrac{1}{2}\{e^2 e^{-\frac{\pi}{2}i} + e^{-2}e^{\frac{\pi}{2}i}\} = \dfrac{e^2}{2}\left\{\cos\left(-\dfrac{\pi}{2}\right) + i\sin\left(-\dfrac{\pi}{2}\right)\right\} + \dfrac{e^{-2}}{2}\left\{\cos\dfrac{\pi}{2} + i\sin\dfrac{\pi}{2}\right\} = \dfrac{i}{2}\left(-e^2 + e^{-2}\right)$ ∎

5.2 対数関数

実関数と同様に指数関数の逆関数として定義する．$w = e^z$ の両辺の対数をとると $\log w = z$ となるから，変数を入れ替えて対数関数は次のように定義される．

$$w = \log z \quad (z \neq 0)$$

ここで，$z = e^w \neq 0$ であるから対数関数は 0 を除いた領域で定義する．$w = u + iv$ とおき，式 (4.3) を代入すると

$$e^w = e^{u+iv} = e^u e^{iv} = z = re^{i\theta}$$

$e^u = r$ より $u = \log r$, $v = \theta$ なので，$w = \log z$ は式 (5.2) となる．

$$\log z = \log r + i\theta \quad (r = |z|, \theta = \arg z) \tag{5.2}$$

$z = re^{i\theta}$ の偏角は 2π の周期性があるから，$\log z$ の値は無限通り存在する．よって $\log z$ を**無限多価関数**とよぶ．また偏角の主値 $\mathrm{Arg}\, z$ に対応させて $\log z$ の主値を次式のように定め，大文字で $\mathrm{Log}\, z$ と表す．

$$\mathrm{Log}\, z = \log |z| + i\mathrm{Arg}\, z \quad (\text{たとえば} -\pi < \mathrm{Arg}\, z \leq \pi)$$

以上から複素対数関数は式 (5.3) のように表される．

$$\log z = \mathrm{Log}\, z + 2n\pi i \quad (n = 0, \pm 1, \pm 2, \cdots) \tag{5.3}$$

たとえば，

$$\log 1 = \log |1| + i\mathrm{Arg}\, 1 + 2n\pi i$$
$$= 0 + i(0 + 2n\pi) \quad (n = 0, \pm 1, \pm 2, \cdots)$$

となる．実部は 0 で一定だが，虚部には 2π の整数倍異なる値があり，複素関数としての $\log 1$ の値は無限個ある．実数の対数関数では $\log 1 = 0$ で，これは無限個ある複素関数 $\log 1$ の値のなかで $n = 0$ の場合にあたる．

例題 5.5 次の複素対数関数の値を求めよ．偏角の主値範囲は $0 \leq \mathrm{Arg}\, z < 2\pi$ とする．

(1) $\text{Log}\,1$ (2) $\log(-1)$ (3) $\text{Log}\,i$ (4) $\log(-3i)$

答 $n = 0, \pm 1, \pm 2, \cdots$ とする．
(1) $\text{Log}\,1 = \log|1| + i\text{Arg}(1) = 0 + i0 = 0$
(2) $\log(-1) = \log|-1| + i\{\text{Arg}(-1) + 2n\pi\} = 0 + (\pi + 2n\pi)i = (2n+1)\pi i$
(3) $\text{Log}\,i = \log|i| + i\text{Arg}(i) = 0 + \dfrac{\pi}{2}i = \dfrac{\pi}{2}i$
(4) $\log(-3i) = \log|-3i| + i\text{Arg}(-3i) = \log 3 + \left(-\dfrac{\pi}{2} + 2n\pi\right)i$ ∎

例題 5.6 $\log(1-i)$ を $u + iv$ の形で表せ．
答 $1 - i = \sqrt{2}\dfrac{1-i}{\sqrt{2}} = \sqrt{2}\left\{\cos\left(-\dfrac{\pi}{4}\right) + i\sin\left(-\dfrac{\pi}{4}\right)\right\}$ より $\log(1-i) = \log|1-i| + i\{\text{Arg}(1-i) + 2n\pi\} = \log\sqrt{2} + \left(-\dfrac{\pi}{4} + 2n\pi\right)i = \dfrac{1}{2}\log 2 + \left(-\dfrac{\pi}{4} + 2n\pi\right)i$ $(n = 0, \pm 1, \pm 2, \cdots)$ ∎

対数関数の公式は以下のようになる．(1) は対数関数の和の公式，(2) は差の公式である．

(1) $\quad \log z_1 + \log z_2 = \log z_1 z_2$
(2) $\quad \log z_1 - \log z_2 = \log \dfrac{z_1}{z_2}$

(1) は以下のようにして導かれる．$\log z_1 = w_1$, $\log z_2 = w_2$ とおくと $z_1 = e^{w_1}$, $z_2 = e^{w_2}$ である．指数関数の公式 $e^{w_1}e^{w_2} = e^{w_1+w_2}$ を使うと $z_1 z_2 = e^{w_1}e^{w_2} = e^{w_1+w_2}$ なので，$\log z_1 z_2 = w_1 + w_2 = \log z_1 + \log z_2$ となる．

なお対数関数は無限多価関数のため，上記 (1)(2) は無限通りのうちの適当な場合に成り立つという意味である．たとえば $\text{Log}\,1$ は公式 (1) を使うと

$$\text{Log}\,1 = \text{Log}\left\{(-1)\cdot(-1)\right\} = \text{Log}\,(-1) + \text{Log}\,(-1)$$

と変形できる．偏角の範囲を $-\pi < \text{Arg}\,z \leq \pi$ として**例題 5.5** を参照すると，左辺 $= 0$，右辺 $= \pi i + \pi i$ となり矛盾する．しかし右辺第 2 項の偏角の範囲を $-\pi \leq \text{Arg}\,z < \pi$ にすると，$\text{Log}\,(-1) = -\pi i$ より右辺 $= 0$ となって (1) は成り立つ．

複素対数関数は無限多価関数なので，写像は主値 $\text{Log}\,z$ に限定して考える．

$z = re^{i\theta}$ より $\text{Log}\, z = \log r + i\theta = u + iv\, (r > 0)$ である．偏角の範囲を $-\pi < \theta \leq \pi$ とした場合の写像の例を図 5.1 に示す．z 平面上の原点を含まない半直線は $z = re^{i\theta}$ である．$v = \theta$ を一定とすれば w 平面上では u 軸に平行な直線になる．また，z 平面上の半径 r の円は $u = \log r$ を一定とすれば w 平面上では v 軸に平行な線分である．ここで偏角の範囲を $-\pi < v \leq \pi$ とした．図 4.1 に示した指数関数の写像とはほぼ対の関係である．

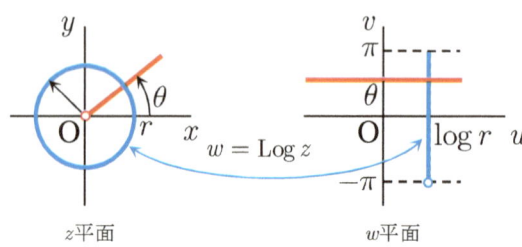

図 5.1　$\text{Log}\, z$ による写像

5.3　べき関数

実数 a, b のべき $a^b = e^{\log a^b} = e^{b \log a}$ を拡張して複素べき関数を定義する．

$$z^a = e^{a \log z} \tag{5.4}$$

べき関数は数 a の種類により 1 価から無限多価まで異なる性質を示す．たとえば $a = 2$ では，$z^2 = e^{2 \log z} = e^{2 \log r + 2i(\theta + 2n\pi)} = r^2(\cos 2\theta + i \sin 2\theta)$ より 1 価関数である．よって a が正の整数 $m = 1, 2, \cdots$ の場合は式 (5.3) を代入して，

$$z^m = e^{m \log z} = e^{m(\text{Log}\, z + 2n\pi i)} = e^{(m \text{Log}\, z)} e^{(m 2n\pi i)} = e^{(m \text{Log}\, z)}$$
$$= \underbrace{e^{\text{Log}\, z} \cdot e^{\text{Log}\, z} \cdots e^{\text{Log}\, z}}_{m\ \text{個}} = \underbrace{z \cdot z \cdots z}_{m\ \text{個}} = z^m$$

となり 1 価関数である．$a = \dfrac{1}{m}$（m は正整数）の場合は次式となる．

$$z^{\frac{1}{m}} = e^{\frac{\log z}{m}} = e^{\frac{r + i(\theta + 2n\pi)}{m}} = e^{\frac{r}{m}} \cdot e^{i\left(\frac{\theta}{m} + \frac{2n\pi}{m}\right)}$$

上式は n 乗根と同様に $n = 0, 1, 2, \cdots, m - 1$ の異なる値をとるから m 価関数

である．
また l, m は互いに素で $a = \dfrac{l}{m}$，かつ $m \geq 2$ の場合は，

$$z^{\frac{l}{m}} = e^{\frac{l\{r+i(\theta+2n\pi)\}}{m}} = \sqrt[m]{l r} e^{\frac{l(\theta+2n\pi)i}{m}}$$

となり，m 個の異なる値をとる．さらに a が無理数の場合は，z^a は無限多価関数となる．その場合に $z^a = e^{a \operatorname{Log} z}$ を主値という．

例題 5.7 i^i を求めよ．

答 $i^i = \left\{ e^{i\left(\frac{\pi}{2}+2n\pi\right)} \right\}^i = e^{-\left(\frac{1}{2}+2n\right)\pi}$ $(n=0, \pm 1, \pm 2, \cdots)$ ∎

べき関数 $w = z^{\frac{1}{2}}$ は 2 個の根，$w = z^{\frac{1}{3}}$ は 3 個の根をもつ多価関数である．しかし偏角の範囲を限定すると 1 価関数として扱うことができる．たとえば $w = (-i)^{\frac{1}{2}} = e^{\frac{i(3\pi/2+2n\pi)}{2}} = e^{\left(\frac{3}{4}+n\right)\pi i}$ の場合，z の偏角の範囲を $0 \leq \arg z < 2\pi$ とすると $z = e^{\frac{3\pi i}{2}} = -i$ だから $n=0$ として $w = e^{\frac{3\pi i}{4}}$．あるいは $-\pi < \arg z \leq \pi$ とすれば $z = e^{-\frac{\pi i}{2}} = -i$ だから $n=-1$ として $w = e^{-\frac{\pi i}{4}}$ である．よって偏角の範囲指定により 1 価関数にできるが，その場合は関数値が変化してしまう．こうした不便さは，15.3 節で述べるリーマン面を使うと解消できる．

展開

> **問題 5.1** 次の値を $u+iv$ の形式で求めよ．
> (1) $\log e^{1+i}$ (2) 2^{1+i}
> (3) $(1+i)^i$ (4) $\cosh\left(2 - \dfrac{\pi}{2}i\right)$
>
> **問題 5.2** 次の値を $u(x,y) + iv(x,y)$ の形式で求めよ．なお $z = x+iy$ とせよ．
> (1) $\log(z+2)$ (2) $\sinh(iz)$
>
> **問題 5.3** 以下の方程式を解け．
> (1) $\log z = 1$ (2) $\sinh z = i$
>
> **問題 5.4** $(z^a)^b$ と z^{ab} は一般には一致しないことを示せ．
>
> **問題 5.5** $\overline{\log z} = \log \bar{z}$ であることを示せ．

確認事項 I

1章 複素数

- ☐ 複素数の実部,虚部が求められる
- ☐ 複素数の和差積商を求めることができる
- ☐ 複素数を極形式で表すことができる
- ☐ 偏角の主値の範囲に応じて,複素数の偏角を求めることができる
- ☐ 複素数の加減乗除を複素平面上で表すことができる

2章 複素平面

- ☐ ド・モアブルの定理を理解している
- ☐ 複素数の n 乗が計算できる
- ☐ 複素数の n 乗根を求めることができる
- ☐ 複素数の n 乗根(主値)を複素平面上に図示できる
- ☐ 複素平面上の範囲を数式で表すことができる
- ☐ 複素平面図形の平行移動や回転を式で表すことができる

3章 複素関数

- ☐ 複素関数と実関数の違いを説明できる
- ☐ 境界,領域,範囲の定義を理解している
- ☐ 1価関数と多価関数の違いを説明できる
- ☐ 写像を例を使って説明できる
- ☐ 一次変換を求め図示できる

4章 指数・三角関数

- ☐ 複素指数関数の定義式を理解し使うことができる
- ☐ 極形式の複素数を指数表示できる
- ☐ 複素三角関数の定義を理解し,指数関数に変換することができる
- ☐ 実数と複素数のオイラーの公式を使うことができる
- ☐ 指数関数や三角関数を含む方程式を解くことができる

5章 双曲線・対数・べき関数

- ☐ 複素双曲線関数の定義式を理解し使うことができる
- ☐ 複素対数関数の定義を理解し,多価関数であることを説明できる
- ☐ 複素対数関数の計算ができる
- ☐ べき関数の価数について説明ができる
- ☐ 双曲線・対数・べき関数を含む方程式を解くことができる

II 微分・積分

　複素関数の微分では，あらゆる方向の微係数が 1 つに定まることが必要で，微分可能な関数を正則関数といいます．正則性の判定条件としてコーシー・リーマンの方程式を学び，工学応用で重要な調和関数を理解します．複素積分は z 平面上の曲線を積分路とする線積分として定義します．複素解析の中心的内容であるコーシーの積分定理を学び，積分路の変更を使ってコーシーの積分公式を導きます．

6 正則性
- 6.1 微分と正則性 　　　$f'(z)$ が存在
- 6.2 コーシー・リーマンの方程式 ⇨ $\frac{\partial u}{\partial x}=\frac{\partial v}{\partial y}, \frac{\partial u}{\partial y}=-\frac{\partial v}{\partial x}$
- 6.3 正則性の判定 　　　$W(z,\overline{z})$

7 複素関数の微分
- 7.1 微分公式 　　　$\cos' z = -\sin z$
- 7.2 調和関数 　　　$\partial^2 h/\partial x^2 + \partial^2 h/\partial y^2 = 0$
- 7.3 複素ポテンシャル 　　　$F = \Phi + i\Psi$

8 複素積分と積分路
- 8.1 線積分 　　　$\int_C f(z)\mathrm{d}z$
- 8.2 積分公式 　　　$\int_C f(z)\mathrm{d}z = -\int_{-C} f(z)\mathrm{d}z$
- 8.3 積分路 　　　$C: z(t) = 1 + it$

9 コーシーの積分定理
- 9.1 コーシーの積分定理 ⇨ $\int_C f(z)\mathrm{d}z = 0$
- 9.2 積分路の変更 　　　$C_1 \to C_2$
- 9.3 多重連結領域の扱い 　　　$C = C_1 + C_2$

10 コーシーの積分公式
- 10.1 コーシーの積分公式 ⇨ $2\pi i\, f(z_0) = \int_C \frac{f(z)}{z-z_0}\mathrm{d}z$
- 10.2 正則関数の導関数
- 10.3 モレラの定理，リューヴィルの定理

6 正則性

> **要点**
> 1. 複素関数 $f(z)$ が z_0 で微分可能とは，$f'(z_0) = \lim_{\Delta z \to 0} \dfrac{f(z_0 + \Delta z) - f(z_0)}{\Delta z}$ があらゆる方向の $\Delta z \to 0$ に対して1つに定まることである．
> 2. 複素関数 $f(z)$ が z_0 で定義され，かつ z_0 の近傍内の各点で微分可能であるとき，$f(z)$ は点 z_0 で**正則**であるという．
> 3. 複素関数が正則であるための必要十分条件はコーシー・リーマンの方程式：$\dfrac{\partial u}{\partial x} = \dfrac{\partial v}{\partial y}, \dfrac{\partial u}{\partial y} = -\dfrac{\partial v}{\partial x}$ で与えられる．
> 4. 導関数は $f'(z) = \dfrac{\partial u}{\partial x} + i\dfrac{\partial v}{\partial x} = \dfrac{\partial v}{\partial y} - i\dfrac{\partial u}{\partial y}$ より求まる．

> **準備**
> 1. 実関数 $f(x) = \sqrt{x}$ の $x = a \ (a > 0)$ における微係数 $f'(a)$ を微分の定義式より求めよ．
> 2. 実三角関数 $y = \sin(x)$ の導関数を定義式より求めよ．なお，加法定理と $\lim_{h \to 0} \dfrac{\sin h}{h} = 1$ を用いよ．

6.1 微分と正則性

複素関数は図 3.2 に示すように，z 平面上の点と w 平面上の点を対応づける．関数 $f(z)$ が点 z_0 の近傍 $|z - z_0| < \rho$ で定義され，点 z が z_0 に近づくときに関数値 $f(z)$ もある値 α に近づく場合は，α を z_0 での**極限値**という．この関係は次式で定義される．

$$\lim_{z \to z_0} f(z) = \alpha$$

関数 $w = f(z)$ が領域 D 内の点 z_0 に対して $\lim_{z \to z_0} f(z) = f(z_0)$ を満たすとき，$f(z)$ は z_0 で**連続**であるという．また単に連続であるという場合は，領域 D の

各点で $f(z)$ が連続であることをいう．領域の定義から D は開集合であり，図 3.1 の境界点や外点を含まない．よって点 z_0 とその近傍は D 内部にあるので極限値を定義できる．

複素関数 $f(z)$ の点 z_0 における**微係数**を $f'(z_0)$ と書き，次式で定義する．

$$f'(z_0) = \lim_{z \to z_0} \frac{f(z) - f(z_0)}{z - z_0} \tag{6.1}$$

式 (6.1) の右辺の極限が存在し，1 つに定まるとき，$f(z)$ は $z = z_0$ で**微分可能**という．また微係数が存在しない点を**特異点**とよぶ．

$f(z)$ が $z = z_0$ で微分可能であれば $f'(z_0)$ が存在するから，$\lim_{z \to z_0} \{f(z) - f(z_0)\}$
$= \lim_{z \to z_0} \left\{ (z - z_0) \cdot \frac{f(z) - f(z_0)}{z - z_0} \right\} = 0 \cdot f'(z_0) = 0$ である．よって $\lim_{z \to z_0} f(z)$
$= f(z_0)$ となるから $f(z)$ は $z = z_0$ で連続である．

式 (6.1) で $z - z_0 = \Delta z$ などのおき換えをすると，点 z における微係数または微分の定義式は，

$$f'(z) = \lim_{\Delta z \to 0} \frac{f(z + \Delta z) - f(z)}{\Delta z} = \lim_{\Delta z \to 0} \frac{\Delta w}{\Delta z} \tag{6.2}$$

と書くことができ，$f'(z)$ を $f(z)$ の**導関数**という．ここで $\Delta w = f(z + \Delta z) - f(z)$ である．なお導関数は $f'(z)$ と書くほか，$\dfrac{df(z)}{dz}$，$\dfrac{dw}{dz}$ などと表される．

例題 6.1 $f(z) = z^2$ を定義式 (6.2) により微分して導関数を求めよ．

答 $f'(z) = \lim_{\Delta z \to 0} \dfrac{(z + \Delta z)^2 - z^2}{\Delta z} = \lim_{\Delta z \to 0} \dfrac{2z\Delta z + \Delta z^2}{\Delta z} = 2z$ ∎

z 平面で極限値を求める場合は，図 6.1 に示すように $z \to z_0$ とする方向は無限通りある．実関数の極限値を求める場合は数直線上で $x \to x_0$ とすればよいが，複素関数ではあらゆる方向を考える点が異なる．また，図 6.2 のような線

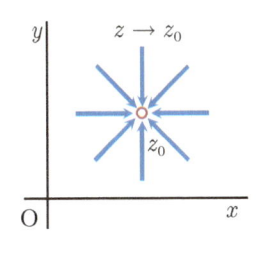

図 6.1 極限の方向

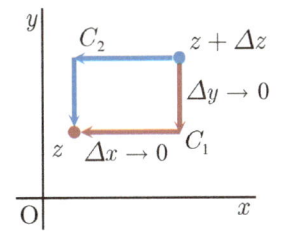

図 6.2 極限値を求める経路

分の組み合わせで極限値を求めることができる．よってある関数が微分可能な場合，つまり導関数が存在する場合は，経路 C_1 の微係数と C_2 の微係数は同一である．

要点2　**正則**とは，関数 $f(z)$ が z_0 で定義され，かつ z_0 の近傍 $|z-z_0|<\rho$ 内の各点で微分可能であるときをいう．この場合 $f(z)$ は点 z_0 で正則であるという．また $f(z)$ が領域 D の各点で微分可能であれば，$f(z)$ は D で正則であるという．ある領域で正則な関数を**正則関数**という．

6.2　コーシー・リーマンの方程式

関数 $f(z)=u(x,y)+iv(x,y)$ の導関数を，式 (6.2) により図 6.2 の 2 つの経路に沿って求めてみる．$\Delta z=\Delta x+i\Delta y$ とすると導関数は，$f'(z)$

$$=\lim_{\Delta z\to 0}\frac{\{u(x+\Delta x,y+\Delta y)+iv(x+\Delta x,y+\Delta y)\}-\{u(x,y)+iv(x,y)\}}{\Delta x+i\Delta y}$$

である．$z+\Delta z\to z$ とするとき，経路 C_1 では $\Delta y\to 0$ としたあとに $\Delta x\to 0$ とするので，はじめに $\Delta y=0$ とおいてよい．すると $\Delta z=\Delta x$ だから $f'(z)$ は

$$f'(z)=\lim_{\Delta x\to 0}\frac{u(x+\Delta x,y)-u(x,y)}{\Delta x}+i\frac{v(x+\Delta x,y)-v(x,y)}{\Delta x}=\frac{\partial u}{\partial x}+i\frac{\partial v}{\partial x}$$

となる．経路 C_2 では $\Delta x=0$ として同様に求めると次式が得られる．

$$f'(z)=\lim_{\Delta y\to 0}\frac{u(x,y+\Delta y)-u(x,y)}{i\Delta y}+i\frac{v(x,y+\Delta y)-v(x,y)}{i\Delta y}=-i\frac{\partial u}{\partial y}+\frac{\partial v}{\partial y}$$

複素関数 $f(z)$ が正則であれば微分可能であり，上記 2 つの導関数 $f'(z)$ は同一である．よって式 (6.3) に示す**コーシー・リーマンの方程式**が得られる．

要点3
$$\frac{\partial u}{\partial x}=\frac{\partial v}{\partial y},\quad \frac{\partial u}{\partial y}=-\frac{\partial v}{\partial x} \tag{6.3}$$

ある複素関数 $w=f(z)=u(x,y)+iv(x,y)$ が領域 D で正則ならば，u,v の 1 階偏導関数が存在し，コーシー・リーマンの方程式 (6.3) が成り立つ．また上記の導出過程とは逆に，2 つの実変数 x,y をもつ連続実関数 $u(x,y),v(x,y)$ が領域 D でコーシー・リーマンの方程式を満たす 1 階偏導関数をもてば，関数 $f(z)$ は D で正則であることが証明されている．このためコーシー・リーマンの方程式は，関数が正則であるための必要十分条件を与える．

関数が微分可能でない例として，$f(z) = \bar{z}$ を調べる．$z = x + iy$ とおくと，$\Delta z = \Delta x + i\Delta y$, $f(z) = x - iy$ だから，導関数は次式となる．

$$f'(z) = \lim_{\Delta z \to 0} \frac{f(z + \Delta z) - f(z)}{\Delta z} = \lim_{\Delta z \to 0} \frac{\Delta x - i\Delta y}{\Delta x + i\Delta y}$$

極限値を求める方向として図 6.2 の経路 C_1 を選ぶと $\Delta y \to 0$ 後に $\Delta x \to 0$ とするので $f'(z) = 1$ である．経路 C_2 を選ぶと $\Delta x \to 0$ 後に $\Delta y \to 0$ とするので $f'(z) = -1$ となる．経路によって値が異なるため $f'(z)$ は定まらず，$\bar{z}$ は微分可能でないことがわかる．

コーシー・リーマンの方程式 (6.3) を導出する過程で，導関数 $f'(z)$ を示す式 (6.4) が得られている．

要点4

$$f'(z) = \frac{\partial u}{\partial x} + i\frac{\partial v}{\partial x} = \frac{\partial v}{\partial y} - i\frac{\partial u}{\partial y} \tag{6.4}$$

極形式のコーシー・リーマンの方程式は，式 (6.4) の x, y を r, θ におき換えて次のように求められる．

$f(z) = u(r, \theta) + iv(r, \theta), z = r(\cos\theta + i\sin\theta), x = r\cos\theta, y = r\sin\theta$.
$\frac{\partial u}{\partial r} = \frac{\partial u}{\partial x}\frac{\partial x}{\partial r} + \frac{\partial u}{\partial y}\frac{\partial y}{\partial r} = \cos\theta\frac{\partial u}{\partial x} + \sin\theta\frac{\partial u}{\partial y}$, $\frac{\partial u}{\partial \theta} = \frac{\partial u}{\partial x}\frac{\partial x}{\partial \theta} + \frac{\partial u}{\partial y}\frac{\partial y}{\partial \theta} = -r\sin\theta\frac{\partial u}{\partial x} + r\cos\theta\frac{\partial u}{\partial y}$. 同様に，$\frac{\partial v}{\partial r} = \cos\theta\frac{\partial v}{\partial x} + \sin\theta\frac{\partial v}{\partial y}$, $\frac{\partial v}{\partial \theta} = -r\sin\theta\frac{\partial v}{\partial x} + r\cos\theta\frac{\partial v}{\partial y}$. コーシー・リーマンの方程式 (6.3) を代入すると
$\frac{1}{r}\frac{\partial u}{\partial \theta} = -\sin\theta\frac{\partial u}{\partial x} + \cos\theta\frac{\partial u}{\partial y} = -\sin\theta\frac{\partial v}{\partial y} - \cos\theta\frac{\partial v}{\partial x} = -\frac{\partial v}{\partial r}$,
$\frac{1}{r}\frac{\partial v}{\partial \theta} = -\sin\theta\frac{\partial v}{\partial x} + \cos\theta\frac{\partial v}{\partial y} = \sin\theta\frac{\partial u}{\partial y} + \cos\theta\frac{\partial u}{\partial x} = \frac{\partial u}{\partial r}$.
よって極形式のコーシー・リーマンの方程式 (6.5) が求まる．

$$\frac{\partial u}{\partial r} = \frac{1}{r}\frac{\partial v}{\partial \theta}, \quad \frac{1}{r}\frac{\partial u}{\partial \theta} = -\frac{\partial v}{\partial r} \tag{6.5}$$

導関数は $f'(z) = e^{-i\theta}\left(\frac{\partial u}{\partial r} + i\frac{\partial v}{\partial r}\right)$ と与えられる．（参照：**問題 6.7**）

6.3　正則性の判定

複雑な関数の微分可能性つまり正則性を，**例題 6.1** のように定義式から判定するのは難しいが，コーシー・リーマンの方程式を使うと簡単に判定でき

る．たとえば $f(z) = z^2$ の場合は，$z = x + iy$，$f(z) = u + iv$ とおいて $z^2 = (x + iy)^2 = x^2 - y^2 + i2xy$，$u = x^2 - y^2$，$v = 2xy$ と変形する．$\frac{\partial u}{\partial x} = 2x, \frac{\partial u}{\partial y} = -2y, \frac{\partial v}{\partial x} = 2y, \frac{\partial v}{\partial y} = 2x$ となるからコーシー・リーマンの方程式が成り立ち，z^2 は正則であることがわかる．導関数は式 (6.4) から $f'(z) = \frac{\partial u}{\partial x} + i\frac{\partial v}{\partial x} = 2x + i2y = 2z$ となり，実数の微分と同じ形式となる．

例題 6.2 $f(z) = e^z$ は正則であるかを調べ，正則の場合は導関数を求めよ．

答 オイラーの公式 (4.5) より $f(z) = e^z = e^x(\cos y + i\sin y) = u + iv$．
$\frac{\partial u}{\partial x} = e^x \cos y, \frac{\partial v}{\partial y} = e^x \cos y, \frac{\partial u}{\partial y} = -e^x \sin y, -\frac{\partial v}{\partial x} = -e^x \sin y$
よりコーシー・リーマンの方程式が成り立つので正則である．導関数は $f'(z) = (e^x \cos y) + i(e^x \sin y) = e^z$ となる．■

原点で不定となる関数 $f(z) = \frac{1}{z}$ の正則性を調べる．
$f(z) = \frac{1}{z} = \frac{1}{x+iy} = \frac{x-iy}{(x+iy)(x-iy)} = \frac{x}{x^2+y^2} - i\frac{y}{x^2+y^2} = u + iv$ より $\frac{\partial u}{\partial x} = \frac{(x^2+y^2) - x \cdot 2x}{(x^2+y^2)^2} = \frac{y^2 - x^2}{(x^2+y^2)^2}, \frac{\partial v}{\partial y} = -\frac{(x^2+y^2) - y \cdot 2y}{(x^2+y^2)^2} = \frac{y^2 - x^2}{(x^2+y^2)^2}, \frac{\partial u}{\partial y} = \frac{-2yx}{(x^2+y^2)^2} = \frac{-2xy}{(x^2+y^2)^2}, -\frac{\partial v}{\partial x} = -\frac{y \cdot 2x}{(x^2+y^2)^2} = \frac{-2xy}{(x^2+y^2)^2}$ となり，コーシー・リーマンの方程式が成り立つ．ところが $f(z) = \frac{1}{z}$ は $z = 0$ で無限大となって関数値を定義できないため，$z = 0$ で微分可能ではない．以上から $f(z) = \frac{1}{z}$ は $z = 0$ を除いた点で正則であるが，$z = 0$ では正則ではない．

関数の正則性を調べる別の方法に $W(z, \bar{z})$ 判定法がある．任意の複素関数を複素数 z とその共役複素数 $\bar{z}$ を使って $W(z, \bar{z})$ と表したとき，$\frac{\partial W(z, \bar{z})}{\partial \bar{z}} = 0$ の場合は正則である．この判定式は以下のように導かれる．
$z = x+iy, \bar{z} = x-iy, W(z, \bar{z}) = u(x, y) + iv(x, y)$ とおけば，$\frac{\partial W}{\partial \bar{z}} = \frac{\partial u}{\partial \bar{z}} + i\frac{\partial v}{\partial \bar{z}}$．
u, v は x, y の関数だから，$\frac{\partial u}{\partial \bar{z}} = \frac{\partial u}{\partial x}\frac{\partial x}{\partial \bar{z}} + \frac{\partial u}{\partial y}\frac{\partial y}{\partial \bar{z}}$，$\frac{\partial v}{\partial \bar{z}} = \frac{\partial v}{\partial x}\frac{\partial x}{\partial \bar{z}} + \frac{\partial v}{\partial y}\frac{\partial y}{\partial \bar{z}}$．ここで $x = \frac{z+\bar{z}}{2}$，$y = \frac{z-\bar{z}}{2i}$ より $\frac{\partial x}{\partial \bar{z}} = \frac{1}{2}$，$\frac{\partial y}{\partial \bar{z}} = \frac{1}{2}i$．よって $\frac{\partial W}{\partial \bar{z}} = $

$$\frac{1}{2}\left(\frac{\partial u}{\partial x}+i\frac{\partial u}{\partial y}\right)+i\frac{1}{2}\left(\frac{\partial v}{\partial x}+i\frac{\partial v}{\partial y}\right)=\frac{1}{2}\left(\frac{\partial u}{\partial x}-\frac{\partial v}{\partial y}\right)+\frac{i}{2}\left(\frac{\partial u}{\partial y}+\frac{\partial v}{\partial x}\right)$$
となる．関数が正則の場合はコーシー・リーマンの方程式が成り立つので括弧内は 0 となり，$W(z,\bar{z})$ の判定式が得られる．

例題 6.3 $f(x,y)=x^2-y^2+i2xy$ の正則性を $W(z,\bar{z})$ 判定法で調べよ．

$x=\dfrac{z+\bar{z}}{2},y=\dfrac{z-\bar{z}}{2i}$ を代入すると，$f(x,y)=\left(\dfrac{z+\bar{z}}{2}\right)^2-\left(\dfrac{z-\bar{z}}{2i}\right)^2$
$+i2\dfrac{z+\bar{z}}{2}\dfrac{z-\bar{z}}{2i}=\dfrac{1}{4}\left(z^2+\bar{z}^2+z^2+\bar{z}^2\right)+\dfrac{1}{4}\left(2z^2-2\bar{z}^2\right)=z^2$
と変形できる．$\bar{z}$ を含まないので正則である． ∎

$\bar{z}$ を含まなければ正則関数であるので，z のみの式から正則関数 $f(x,y)$ を作ることができる．たとえば，$W(z)=z^2+z-1$ とおけば，$f(x,y)=(x+iy)^2+(x+iy)-1=(x^2-y^2+x-1)+i(2xy+y)$．$f(x,y)$ をコーシー・リーマンの方程式に代入すると，正則であることが確認できる．

展開

問題 6.1 $(z^3)'$ を微分の定義式 (6.2) により求めよ．

問題 6.2 $f(z)=2x+iy$ は微分可能か定義式により調べよ．

問題 6.3 $f(z)=|z|^2$ は微分可能か定義式により調べよ．

問題 6.4 以下の関数の正則性を調べ，正則な場合は導関数を求めよ．
　　　(1) $\sin z$　　(2) $\cos z$　　(3) $\log z$　　(4) $\cos iz$

問題 6.5 実定数 a,b を含む関数 $f(z)=(x^2+ay^2)+ibxy$ が正則関数となるように定数を定めよ．

問題 6.6 $f(x,y)=x^2-y^2+i2xy$ の正則性を $W(z,\bar{z})$ の方法で判定せよ．

問題 6.7 極形式の導関数 $f'(z)=e^{-i\theta}\left(\dfrac{\partial u}{\partial r}+i\dfrac{\partial v}{\partial r}\right)$ を導出せよ．

　　　（ヒント：$\dfrac{\partial u}{\partial r},\dfrac{\partial u}{\partial \theta}$ の式より $\dfrac{\partial u}{\partial y}$ を消去して $\dfrac{\partial u}{\partial x}$ を求める．同様に $\dfrac{\partial v}{\partial x}$ を求めて式 (6.4) に代入する）

7 複素関数の微分

> **要点**
>
> 1. 正則な複素関数の微分公式は，実関数の微分公式と形式的に同じである．
> 2. 実関数 $h(x,y)$ がラプラスの方程式 $\dfrac{\partial^2 h}{\partial x^2} + \dfrac{\partial^2 h}{\partial y^2} = 0$ を満足するとき，h を調和関数という．正則関数 $f(z) = u(x,y) + iv(x,y)$ の実部 u，虚部 v は調和関数である．

> **準備**
>
> 1. 複素関数 e^z, $\sin z$, $\cos z$, $\log z$ の正則性を確認せよ．

7.1 微分公式

微分の定義式 (6.2) は実関数の微分と形式的に同じなので，複素関数 $f(z)$, $g(z)$ が微分可能であれば実関数の公式が使える．以下に微分公式を示す．

(1) $\{cf(z)\}' = cf'(z)$，c は複素定数

(2) $\{f(z) \pm g(z)\}' = f'(z) \pm g'(z)$

(3) $\{f(z)g(z)\}' = f'(z)g(z) + f(z)g'(z)$

(4) $\left\{\dfrac{f(z)}{g(z)}\right\}' = \dfrac{f'(z)g(z) - f(z)g'(z)}{g(z)^2}$

(5) $[f\{g(z)\}]' = f'\{g(z)\}g'(z)$，または $\dfrac{dw}{dz} = \dfrac{dw}{du} \cdot \dfrac{du}{dz}$

(6) $\{f^{-1}(z)\}' = \dfrac{1}{f'\{f^{-1}(z)\}}$，または $\dfrac{dw}{dz} = \dfrac{1}{dz/dw}$

(7) $f(z)$, $g(z)$ が z_0 で正則かつ $f(z_0) = g(z_0) = 0$, $g'(z_0) \neq 0$ ならば

$$\lim_{z \to z_0} \frac{f(z)}{g(z)} = \frac{f'(z_0)}{g'(z_0)} \tag{7.1}$$

以上の公式のうち，(1) は複素定数倍，(2) は和と差，(3) は積，(4) は商，(5)

は合成関数，(6) は逆関数の公式であり，(7) は**ド・ロピタルの公式**とよばれる．
公式 (5) の合成関数の微分は次のように求められる．$u = g(z)$，$w = f(u)$ とすると，$\Delta u = g(z + \Delta z) - g(z)$，$\Delta w = f(u + \Delta u) - f(u)$ で $g(z)$ は連続より $\Delta z \to 0$ のとき，$\Delta u \to 0$ だから，

$$\frac{dw}{dz} = \lim_{\Delta z \to 0}\left(\frac{\Delta w}{\Delta u} \cdot \frac{\Delta u}{\Delta z}\right) = \lim_{\Delta u \to 0} \frac{\Delta w}{\Delta u} \cdot \lim_{\Delta z \to 0} \frac{\Delta u}{\Delta z} = \frac{dw}{du} \cdot \frac{du}{dz}$$

(6) の逆関数 $f^{-1}(z)$ の導関数は，$w = f^{-1}(z)$ とおくと $z = f(w)$ であるので，両辺を z の関数として z で微分すると，次式より求められる．
$\dfrac{d}{dz} z = 1$，$\dfrac{d}{dz} f(w) = \dfrac{d}{dw} f(w) \cdot \dfrac{dw}{dz} = \dfrac{dz}{dw} \cdot \dfrac{dw}{dz}$ より，$1 = \dfrac{dz}{dw} \cdot \dfrac{dw}{dz}$

例題 7.1 ド・ロピタルの公式を証明せよ．

答 $f(z_0) = g(z_0) = 0$，だから，$f(z) = (z - z_0)\phi(z)$，$g(z) = (z - z_0)\psi(z)$ とおける．微分すると $f'(z) = \phi(z) + (z - z_0)\phi'(z)$，$g'(z) = \psi(z) + (z - z_0)\psi'(z)$．
$g'(z_0) \neq 0$ であるから整理して，

$$\lim_{z \to z_0} \frac{f(z)}{g(z)} = \lim_{z \to z_0} \frac{\cancel{(z - z_0)}\phi(z)}{\cancel{(z - z_0)}\psi(z)} = \lim_{z \to z_0} \frac{\phi(z)}{\psi(z)} = \frac{\phi(z_0)}{\psi(z_0)} = \frac{f'(z_0)}{g'(z_0)}$$

■

要点1 4 章, 5 章で扱った複素関数は正則関数であるため，導関数の式 (6.4) から次の微分公式を導くことができる．

(8) $(z^n)' = nz^{n-1}$ $(n = 1, 2, \cdots)$

(9) $(e^z)' = e^z$

(10) $(\cos z)' = -\sin z$, $(\sin z)' = \cos z$, $(\tan z)' = \dfrac{1}{\cos^2 z}$ $(\cos z \neq 0)$

(11) $(\log z)' = \dfrac{1}{z}$ $(z \neq 0)$

(12) $(z^a)' = az^{a-1}$

公式 (8) の導出はまず式 (6.2) より $(z)' = \lim\limits_{\Delta z \to 0} \dfrac{(z + \Delta z) - z}{\Delta z} = 1$．**例題 6.1** より $(z^2)' = 2z$，**問題 6.1** より $(z^3)' = 3z^2$．同様に n 階微分して公式 (8) となる．

公式 (9) は**例題 6.2** で導出済み．

公式 (10) は**問題 6.4**(1),(2) および微分公式 (4) から，あるいは式 (4.4) を微分して $\left\{\cos z = \dfrac{1}{2}\left(e^{iz} + e^{-iz}\right)\right\}' = \dfrac{1}{2}\left(ie^{iz} - ie^{-iz}\right) = -\sin z$ と確認できる．

公式 (11) は**問題 6.4**(3) または，$w = \log z$ とおくと $z = e^w$ だから，$(\log z)' = \dfrac{dw}{dz} = \dfrac{1}{\dfrac{dz}{dw}} = \dfrac{1}{e^w} = \dfrac{1}{z}$ となる．

公式 (12) は $(z^a)' = \left(e^{a\log z}\right)' = e^{a\log z}\cdot\dfrac{a}{z} = z^a\cdot\dfrac{a}{z} = az^{a-1}$ となる．

例題 7.2 $f(z) = \cos(iz)$ を微分せよ．

答 公式 (5) から，$f'(z) = \{\cos(iz)\}'(iz)' = -\sin(iz)(i) = -i\dfrac{e^{i(iz)} - e^{-i(iz)}}{2i}$
$= -\dfrac{e^{-iz} - e^{iz}}{2} = \dfrac{e^{iz} - e^{-iz}}{2} = \sinh z$ （参照：**問題 6.4**(4)）　■

7.2　調和関数

x, y の関数 $h(x, y)$ が**ラプラスの方程式**：$\dfrac{\partial^2 h}{\partial x^2} + \dfrac{\partial^2 h}{\partial y^2} = 0$ を満足するとき，$h(x, y)$ を**調和関数**という．複素関数 $f(z) = u(x, y) + iv(x, y)$ が領域 D で正則かつ連続な 2 階偏導関数をもてば，コーシー・リーマンの方程式を使って

$$\frac{\partial^2 u}{\partial x^2} = \frac{\partial}{\partial x}\left(\frac{\partial u}{\partial x}\right) = \frac{\partial}{\partial x}\left(\frac{\partial v}{\partial y}\right) = \frac{\partial^2 v}{\partial x \partial y}, \quad \frac{\partial^2 u}{\partial y^2} = \frac{\partial}{\partial y}\left(-\frac{\partial v}{\partial x}\right) = -\frac{\partial^2 v}{\partial y \partial x}$$

となる．v についても同様に求められるが，u, v は連続だから偏微分の順番を入れ替えることができるため，式 (7.2) が得られる．

$$\frac{\partial^2 u}{\partial x^2} + \frac{\partial^2 u}{\partial y^2} = 0, \quad \frac{\partial^2 v}{\partial x^2} + \frac{\partial^2 v}{\partial y^2} = 0 \tag{7.2}$$

よって正則な複素関数 $f(z) = u(x, y) + iv(x, y)$ の実部 $u(x, y)$ 虚部 $v(x, y)$ はそれぞれ調和関数である．

ただし，2 つの調和関数を実部虚部とする関数は正則とは限らない．たとえば正則関数 $f(z) = z^2 = u + iv$ の実部 $u = x^2 - y^2$，虚部 $v = 2xy$ はともに調和関数であるが，u, v を入れ替えた複素関数 $f(z) = 2xy + i(x^2 - y^2)$ は，コーシー・リーマンの方程式を満たさず，正則ではない．

関数 $f(z) = u + iv$ の実部虚部が調和関数であり，領域 D でコーシー・リーマンの方程式を満足するときは，虚部 v を実部 u の**共役調和関数**という．ある調和関数 $u(x, y)$ に対する共役調和関数 $v(x, y)$ は，コーシー・リーマンの方程式 (6.3) の 1 つ目の偏微分方程式 $\dfrac{\partial u}{\partial x} = \dfrac{\partial v}{\partial y}$ を y で積分して

$$v = \int \frac{\partial u}{\partial x} dy + c(x) \tag{7.3}$$

より求める．ここで $c(x)$ は x の任意関数である．次に式 (6.3) の 2 つ目の偏微分方程式 $\dfrac{\partial u}{\partial y} = -\dfrac{\partial v}{\partial x}$ に $u(x, y)$, $v(x, y)$ を代入して $c(x)$ を求める．

例題 7.3 $u = x^2 - y^2$ は調和関数であることを示し，u を実部とする正則関数 $f(z)$ を求めよ．

答 $\dfrac{\partial u}{\partial x} = 2x, \dfrac{\partial^2 u}{\partial x^2} = 2, \dfrac{\partial u}{\partial y} = -2y, \dfrac{\partial^2 u}{\partial y^2} = -2$ より, $\dfrac{\partial^2 u}{\partial x^2} + \dfrac{\partial^2 u}{\partial y^2} = 0$ となるから u は調和関数．また, $v = \displaystyle\int \dfrac{\partial u}{\partial x} dy + c(x) = \int 2x dy + c(x) = 2xy + c(x)$. さらに, $\dfrac{\partial u}{\partial y} = -2y = -\dfrac{\partial v}{\partial x} = -\{2y + c'(x)\}$ より $c'(x) = 0$, よって $c(x) = k$（定数）より $v = 2xy + k$ と求まる．正則関数は $f(z) = u + iv = x^2 - y^2 + i(2xy + k) = (x + iy)^2 + ik = z^2 + ik$ ∎

7.3 複素ポテンシャル

ラプラスの方程式は工学分野において重要な関数であり，定常熱伝導，静電界，非圧縮性流体，重力場などで数多くの問題を扱うことができる．式 (7.2) に示した 2 次元ラプラスの方程式の解は調和関数であるため，正則な複素関数を求めて 2 次元ポテンシャル問題を解くことができる．熱伝導現象に関する例を以下に示す．

2 次元空間の温度を $T(x, y)$ とすると, 熱伝導方程式は, $\dfrac{\partial T}{\partial t} = D \left(\dfrac{\partial^2 T}{\partial x^2} + \dfrac{\partial^2 T}{\partial y^2} \right)$ と表される．D は正の定数である．定常状態では左辺は 0 なので，2 次元のラプラス方程式となる．

図 7.1 は温度が一定に保たれた紙面に垂直な 2 枚の無限長の金属平板を表す．温度 $T(x, y)$ は x にのみ依存するから，$\dfrac{\partial^2 T}{\partial y^2} = 0$ となる．x で 2 回積分すると

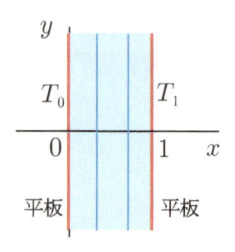

図 7.1　平行平板間の温度分布 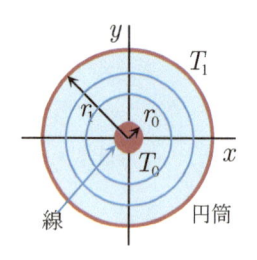　　　図 7.2　同軸円筒内の温度分布

次式となる．

$$T(x,y) = ax + b \tag{7.4}$$

$T(x,y)$ を熱ポテンシャルとよび，$T(x,y)$ 一定の線を等温線という．境界条件 $x=0$ で T_0，$x=1$ で T_1 を代入すると，$T(x,y) = (T_1 - T_0)x + T_0$ となる．

図 7.2 は紙面に垂直な無限長の同軸金属を示し，中心に直径 r_0 の金属線，外側に内径 r_1 の金属円筒がある．それぞれの温度は T_0, T_1 に保たれている．

温度 $T(x,y)$ は $r = \sqrt{x^2 + y^2}$ にのみ依存するので，極形式のラプラスの方程式：$r^2 \dfrac{\partial^2 u}{\partial r^2} + r \dfrac{\partial u}{\partial r} + \dfrac{\partial^2 u}{\partial \theta^2} = 0$ を使い，$\dfrac{\partial^2 u}{\partial \theta^2} = 0$ とする．$u = T$ を代入して r で割ると $rT'' + T' = 0$ となる．$\dfrac{T''}{T'} = -\dfrac{1}{r}$ より，$\log T' = -\log r + c = \log \dfrac{e^c}{r}$ が得られ，$e^c = a$ とおけば $T' = \dfrac{a}{r}$ となる．さらに積分すると次式が得られる．なお a, b, c は任意定数である．

$$T(r, \theta) = a \log r + b \tag{7.5}$$

熱ポテンシャル T が一定となるのは，図 7.1 では y 軸に平行な線上，図 7.2 では同心円上である．式 (7.4), (7.5) の熱ポテンシャルは調和関数であるので，共役調和関数 Ψ を求めて両者の和をとると正則な複素関数 $F(z)$ を定義することができる．これを**複素ポテンシャル**といい，式 (7.6) に示す．

$$F(z) = T + i\Psi \tag{7.6}$$

図 7.1 の熱ポテンシャルは式 (7.4) で与えられるので，式 (7.3) を使って共役調和関数を求めると，$\Psi = \displaystyle\int \dfrac{\partial T}{\partial x} dy = ay + c(x)$ である．また，$\dfrac{\partial T}{\partial y} = 0 = -\dfrac{\partial \Psi}{\partial x}$ より $c(x)$ は定数 c となる．x 軸に平行な直線は Ψ が一定である条件を満たし，熱流線とよばれる．以上から複素ポテンシャルは次式で表され，1 つの複素関

数で等温線と熱流線を表している．

$$F(z) = ax + b + i(ay + c) = az + k \quad (k = b + ic)$$

図 7.2 の場合は式 (7.5) を参考に，複素ポテンシャルを $F(z) = a\mathrm{Log}\,z + b$ とおく．$F(z) = a\log|z| + ia\mathrm{Arg}\,z + b$ となるので，共役調和関数は $\Psi = a\mathrm{Arg}\,z$ である．これは中心から放射状に広がる半直線となり，熱の流れを表す．

複素ポテンシャルは一般に式 (7.7) で表される．熱伝導の場合 Φ と Ψ は等温線と熱流線を表し，静電界の場合は等電位線と電気力線，流体の場合は等ポテンシャル線と流線，重力場では重力ポテンシャル線と力線をそれぞれ表す．

$$F(z) = \Phi + i\Psi \tag{7.7}$$

展開

問題 7.1 次の関数の導関数を求めよ．
(1) $\dfrac{(1+iz^2)^3}{z}$ (2) $\sin z$ (3) $\tan z$ (4) $\sinh z$
(5) $\tanh z$

問題 7.2 次の関数 u は調和関数かを調べ，調和関数の場合は u を実部とする正則関数 $f(z)$ を求めよ．
(1) $u = x^3 - 3xy^2$ (2) $u = x^2 - y^2 - y$
(3) $u = \cos x \cosh y$ (4) $u = \mathrm{e}^x \cos y$

問題 7.3 図 7.1 の配置で，熱伝導以外の複素ポテンシャルの例（静電界など）を示せ．

8 複素積分と積分路

> **要点**
> 1. 複素積分は，z 平面上の曲線 C に沿った線積分 $\int_C f(z)\,\mathrm{d}z$ により定義される．
> 2. 実数の媒介変数 $t\,(a \leq t \leq b)$ により積分路 C を $z(t)$ で表すと，積分は $\int_a^b f\{z(t)\}\dfrac{\mathrm{d}z}{\mathrm{d}t}\mathrm{d}t$ となる．
> 3. 中心 z_0 の円周 C 上の積分は $\int_C (z-z_0)^m \mathrm{d}z = \begin{cases} 2\pi i\,(m=-1) \\ 0\,(m \neq -1,\, m\text{ は整数}) \end{cases}$

> **準備**
> 1. 実関数 x^α の不定積分を $\alpha \neq -1$ および $\alpha = -1$ について求めよ．
> 2. $x = g(t), a = g(\alpha), b = g(\beta)$ のとき，$\int_a^b f(x)\mathrm{d}x = \int_\alpha^\beta f\{g(t)\}g'(t)\mathrm{d}t$ となる実関数の置換積分法により $\int_1^2 x(2-x)^5 \mathrm{d}x$ を求めよ．

8.1 線積分

複素関数 $f(z)$ の**複素積分**または複素**線積分**は，z 平面上の曲線 C に沿った線積分として次式で定義される．曲線 C を**積分路**という．

$$\int_C f(z)\mathrm{d}z$$

積分の方向は反時計回りを正とする．C は式 (8.1) のように**媒介変数** t を使って表す場合が多い．この場合 t の増加方向を積分路の正方向に合わせる．

$$C:\ z(t) = x(t) + iy(t) \quad (a \leq t \leq b) \tag{8.1}$$

積分の計算は実数と同じで，積分区間を細分化して和をとる．図 8.1 に示すよ

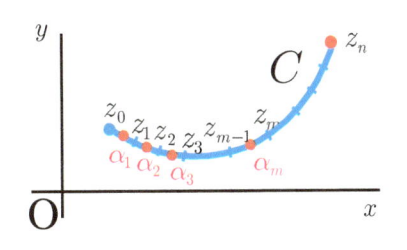

図 8.1 複素積分の定義

うに積分路 C を分割し，分割点に複素数 $z_0, z_1, \cdots, z_{n-1}, z_n$ を対応させる．また z_0 と z_1 間に点 α_1 をおき，順に z_{m-1} と z_m 間に点 α_m をおく．

関数値 $f(\alpha_m)$ と区間距離：$\Delta z_m = z_m - z_{m-1}$ の積の和を $S_n = \sum_{m=1}^{n} f(\alpha_m)\Delta z_m$ とする．S_n は Δz_m の分割の仕方，点 α_m の選び方で変化するが，$n \to \infty$ として分割数を無限大にすると区間距離は $|\Delta z_m| \to 0$ となり，積分は式 (8.2) で定義される．

$$\int_C f(z)\mathrm{d}z = \lim_{n\to\infty} S_n = \lim_{n\to\infty} \sum_{m=1}^{n} f(\alpha_m)\Delta z_m \tag{8.2}$$

8.2 積分公式

複素積分に関する主な公式を以下に示す．

(1) $\displaystyle\int_C kf(z)\mathrm{d}z = k\int_C f(z)\mathrm{d}z$，$k$ は複素定数

(2) $\displaystyle\int_C \{f(z) + g(z)\}\mathrm{d}z = \int_C f(z)\mathrm{d}z + \int_C g(z)\mathrm{d}z$

(3) $\displaystyle\int_C f(z)\mathrm{d}z = -\int_{-C} f(z)\mathrm{d}z$，または $\displaystyle\int_{z_0}^{z_n} f(z)\mathrm{d}z = -\int_{z_n}^{z_0} f(z)\mathrm{d}z$

(4) $\displaystyle\int_C f(z)\mathrm{d}z = \int_{C_1} f(z)\mathrm{d}z + \int_{C_2} f(z)\mathrm{d}z$，ただし $C = C_1 + C_2$

(5) $\displaystyle\left|\int_C f(z)\mathrm{d}z\right| \leq ML$，ただし $|f(z)| \leq M$，L は C の長さ $\tag{8.3}$

(6) $F'(z) = f(z)$ ならば，$\displaystyle\int_{z_0}^{z_1} f(z)\mathrm{d}z = F(z_1) - F(z_0)$ $\tag{8.4}$

公式 (1),(2) は積分の定義式 (8.2) の線形性により成り立つ．図 8.2 に示すよう

に，積分路は式 (8.1) の t が増加して $z_0 \to z_n$ と進む方向を正とし，逆方向の積分路は $-C$ と表す．このため公式 (3) のように逆方向の積分路については積分値に負号をつける．

公式 (4) は積分路が分割可能であることを示す．図 8.3 のように C は C_1 の終点と C_2 の始点をつなげた曲線であるから $C = C_1 + C_2$ と表す．

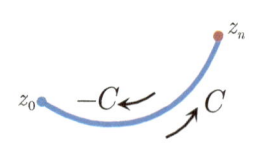

図 8.2　逆方向の積分路

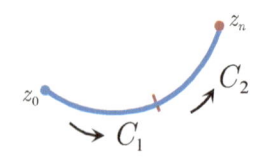

図 8.3　積分路の分割

公式 (5) は ML 不等式 (8.3) とよばれ，定理の証明にしばしば使われる．これは，$|f(z)| \leq M$，曲線 C の長さを L とすると，式 (8.2) の絶対値は $\left|\int_C f(z)\mathrm{d}z\right| = \left|\lim_{n\to\infty}\sum_{m=1}^n f(\alpha_m)\Delta z_m\right| \leq \lim_{n\to\infty}\sum_{m=1}^n |f(\alpha_m)||\Delta z_m| \leq M\cdot\lim_{n\to\infty}\sum_{m=1}^n |\Delta z_m| \leq ML$ より導かれる．ここで一般化した三角不等式 (1.6) を使った．また長さ L は曲線の接線 $z'(t)$ の積分より求まるので，$z(t) = x(t) + iy(t)$ とすると，$L = \int_{z_0}^{z_n} |z'(t)|\,\mathrm{d}t = \int_{x_0+iy_0}^{x_n+iy_n} \sqrt{x'^2 + y'^2}\,\mathrm{d}t$ で与えられる．

領域 D 内で正則な関数 $f(z)$ に対して D 内で正則な関数 $F(z)$ が存在し，$F'(z) = f(z)$ の関係が成り立つとき，$F(z)$ を $f(z)$ の**不定積分**という．このときの積分値は公式 (6) に示すように，積分の始点と終点の関数値 $F(z_0)$, $F(z_1)$ で与えられる．このため積分路 C にかかわらず，積分路の端点だけで積分値が定まる．なお公式 (6) 以外は，非正則関数でも成り立つ．

例題 8.1　不定積分により複素積分 (1) $\int_0^{\pi i} \cos z\,\mathrm{d}z$, (2) $\int_{-i}^{i} \frac{1}{z}\,\mathrm{d}z$ を求めよ．

答　(1) $\int_0^{\pi i} \cos z\,\mathrm{d}z = [\sin z]_0^{\pi i} = \sin \pi i = i\sinh \pi = i\dfrac{\mathrm{e}^\pi - \mathrm{e}^{-\pi}}{2}$

(2) **例題** 5.5(3) より，$\int_{-i}^{i} \dfrac{1}{z}\,\mathrm{d}z = \mathrm{Log}\,i - \mathrm{Log}\,(-i) = \dfrac{\pi i}{2} - \left(-\dfrac{\pi i}{2}\right) = \pi i$．ただし $\mathrm{Log}\,z$ が正則ではない 0 と負の実軸は除く（$-\pi < \mathrm{Arg}\,z \leq \pi$ とする）．■

8.3 積分路

積分の定義式 (8.2) をそのまま使って積分することは一般に難しい．このため積分路を媒介変数を使って表し，積分する．式(8.2)で，$f(z) = u(x,y) + iv(x,y)$，$\Delta z_m = \Delta x_m + i\Delta y_m$ とおくと，$S_n = \sum\limits_{m=1}^{n}(u+iv)(\Delta x_m + i\Delta y_m)$ となる．
式を展開すると

$$S_n = \left(\sum_{m=1}^{n} u\Delta x_m - \sum_{m=1}^{n} v\Delta y_m\right) + i\left(\sum_{m=1}^{n} u\Delta y_m + \sum_{m=1}^{n} v\Delta x_m\right)$$

$n \to \infty$ とすると $|\Delta z_m| \to 0$ より $|\Delta x_m| \to 0$，$|\Delta y_m| \to 0$ となるから

$$\lim_{n\to\infty} S_n = \int_C f(z)\,\mathrm{d}z = \left(\int_C u\,\mathrm{d}x - \int_C v\,\mathrm{d}y\right) + i\left(\int_C u\,\mathrm{d}y + \int_C v\,\mathrm{d}x\right)$$

$C: z(t) = x(t) + iy(t)\ (a \leq t \leq b)$ として右辺の実積分を媒介変数 t を使って書き換える．$\mathrm{d}x = \dfrac{\mathrm{d}x}{\mathrm{d}t}\mathrm{d}t, \mathrm{d}y = \dfrac{\mathrm{d}y}{\mathrm{d}t}\mathrm{d}t$ とおくと $\int_C f(z)\,\mathrm{d}z = \left(\int_a^b u\dfrac{\mathrm{d}x}{\mathrm{d}t}\mathrm{d}t\right.$
$\left.-\int_a^b v\dfrac{\mathrm{d}y}{\mathrm{d}t}\mathrm{d}t\right) + i\left(\int_a^b u\dfrac{\mathrm{d}y}{\mathrm{d}t}\mathrm{d}t + \int_a^b v\dfrac{\mathrm{d}x}{\mathrm{d}t}\mathrm{d}t\right) = \int_a^b (u+iv)\left(\dfrac{\mathrm{d}x}{\mathrm{d}t} + i\dfrac{\mathrm{d}y}{\mathrm{d}t}\right)\mathrm{d}t$
$= \int_a^b f\{z(t)\}\dfrac{\mathrm{d}z}{\mathrm{d}t}\mathrm{d}t$ となる．よって，媒介変数を用いる積分は

$$\int_C f(z)\,\mathrm{d}z = \int_a^b f\{z(t)\}\dfrac{\mathrm{d}z}{\mathrm{d}t}\mathrm{d}t \tag{8.5}$$

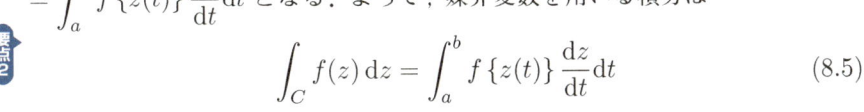

となる．以下に手順を示すが，積分路を分割した場合は，それぞれの積分路について行えばよい．

1) 積分路を確認し，必要な場合は分割する
2) 積分路 C を $z(t)\,(a \leq t \leq b)$ のように媒介変数 t を使って表す
3) 関数 $f(z)$ 内の z を $z(t)$ でおき換え $f\{z(t)\}$ を求める
4) $\dfrac{\mathrm{d}z(t)}{\mathrm{d}t}$ を求める
5) $\int_a^b f\{z(t)\}\dfrac{\mathrm{d}z(t)}{\mathrm{d}t}\mathrm{d}t$ を計算する

例として図 8.4 の積分路 C_1 で関数 $f(z) = z^2$ を積分する．手順に従い，

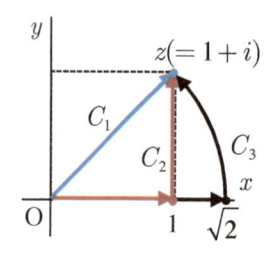

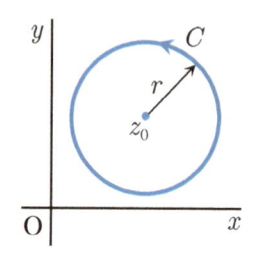

図 8.4　積分路　　　　　　図 8.5　積分路 C：中心 z_0，半径 r の円

1) 積分路 C_1 は 1 本の線分であり，分割は不要
2) (x,y) 平面の直線の式 $y=(1+i)x$ を参考に，$C: z(t)=(1+i)t \, (0 \leq t \leq 1)$
3) $\{z(t)\}^2 = \{(1+i)t\}^2 = (1+2i-1)t^2 = 2it^2$
4) $\dfrac{\mathrm{d}}{\mathrm{d}t}\{(1+i)t\} = (1+i)\dfrac{\mathrm{d}t}{\mathrm{d}t} = (1+i)$
5) $\displaystyle\int_C z^2 \mathrm{d}z = \int_0^1 (2it^2)(1+i)\mathrm{d}t = 2i(1+i)\int_0^1 t^2 \mathrm{d}t = 2(i-1)\left[\dfrac{t^3}{3}\right]_0^1$
　$= 2(i-1)\dfrac{1}{3} = \dfrac{2}{3}(i-1)$

図 8.4 の積分路 C_2 は原点から実軸上を $z=1$ まで進み，その後直上の $z=1+i$ まで進む．よって積分路を 2 分割にして上記手順に従う．また積分路 C_3 は原点から $z=\sqrt{2}$ まで実軸上を進み，その後原点を中心とする半径 $\sqrt{2}$ の円周上を $z=1+i$ まで進むので，これも 2 分割し上記手順に従う．このようにして求める積分値はどの積分路でも同じ値である（参照：**問題 8.2**）．これは，$f(z)$ が正則である場合には積分値は積分経路によらず式 (8.4) のように端点の値のみで決まるためである．

例題 8.2　積分路を単位円 $|z|=1$ として $\dfrac{1}{z}$ を反時計まわりに 1 周積分せよ．

答　$z(t)=\mathrm{e}^{it} \, (0 \leq t \leq 2\pi)$ とおき，$\displaystyle\int_0^{2\pi} \dfrac{1}{\mathrm{e}^{it}}(i\mathrm{e}^{it})\mathrm{d}t = i\int_0^{2\pi} \mathrm{d}t = 2\pi i$　■

例題 8.2 を一般化し，図 8.5 のように中心 z_0，半径 r の円 C 上で整数べき関数 $f(z)=(z-z_0)^m$ を積分する．C は $z=z_0+r\mathrm{e}^{it} \, (0 \leq t \leq 2\pi)$ と表されるから，$(z-z_0)^m = r^m \mathrm{e}^{imt}$，$\dfrac{\mathrm{d}z}{\mathrm{d}t} = ir\mathrm{e}^{it}$ より $\displaystyle\int_C (z-z_0)^m \mathrm{d}z = \int_0^{2\pi} r^m \mathrm{e}^{imt} \cdot ir\mathrm{e}^{it} \mathrm{d}t = ir^{m+1}\int_0^{2\pi} \mathrm{e}^{i(m+1)t}\mathrm{d}t$ となる．

(1) $m = -1$ の場合

$$\int_C \frac{1}{z-z_0}\mathrm{d}z = ir^{-1+1}\int_0^{2\pi} \mathrm{e}^{i(-1+1)t}\mathrm{d}t = i\int_0^{2\pi} 1\mathrm{d}t = i\left[t\right]_0^{2\pi} = 2\pi i$$

(2) $m \neq -1$ の場合

$$\int_C (z-z_0)^m \mathrm{d}z = ir^{m+1}\left[\frac{\mathrm{e}^{i(m+1)t}}{i(m+1)}\right]_0^{2\pi} = \frac{r^{m+1}}{m+1}(1-1) = 0$$

ここでオイラーの公式 (4.2) より $\mathrm{e}^{i(m+1)t} = \cos(m+1)t + i\sin(m+1)t$ と展開した．なお，周期 2π の関数の 1 周積分は 0 である．以上から整数べき関数の積分は式 (8.6) で与えられ，$m = -1$ の場合のみ $\int_C \frac{1}{z-z_0}\mathrm{d}z = 2\pi i$ となる．この結果は覚えておくとよい．

要点3

$$\int_C (z-z_0)^m \mathrm{d}z = \begin{cases} 2\pi i \ (m = -1) \\ 0 \quad (m \neq -1, \quad m \text{ は整数}) \end{cases} \tag{8.6}$$

展開

問題 8.1 次の積分を求めよ．
(1) $\displaystyle\int_0^{1+i} z^3 \mathrm{d}z$ (2) $\displaystyle\int_0^{1+i} \mathrm{e}^{(\pi z)}\mathrm{d}z$
(3) $\displaystyle\int_0^{2+i} \cos(\pi z)\mathrm{d}z$ (4) $\displaystyle\int_{-\pi i}^{3\pi i} \mathrm{e}^{(z/2)}\mathrm{d}z$

問題 8.2 $f(z) = z^2$ を図 8.4 の C_2 および C_3 に沿って積分し，値を比較せよ．

問題 8.3 $f(z) = \bar{z}$ を図 8.4 の C_1 および C_2 に沿って積分し値を比較せよ．

問題 8.4 $f(z) = \mathrm{Re}\,z$ を，積分路を $1+i$ から $3+2i$ までの線分として積分せよ．

問題 8.5 複素積分と実積分の違いを説明せよ．

問題 8.6 線分および円弧を媒介変数表示する方法を説明せよ．

9 コーシーの積分定理

> **要点**
>
> 1. コーシーの積分定理は $\int_C f(z)\mathrm{d}z = 0$（$C$ は単一閉曲線）である．
> 2. $f(z)$ が単連結領域 D で正則で，D 内の点 z_1, z_2 間を結ぶ 2 つの積分路 C_1, C_2 があるとき $\int_{C_1} f(z)\mathrm{d}z = \int_{C_2} f(z)\mathrm{d}z$ である．
> 3. 関数 $f(z)$ が外部境界曲線 C とその内部の境界曲線 C_1, C_2，およびこれらに囲まれた領域で正則ならば $\int_C f(z)\mathrm{d}z = \int_{C_1} f(z)\mathrm{d}z + \int_{C_2} f(z)\mathrm{d}z$ である（参照：図 9.9）．

> **準備**
>
> 1. 複素積分の積分路の方向，積分路の分割について復習せよ．
> 2. 部分分数分解を復習せよ．

9.1 コーシーの積分定理

はじめに積分路と積分領域に関連した定義を示す．図 9.1 に曲線例を示すが，形状は任意である．**単一開曲線**とは閉じていない端部がある 1 つの曲線，**単一閉曲線**とは自分自身と交わらずに閉じた 1 つの曲線，**非単一閉曲線**とは自分自身と交わった 1 つの曲線をいう．たとえば図 8.1 は単一開曲線，図 8.5 の円は単一閉曲線である．

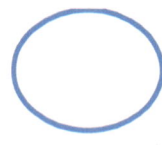

図 9.1 開曲線と閉曲線

3.1 節に示したように領域は境界を含まないため，6.1 節で複素関数の微分を定義できた．複素積分も領域の中で考える．図 9.2 は領域の区分を示す．**単連結領域**は領域 D の任意の閉曲線が領域 D 内の点だけを含む場合で，単連結でない領域を**多重連結領域**という．また連結でない境界の個数に応じて 2 重連結領域，3 重連結領域などという．

| 単連結領域 | 2重連結領域 | 3重連結領域 |

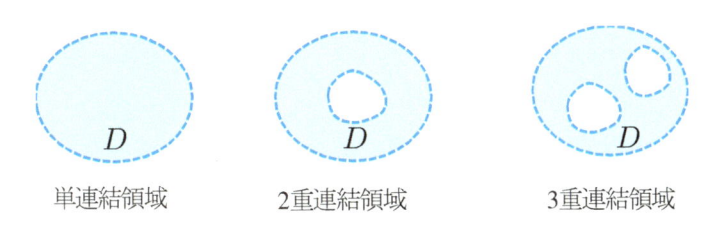

図 9.2　単連結領域と多重連結領域

図 9.3 は領域 D 内の単一閉曲線 C と，それで囲まれた領域 F を示す．C と F 内の 2 つの関数 $P(x,y)$ と $Q(x,y)$ には，次のグリーンの定理が成り立つ．

$$\int_C (P\,dx + Q\,dy) = \iint_F \left(\frac{\partial Q}{\partial x} - \frac{\partial P}{\partial y}\right) dxdy \tag{9.1}$$

ここで複素関数 $f(z)$ は D で正則，かつその導関数 $f'(z)$ は連続と仮定すると，$f(z)$ の複素積分を次式のように展開できる．

$$\int_C f(z)\,dz = \int_C (u+iv)(dx+idy) = \int_C (udx - vdy) + i\int_C (vdx + udy) \tag{9.2}$$

上式の右辺第 1 項，第 2 項にグリーンの定理をあてはめ，さらにコーシー・リーマンの方程式を使うと次式のように積分値は 0 になる．

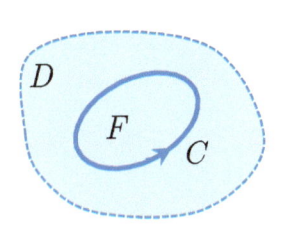

図 9.3　コーシーの積分定理

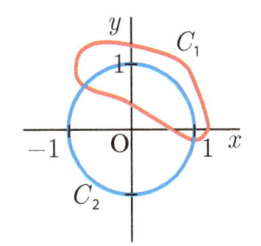

図 9.4　異なる積分路

$$\int_C f(z)\,\mathrm{d}z = \iint_F \left(-\frac{\partial v}{\partial x} - \frac{\partial u}{\partial y}\right) \mathrm{d}x\mathrm{d}y + i \iint_F \left(\frac{\partial u}{\partial x} - \frac{\partial v}{\partial y}\right) \mathrm{d}x\mathrm{d}y$$
$$= \iint_F \left(\frac{\partial u}{\partial y} - \frac{\partial u}{\partial y}\right) \mathrm{d}x\mathrm{d}y + i \iint_F \left(\frac{\partial v}{\partial y} - \frac{\partial v}{\partial y}\right) \mathrm{d}x\mathrm{d}y = 0$$

以上から，$f(z)$ が単連結領域 D で正則ならば，D 内の単一閉曲線 C に対して式 (9.3) の**コーシーの積分定理**が成り立つ．

$$\int_C f(z)\mathrm{d}z = 0 \tag{9.3}$$

関数 $f(z)$ が複雑でも，また単一閉曲線 C が複雑な形状でも，積分路とその内部で被積分関数が正則であれば，積分値は常に 0 であることを示している．
関数 $\dfrac{1}{z}$ を例に図 9.4 の単一閉曲線 C_1 に沿って積分する．$\dfrac{1}{z}$ は $z = 0$ で正則でないが，C_1 内部の点はすべて正則だからコーシーの積分定理より $\displaystyle\int_{C_1} \dfrac{1}{z}\mathrm{d}z = 0$ である．一方，図 9.4 の C_2 は単位円 $|z| = 1$ でありその内部に非正則点 0 を含むのでコーシーの積分定理は成り立たない．積分値は**例題 8.2** および式 (8.6) から $\displaystyle\int_{C_2} \dfrac{1}{z}\mathrm{d}z = 2\pi i$ である．

例題 9.1 積分路を単位円 $C : |z| = 1$ として次の関数を積分せよ．
(1) $\dfrac{1}{\cos z}$ (2) $\dfrac{1}{z^2 + 2}$ (3) $\dfrac{1}{z^2}$

答 (1) の関数は $z = \pm\dfrac{\pi}{2}, \pm\dfrac{3\pi}{2}, \cdots$ で正則ではないが，これらはすべて C の外部のためコーシーの積分定理が成り立ち積分値は 0 である．
(2) の関数は $z = \pm\sqrt{2}i$ で正則でないが C 外部の点である．よってコーシーの積分定理が成り立ち積分値は 0 である．(3) の関数は $z = 0$ で正則でなくコーシーの積分定理が成り立たない．この場合は整数べき関数の積分公式 (8.6) を使い，$z_0 = 0, m = -2$ とすれば積分値は 0 である． ∎

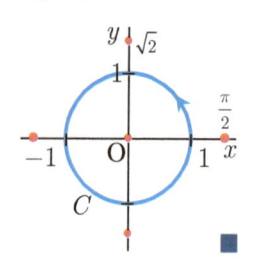

9.2 積分路の変更

積分路の変更について以下に示す．図 9.5 は単連結領域 D 内の任意の点 z_0, z_1 と両者を結ぶ 2 つの積分路 C_1, C_2 を示す．C_1, C_2 は点 z_0, z_1 でのみ接して互

いに交わらず，被積分関数 $f(z)$ は D で正則とする．

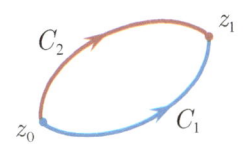

図 9.5　z_0, z_1 間の積分路

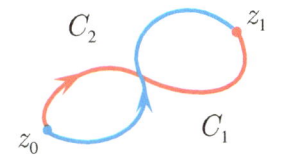

図 9.6　積分路 C_1 と $-C_2$

C_2 の方向を逆にして，2つの積分路に沿った積分の和をとるとコーシーの積分定理より $\int_{C_1} f(z)\mathrm{d}z + \int_{-C_2} f(z)\mathrm{d}z = 0$ となる．さらに積分公式 (3) を使うと式 (9.4) が得られる．

$$\int_{C_1} f(z)\mathrm{d}z = \int_{C_2} f(z)\mathrm{d}z \tag{9.4}$$

このため図 9.6 に示すように，積分路の両端が固定されている限り，積分路 C_1 を，それと交差する積分路 C_2 に変更することができる．よって単連結領域で正則関数を積分する場合は，積分路を任意に変更可能である．

さらにコーシーの積分定理を使うと，式 (8.4) に示した不定積分の関係を導くことができる．$f(z)$ が単連結領域 D で正則とすると，式 (9.4) より D 内の任意の 2 点を結ぶすべての積分経路に対して積分値は同じである．積分の始点と終点を z_0, z とすると積分値は z の関数だから $\int_{z_0}^{z} f(s)\mathrm{d}s = F(z)$ と書ける．なお s は z と区別するために使用した．これより $F'(z) = f(z)$ の関係を導く．

$$\frac{F(z+\Delta z) - F(z)}{\Delta z} = \frac{1}{\Delta z}\left[\int_{z_0}^{z+\Delta z} f(s)\mathrm{d}s - \int_{z_0}^{z} f(s)\mathrm{d}s\right]$$

$$= \frac{1}{\Delta z}\int_{z}^{z+\Delta z} f(s)\mathrm{d}s = \frac{1}{\Delta z}\left[\int_{z}^{z+\Delta z} f(z)\mathrm{d}s + \int_{z}^{z+\Delta z} \{f(s) - f(z)\}\mathrm{d}s\right]$$

$$= f(z) + \frac{1}{\Delta z}\int_{z}^{z+\Delta z} \{f(s) - f(z)\}\mathrm{d}s \quad \text{となる．任意の } \varepsilon > 0 \text{ に対して}$$

$|f(s) - f(z)| < \varepsilon$ となるよう $|\Delta z| \to 0$ として，ML 不等式 (8.3) を使うと

$$\left|\frac{F(z+\Delta z) - F(z)}{\Delta z} - f(z)\right| = \frac{1}{|\Delta z|}\left|\int_{z}^{z+\Delta z}\{f(s) - f(z)\}\mathrm{d}s\right| \leq \frac{\varepsilon|\Delta z|}{|\Delta z|} = \varepsilon$$

となる．ε を十分小さくすれば式 (9.5) の不定積分の関係が得られる．

$$F'(z) = \lim_{\Delta z \to 0} \frac{F(z+\Delta z) - F(z)}{\Delta z} = f(z) \tag{9.5}$$

9.3 多重連結領域の扱い

コーシーの積分定理は，単連結領域で $f(z)$ が正則の場合に使うことができる．このため，多重連結領域で使うには以下の手順が必要である．図9.7は2重連結領域でこの場合は，図9.8のように領域 D を上下に分割して2つの単連結領域 D_U と D_L を作る．添え字 $_U$, $_L$ はそれぞれ上半面，下半面を表す．

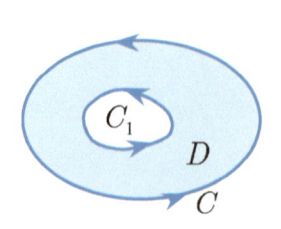

図 9.7 2 重連結領域の積分路

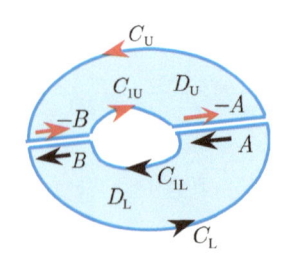

図 9.8 積分路の変更

分割前後の積分路の関係式は $C = C_L + C_U$, $-C_1 = C_{1L} + C_{1U}$ である．D_L の境界の積分路は黒矢印に沿って $C_{DL}: C_L + A + C_{1L} + B$, D_U の境界の積分路は赤矢印に沿って $C_{DU}: C_U - B + C_{1U} - A$ である．ここで積分方向が逆方向なので負号をつけた．閉曲線 C_{DL}, C_{DU} とその内部で $f(z)$ は正則だから1周積分は0で，積分路 $A, -A,$ および $B, -B$ では方向が逆で打ち消し合う．積分路に注目して簡易的に示すと

$$\int_{C_{DL}} + \int_{C_{DU}} = 0 + 0 = \int_{C_L} + \int_{C_{1L}} + \int_{C_{1U}} + \int_{C_U} = \int_C + \int_{-C_1}$$

よって $\int_C f(z)\,\mathrm{d}z = \int_{C_1} f(z)\,\mathrm{d}z$ となり，積分路を C から C_1 に変更することができる．3重連結領域の場合は2カ所で分割して同様に求めればよい．

以上から，単一閉曲線 C の内部に単一閉曲線 $C_1, C_2, \cdots, C_k$ があり，C と $C_1, C_2, \cdots, C_k$ 間の領域と境界で関数 $f(z)$ が正則である場合は，C 上の積分は個々の単一閉曲線上の積分和で与えられ，式 (9.6) が成り立つ．

$$\int_C f(z)\,\mathrm{d}z = \int_{C_1} f(z)\,\mathrm{d}z + \int_{C_2} f(z)\,\mathrm{d}z + \cdots + \int_{C_k} f(z)\,\mathrm{d}z \tag{9.6}$$

例題 9.2　$f(z) = \dfrac{2z}{z^2+2}$ を積分路 $C: |z| = 2$ で積分せよ．

答　部分分数分解すると $f(z) = \dfrac{1}{z+\sqrt{2}i} + \dfrac{1}{z-\sqrt{2}i}$．正則でない点は $z = \pm\sqrt{2}i$ で，どちらも積分路内にある．そこで式 (9.6) より C を $z = \sqrt{2}i$ および $z = -\sqrt{2}i$ を中心とする小円の積分路 C_1, C_2 に変更する．式 (8.6) を使うと積分値は $2\pi i + 2\pi i = 4\pi i$ と求まる (14.1 節に別解)．

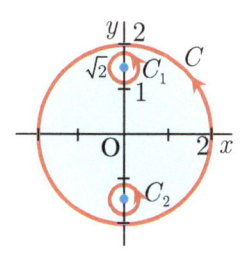

図 9.9　積分路の変更

なお，**例題 9.2** で図 9.9 の青で示す領域では，積分値は 0 である．■

展開

問題 9.1　$\dfrac{z}{(z+i)(z-2i)} = \dfrac{a}{z+i} + \dfrac{b}{z-2i}$ の a,b を定めよ．

問題 9.2　指定された積分路で以下の積分を計算せよ．

(1) $\displaystyle\int_C \dfrac{z}{z^2+1} dz,\ C: |z-1+i| = 2$

(2) $\displaystyle\int_C \dfrac{1}{(z+i)(z-2i)} dz,\ C: |z-i| + |z+i| = 6$

(3) $\displaystyle\int_C \dfrac{z}{(z+2)(z-4)} dz,\ C: |z+1-i| = 2$

(4) $\displaystyle\int_C \dfrac{1}{(z+1)(z+2)} dz,\ C: |z+1| + |z+3| = 3$

(5) $\displaystyle\int_C \dfrac{2z}{(z+2)(z+2i)} dz,\ C$ は中心 $z=0$，半径 3 の円

(6) $\displaystyle\int_C \dfrac{2z+1}{z^2+z-2} dz,\ C$ は中心 $z=1$，半径 2 の円

問題 9.3　以下の積分値が得られる積分路の例を 1 つ図示せよ．

(1) $\displaystyle\int_C \dfrac{2z}{z^2-1} dz = 4\pi i$　(2) $\displaystyle\int_C \dfrac{1}{z^2+4} dz = 0$

(3) $\displaystyle\int_C \dfrac{1}{\cos z} dz = 0$

10 コーシーの積分公式

要点

1. $f(z)$ が単連結領域 D で正則ならば，z_0 を囲む単一閉曲線 C に対してコーシーの積分公式 $f(z_0) = \dfrac{1}{2\pi i}\displaystyle\int_C \dfrac{f(z)}{z-z_0}\mathrm{d}z$ が成り立つ．
2. 正則関数 $f(z)$ は無限回微分可能であり，n 次の導関数は次式となる．
$$f^{(n)}(a) = \frac{n!}{2\pi i}\int_C \frac{f(z)}{(z-a)^{n+1}}\,\mathrm{d}z \qquad (n=1,2,\cdots)$$

準備

1. 単一閉曲線 C の内部に点 z_0 があるとき，整数べき関数の積分公式 (8.6) が成り立つことを，コーシーの積分定理を使って説明せよ．
2. 2章で学んだ複素平面図形（円，楕円，三角形等）を表す式を復習せよ．

10.1 コーシーの積分公式

複素関数 $f(z)$ は図 10.1 に示す単連結領域 D 内で正則とし，単一閉曲線 C は D 内の点 z_0 を囲んでいるとする．C 内に，中心 z_0，半径 r の小円からなる領域を考え，式 (9.6) を使うと，図 10.2 に示すように積分路 C を C_1 に変更することができる．C_1 は媒介変数 t を使って $z = z_0 + re^{it}$ $(0 \leq t \leq 2\pi)$ とおくことができ，$\mathrm{d}z = ire^{it}\,\mathrm{d}t$ である．

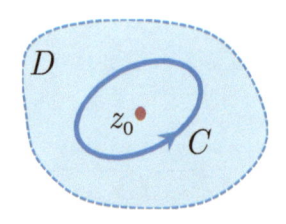

図 10.1 コーシーの積分定理

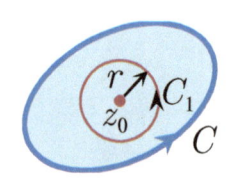

図 10.2 積分路の変更

$z = z_0$ で非正則となる関数 $g(z) = \dfrac{f(z)}{z - z_0}$ を考え，積分路を C から C_1 に変更して積分すると

$$\int_C g(z)\mathrm{d}z = \int_{C_1} \frac{f(z)}{z - z_0}\mathrm{d}z = \int_0^{2\pi} \frac{f(z_0 + re^{it})}{re^{it}} ire^{it}\,\mathrm{d}t = i\int_0^{2\pi} f(z_0 + re^{it})\mathrm{d}t$$

となる．$f(z)$ は連続なので C_1 の半径 $r(\geq 0)$ を十分小さい値とすると，積分値は次式のように r に無関係となる．

$$\int_{C_1} \frac{f(z)}{z - z_0}\mathrm{d}z = \lim_{r \to +0} i\int_0^{2\pi} f(z_0 + re^{it})\mathrm{d}t = i\int_0^{2\pi} f(z_0)\mathrm{d}t = 2\pi i f(z_0)$$

以上から**コーシーの積分公式**(10.1) が導かれた．

$$2\pi i f(z_0) = \int_C \frac{f(z)}{z - z_0}\mathrm{d}z \tag{10.1}$$

式 (10.1) から $g(z)$ の積分値は z_0 における関数値 $f(z_0)$ より求まり，実際に積分する必要がないことを表している．この便利な方法は，被積分関数の分母を $(z - z_0)$ の形にでき，その他の部分 $f(z)$ が正則関数である場合に使える．

　コーシーの積分定理またはコーシーの積分公式を使い，$g(z) = \dfrac{3z}{(z+1)(2z-1)}$ を図 10.3 に示す 4 つの積分路上で反時計まわりに積分する．各積分路は，$C_1 : |z+1| = 1$，$C_2 : |2z+1+i| = 1$，$C_3 : |z+1| + |z-1| = 4$ で，C_4 は 1 の 3 乗根を頂点とする正三角形である．なお 1 の 3 乗根は 2.2 節より $1, -\dfrac{1}{2} + \dfrac{\sqrt{3}}{2}i, -\dfrac{1}{2} - \dfrac{\sqrt{3}}{2}i$ である．$g(z)$ が正則でない点 $z = -1, z = \dfrac{1}{2}$ を，図 10.3 に示した．なお，積分路内に含まれる場合は赤で示した．

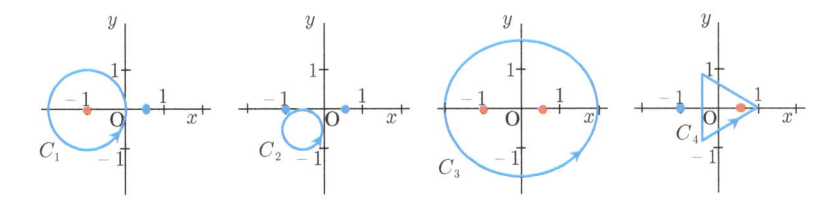

図 10.3　積分路

積分路 C_1 の場合は，C_1 内の非正則点は $z = -1$ だから $g(z) = \dfrac{3z/(2z-1)}{z+1}$ と変形すると $f(z) = \dfrac{3z}{2z-1}$ となる．コーシーの積分公式より積分値は $2\pi i f(-1)$

なので，$2\pi i \dfrac{3(-1)}{2(-1)-1} = 2\pi i$ となる．

C_2 内には非正則点がないのでコーシーの積分定理より積分値は 0．

C_3 は 2 点を含むため積分路を変更してそれぞれの点を取り囲む小円としてコーシーの積分公式を使う．なお $z = \dfrac{1}{2}$ の場合は $g(z)$ の分母の $(2z-1)$ から 2 をくくり出して $g(z) = \dfrac{3z}{(z+1)2(z-1/2)}$ と変形し，$f(z) = \dfrac{3z}{2(z+1)}$ とする．積分値は両者の和だから $2\pi i \dfrac{3(-1)}{2(-1)-1} + 2\pi i \dfrac{3(1/2)}{2(1/2+1)} = 3\pi i$．

C_4 は点 $\dfrac{1}{2}$ のみ含むので $2\pi i \dfrac{3(1/2)}{2(1/2+1)} = \pi i$ となる．

例題 10.1 $g(z) = \dfrac{z^2}{z^2+1}$ を次の積分路で反時計まわりに積分せよ．
(1) $C_1 : |z-i| = 1$ (2) $C_2 : |z+i| = 1$

答 $g(z) = \dfrac{z^2}{(z-i)(z+i)}$，積分路は図のとおりである．
(1) C_1 内で $g(z)$ が正則でない点は $z = i$．分母の $(z-i)$ をくくり出すと式 (10.1) に対する $f(z) = \dfrac{z^2}{(z+i)}$ は C_1 内で正則．$z_0 = i$ を代入すると $\displaystyle\int_{C_1} g(z) \mathrm{d}z = 2\pi i f(i) = 2\pi i \dfrac{i^2}{i+i} = -\pi$．
(2) 正則でない点は $z = -i$ だから $(z+i)$ をくくり出して，
$\displaystyle\int_{C_2} \dfrac{1}{z+i} \dfrac{z^2}{z-i} \mathrm{d}z = 2\pi i \dfrac{(-i)^2}{(-i)-i} = \pi$ ∎

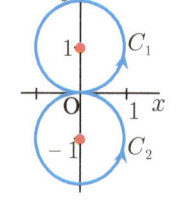

10.2 正則関数の導関数

コーシーの積分公式から次式に示す正則関数 $f(z)$ の積分表示が得られる．

$$f(z_0) = \dfrac{1}{2\pi i} \int_C \dfrac{f(z)}{z-z_0} \mathrm{d}z$$

これを z_0 の関数とみなして形式的に z_0 で微分すると，導関数 $f'(z_0)$ が得られる．

$$f'(z_0) = \dfrac{1}{2\pi i} \int_C \dfrac{f(z)}{(z-z_0)^2} \mathrm{d}z \qquad (10.2)$$

または微分の定義式から $f'(z_0)$ は以下のように導出される．$z_0 + \Delta z$ が C の内部にあるように $|\Delta z|$ を小さくとり，コーシーの積分公式を適用すると，

$$\frac{f(z_0 + \Delta z) - f(z_0)}{\Delta z} = \frac{1}{\Delta z}\{f(z_0 + \Delta z) - f(z_0)\}$$
$$= \frac{1}{\Delta z}\frac{1}{2\pi i}\int_C \left\{\frac{f(z)}{z - (z_0 + \Delta z)} - \frac{f(z)}{z - z_0}\right\} dz$$
$$= \frac{1}{2\pi i}\int_C \frac{f(z)}{(z - z_0 - \Delta z)(z - z_0)} dz$$

$\Delta z \to 0$ とすれば $f'(z_0) = \lim_{\Delta z \to 0}\dfrac{f(z_0 + \Delta z) - f(z_0)}{\Delta z} = \dfrac{1}{2\pi i}\int_C \dfrac{f(z)}{(z - z_0)^2} dz$.
よって式 (10.2) が得られる．さらに $f(z_0)$ を $f'(z_0)$ におき換えて同様の手順で計算すると $f''(z_0) = \dfrac{2!}{2\pi i}\int_C \dfrac{f(z)}{(z - z_0)^3} dz$ となる．

同様にして次々に導関数を求めることができるので，$f(z)$ が領域 D で正則ならばすべての階数の導関数をもち，D の点 z_0 における導関数の値は z_0 を囲む単一閉曲線 C により，式 (10.3) で与えられる．つまり正則関数 $f(z)$ は無限回微分可能である．式 (10.3) は**グルサの公式**ともよばれる．

$$f^{(n)}(z_0) = \frac{n!}{2\pi i}\int_C \frac{f(z)}{(z - z_0)^{n+1}} dz \quad (n = 1, 2, \cdots) \qquad (10.3)$$

式 (10.3) を使って，複素積分 $\displaystyle\int_C \frac{z - 1}{(z - i)(z + 1)^2} dz$ を図 10.4 に示す積分路 $C: |z + 1| = 1$ に沿って反時計まわりに計算する．被積分関数が正則でない点 $z = -1$ は C の内部，$z = i$ は C の外部である．$z + 1$ の項をくくり出すと積分は $\displaystyle\int_C \frac{f(z)}{(z + 1)^2} dz$, $f(z) = \dfrac{z - 1}{z - i}$ となる．式 (10.2) を使うため導関数を求めると $f'(z) = \dfrac{1 - i}{(z - i)^2}$. $f'(-1) = \dfrac{1 - i}{(-1 - i)^2} = -\dfrac{1 + i}{2}$ だから $\displaystyle\int_C \frac{z - 1}{(z - i)(z + 1)^2} dz = 2\pi i\left(-\dfrac{1 + i}{2}\right) = (1 - i)\pi$ と求まる．

例題 10.2 複素積分 $\displaystyle\int_C \frac{\sin z}{(z + i)^3} dz$ を図 10.5 に示す積分路 $C: |z + i| = 1$ に沿って反時計まわりに積分せよ．

答 式 (10.3) を変形すると積分を求める式 $\displaystyle\int_C \frac{f(z)}{(z - z_0)^{n+1}} dz = \dfrac{2\pi i}{n!}f^{(n)}(z_0)$ となる．例題をあてはめると，$z_0 = -i$ で C 内の点，$n = 2$, $f(z) = \sin z$, $f'(z) = \cos z$, $f''(z) = -\sin z$ となる．よって $\displaystyle\int_C \frac{\sin z}{(z + i)^3} dz = \dfrac{2\pi i}{2!}f''(-i) = \pi i \cdot \{-\sin(-i)\} = \pi i \sin i = \pi i\dfrac{e^{i \cdot i} - e^{-i \cdot i}}{2i} = \dfrac{\pi}{2}\left(e^{-1} - e\right)$ ∎

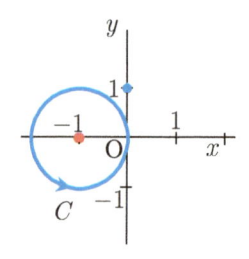

図 10.4　グルサの公式利用例　　　図 10.5　**例題** 10.2 の積分

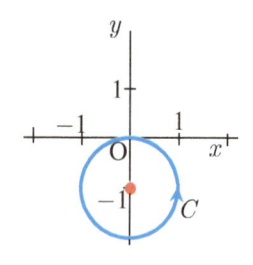

10.3　モレラの定理，リューヴィルの定理

　導関数の式 (10.2) から，$f(z)$ が正則であれば導関数 $f'(z)$ をもつことがわかる．ただし $f'(z)$ の連続性は仮定されていない．一方グルサの公式 (10.3) より $f'(z)$ は $f''(z)$ をもつことから $f'(z)$ は連続であり，正則であるといえる．よって正則関数の導関数も正則関数である．

　不定積分の式 (9.5) を導出するときに，$f(z)$ を正則として $F(z) = \int_{z_0}^{z} f(s)\mathrm{d}s$ を考え，$F'(z) = f(z)$ の関係を導いた．z は D 内の任意の点であるため $F(z)$ は D で正則である．この証明では D 内の任意の積分路に対して積分値が同じ値であることを使ったので，点 z_0 と点 z を含む単一閉曲線に対して積分すれば，積分値は 0 になる．この関係を D 内のすべての閉曲線に適用すれば，次に示す**モレラの定理**が成り立つ．

> $f(z)$ が単連結領域 D で連続で，D 内の任意の閉曲線 C に対して $\int_C f(z)\mathrm{d}z = 0$ が成り立てば，$f(z)$ は D で正則である．

この定理はコーシーの積分定理の逆定理となっている．

　正則関数の性質を表す定理として，次に示す**リューヴィルの定理**がある．

> $f(z)$ が $|z| < \infty$ に対して正則でかつ有界，すなわち $|f(z)| \leq M$ となる定数 M が存在するならば，$f(z)$ は定数である．

この定理は以下のように導かれる．グルサの公式 (10.3) の積分路 C を半径 r，中心 z_0 の円とし，式 (8.3) の ML 不等式を使うと，

$$\left|f^{(n)}(z_0)\right| = \left|\frac{n!}{2\pi i} \int_C \frac{f(z)}{(z-z_0)^{n+1}}\,\mathrm{d}z\right| \leq \frac{n!}{2\pi} M \frac{1}{r^{n+1}} 2\pi r$$

となり，**コーシーの不等式**(10.4) が導かれる．

$$\left|f^{(n)}(z_0)\right| \leq \frac{n!M}{r^n} \tag{10.4}$$

リューヴィルの定理は $|f(z)| \leq M$ を仮定しているので，式 (8.3) の ML 不等式が成り立ち，式 (10.4) を使うことができる．よって $|f'(z_0)| \leq \dfrac{M}{r}$ である．$f(z)$ は無限遠を除くすべての z で正則だから，十分大きい r に対しても $|f(z_0)'| \leq \dfrac{M}{r}$ が成り立つ必要がある．このため $f'(z_0) = 0$ となるから，$f(z) = k$ すなわち定数となる．

展開

問題 10.1 以下の積分を求めよ．なおすべて反時計まわりとする．

(1) $\displaystyle\int_C \frac{3z}{2z+1}\,\mathrm{d}z$, $C : |z+1| = 1$

(2) $\displaystyle\int_C \frac{1}{(z+1)(z+2)}\,\mathrm{d}z$, $C : |z+1| + |z+3| = 3$

(3) $\displaystyle\int_C \frac{\cos z}{z-\pi}\,\mathrm{d}z$, $C : |z-3| = 1$

(4) $\displaystyle\int_C \frac{\mathrm{e}^z}{z^2+1}\,\mathrm{d}z$, $C : |z| = 2$

(5) $\displaystyle\int_C \frac{z+1}{(z-4)(z-1)^2}\,\mathrm{d}z$, $C : |z| = 2$

(6) $\displaystyle\int_C \frac{1}{(z+1)^2(z+3)^2}\,\mathrm{d}z$, $C : |z+3| = 1$

(7) $\displaystyle\int_C \frac{\mathrm{e}^z}{(z-1)^4}\,\mathrm{d}z$, $C : |z| = 2$

(8) $\displaystyle\int_C \frac{\cos z}{(z-\pi/2)^2}\,\mathrm{d}z$, $C : |z-i| = 2$

(9) $\displaystyle\int_C \frac{\sinh z}{z^3}\,\mathrm{d}z$, $C : |z| = 2$ (10) $\displaystyle\int_C \frac{\cos z}{\mathrm{e}^z z^2}\,\mathrm{d}z$, $C : |z| = 1$

問題 10.2 コーシーの積分定理またはコーシーの積分公式を使って複素積分する場合，両者の手順の違いを説明せよ．

確認事項 II

6章　正則性

- [ ] 複素関数の微係数を定義式に従って求めることができる
- [ ] 複素関数の導関数を求めることができる
- [ ] 正則性とは何かを説明できる
- [ ] コーシー・リーマンの方程式が書ける
- [ ] 複素関数の正則性を複数の方法で判定できる

7章　複素関数の微分

- [ ] 導関数の公式を使って微分公式を導くことができる
- [ ] ド・ロピタルの公式を使うことができる
- [ ] 調和関数の説明ができる
- [ ] 共役調和関数を導出することができる
- [ ] 調和関数が2次元ポテンシャルを表すことを説明できる
- [ ] 複素ポテンシャルの考え方と特徴を理解している

8章　複素積分と積分路

- [ ] 複素積分の定義を説明できる
- [ ] 正則関数の複素積分を求めることができる
- [ ] 積分路の媒介変数表示ができる
- [ ] 媒介変数を使って積分できる
- [ ] 整数べき級数の単位円上の積分結果が書ける

9章　コーシーの積分定理

- [ ] コーシーの積分定理を理解している
- [ ] コーシーの積分定理を使った複素積分ができる
- [ ] 積分路を変更して積分することができる
- [ ] 多重連結領域を単連結領域に分割することができる
- [ ] 多重連結領域での積分を求めることができる

10章　コーシーの積分公式

- [ ] コーシーの積分公式を理解している
- [ ] コーシーの積分公式を使って複素積分が計算できる
- [ ] グルサの公式を使って複素積分が計算できる
- [ ] モレラの定理を理解している
- [ ] リューヴィルの定理を理解している

III 展開・留数・応用

複素積分を目指して，複素数列と極限，級数の収束条件や収束半径からはじめます．正則な複素関数はテーラー展開でべき級数表示し，正則でない点を含む場合はローラン展開を使います．べき級数の非正則項から留数を求めます．さらに留数定理を使って実関数の定積分を複素積分におき換える方法を学びます．進んだ応用として主値積分や分岐点，多価関数を扱うためのリーマン面を学びます．

11　級数展開
11.1　数列と級数　　　　$\{z_n\}$, $\sum z_n$
11.2　べき級数　　　　　$\sum a_n(z-z_0)^n$
11.3　収束半径　　　　　$|z-z_0|=R$

12　べき級数とテーラー展開
12.1　テーラー展開　　$f(z)=\sum_{n=0}^{\infty}\dfrac{f^{(n)}(z_0)}{n!}(z-z_0)^n$
12.2　正則関数のべき級数表示　e^z, $\cos z$
12.3　べき級数の性質

13　ローラン展開と留数
13.1　ローラン展開　$\sum a_n(z-z_0)^n + \sum\dfrac{b_n}{(z-z_0)^n}$
13.2　特異点
13.3　留数の求め方　　$\mathrm{Res}(f,z_k)=b_1$

9.1　コーシーの積分定理
9.2　積分路の変更
⇩

14　留数による実積分
14.1　留数定理　　　　　$\sum \mathrm{Res}(f,z_k)$
14.2　三角関数を含む実定積分
14.3　有理関数の定積分
14.4　フーリエ変換型の定積分

15　複素積分の応用
15.1　矩形積分路
15.2　主値積分
15.3　分岐点とリーマン面

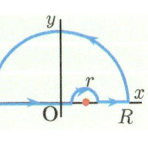

11 級数展開

> **要点**
>
> 1. 級数 $\sum_{n=0}^{\infty} z_n$ が収束するときは，$\lim_{n\to\infty} z_n = 0$ である．
> 2. べき級数 $\sum_{n=0}^{\infty} a_n(z-z_0)^n$ は収束半径 $|z-z_0| = R$ の内部で収束し，外部で発散する．
> 3. 収束半径 R の判定式には，$\lim_{n\to\infty} \sqrt[n]{|a_n|} = \dfrac{1}{R}$ と $\lim_{n\to\infty} \dfrac{|a_{n+1}|}{|a_n|} = \dfrac{1}{R}$ がある．

> **準備**
>
> 1. 複素平面上での極限のとり方を復習せよ．
> 2. 実数の等比級数の関係式を復習せよ．

11.1 数列と級数

複素数列は，複素数 z_n $(n=0,1,2,\cdots)$ を**数列の項**として

$$z_0, z_1, z_2, \cdots \quad \text{または} \quad \{z_n\}$$

と表す．複素数列が複素数 c に収束する場合は，

$$\lim_{n\to\infty} z_n = c \quad \text{または} \quad z_n \to c$$

と書く．ある極限値 c に収束する数列を**収束数列**，収束しない数列を**発散数列**という．実数の場合は数直線上で極限を考えるが，複素数の場合は z 平面で考える．図 11.1 に示すように次第に中心 c に近づき，半径 $\varepsilon > 0$ の円内に，$n > N$ 以上の項 z_n がすべて入る N が存在する場合を収束するという．

$$|z_n - c| < \varepsilon \tag{11.1}$$

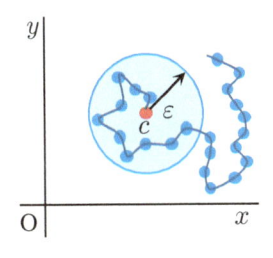

図 11.1　複素数列の収束　　　　　図 11.2　収束範囲

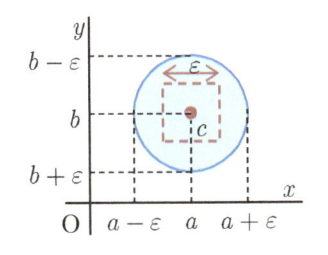

式 (11.1) が成り立つとき，$z_n = x_n + iy_n, c = a + ib$ とおけば，図 11.2 に示すように，$|x_n - a| < \varepsilon, |y_n - b| < \varepsilon$ となる．よって $z_n \to c$ のとき $x_n \to a$, $y_n \to b$ である．逆に $n \to \infty$ のとき $x_n \to a, y_n \to b$ であれば，$n > N$ 以上で $|x_n - a| < \varepsilon/2, |y_n - b| < \varepsilon/2$ となる N が存在し，z_n は一辺が ε の正方形内にすべて入る．この正方形は中心 c，半径 ε の円内に存在するから以下の関係式が成り立つ．

$$\lim_{n\to\infty} z_n = c \quad \Leftrightarrow \quad \lim_{n\to\infty} x_n = a, \lim_{n\to\infty} y_n = b$$

よって複素数列の収束・発散は，数列の実部虚部の収束・発散と同一である．

数列 $z_0, z_1, \cdots$ に対して正の実数 M を十分大きくした場合に，すべての n に対して $|z_n| \leq M$ であるとき数列 $\{z_n\}$ は**有界**であるという．

例題 11.1　数列 $\{a_n\}, a_n = \dfrac{n+1}{n}$ の収束性を判定せよ．

答　$\lim_{n\to\infty} a_n = \lim_{n\to\infty} \left(1 + \dfrac{1}{n}\right) = 1$ なので収束する． ■

数列 $z_0, z_1, \cdots, z_m, \cdots$ の各項の和を**級数**といい，式 (11.2) で表す．

$$\sum_{m=0}^{\infty} z_m = z_0 + z_1 + z_2 + \cdots \tag{11.2}$$

$s_n = z_0 + z_1 + \cdots + z_n$ を**部分和**とよぶ．また $n \to \infty$ の場合に部分和が収束する場合を**収束級数**といい，$n \to \infty$ での和 S を級数の**和**という．

$$\lim_{n\to\infty} s_n = S, \text{ または } \sum_{m=0}^{\infty} z_m = S$$

$z_n = s_n - s_{n-1}$ より級数が和 S に収束するときは，次式が成り立つ．

$$\lim_{n\to\infty} z_n = \lim_{n\to\infty}(s_n - s_{n-1}) = \lim_{n\to\infty} s_n - \lim_{n\to\infty} s_{n-1} = S - S = 0$$

要点1 よって級数が収束するならば，$\lim_{n\to\infty} z_n = 0$ である．なお数列と級数では収束条件は異なり，$\lim_{n\to\infty} z_n = 0$ でも級数が収束しない場合がある．

例題 11.2 調和級数：$\sum_{n=1}^{\infty} \frac{1}{n}$ の収束性を判定せよ．

答 $\lim_{n\to\infty} \frac{1}{n} = 0$ であり数列は収束するが，$\sum_{n=1}^{\infty} \frac{1}{n} = 1 + \left(\frac{1}{2}\right) + \left(\frac{1}{3} + \frac{1}{4}\right) + \left(\frac{1}{5} + \frac{1}{6} + \frac{1}{7} + \frac{1}{8}\right) + \cdots > 1 + \left(\frac{1}{2}\right) + \left(\frac{1}{4} + \frac{1}{4}\right) + \left(\frac{1}{8} + \frac{1}{8} + \frac{1}{8} + \frac{1}{8}\right) + \cdots = 1 + \frac{1}{2} + \frac{1}{2} + \frac{1}{2} + \cdots \to \infty$ となり級数は発散する． ∎

級数の項の絶対値からなる級数 $\sum_{n=0}^{\infty} |z_n|$ が収束するとき，級数 $\sum_{n=0}^{\infty} z_n$ は**絶対収束**するという．級数が絶対収束すればその級数は収束する．これは，$z_n = x_n + iy_n$ とするとき $|x_n| \le |z_n|$, $|y_n| \le |z_n|$ だから，$\sum_{n=0}^{\infty} |x_n|$, $\sum_{n=0}^{\infty} |y_n|$ はともに収束する．$\left|\sum_{n=0}^{\infty} x_n\right| \le \sum_{n=0}^{\infty} |x_n|$ より $\sum_{n=0}^{\infty} x_n$, $\sum_{n=0}^{\infty} y_n$ は収束するので，$\sum_{n=0}^{\infty} (x_n + iy_n) = \sum_{n=0}^{\infty} z_n$ も収束するためである．

また $|z_n| \le M_n \quad (n = 0, 1, 2, \cdots)$ となる実数項の収束級数 $M = \sum_{n=0}^{\infty} M_n$ が存在すれば，$|z_0| + |z_1| + \cdots + |z_n| \le M_0 + M_1 + \cdots + M_n \le M$ より $\sum_{n=0}^{\infty} |z_n|$ は収束し，級数 $\sum_{n=0}^{\infty} z_n$ は絶対収束することがわかる．

11.2 べき級数

項が $(z - z_0)$ の累乗で表される級数を**べき級数**といい，式 (11.3) で表す．

$$\sum_{n=0}^{\infty} a_n(z - z_0)^n = a_0 + a_1(z - z_0) + a_2(z - z_0)^2 + \cdots \tag{11.3}$$

ここで $a_0, a_1, \cdots$ は複素定数で級数の**係数**といい，z_0 は級数の**中心**とよぶ．べき級数は 12 章で正則関数の表示に使われるほか，複素積分の計算にも多用される．なお，本節で使用する複素数 z_0, z_1 は，11.1 節で示した級数項 z_0, z_1 を意

味するものではない．

べき級数の収束条件を確認することは重要である．$z = z_1 \neq z_0$ で $\sum_{n=0}^{\infty} a_n(z-z_0)^n$ が収束すると仮定すると $\lim_{n\to\infty} a_n(z_1-z_0)^n = 0$ であるから，絶対値は有界で $|a_n(z_1-z_0)^n| < M$ とおける．図 11.3 に示すように z_1 よりも z_0 に近い複素数 z を考えると，n 番目の級数項の絶対値は

$$|a_n(z-z_0)^n| = \left|a_n(z_1-z_0)^n\left(\frac{z-z_0}{z_1-z_0}\right)^n\right| \leq M\left|\frac{z-z_0}{z_1-z_0}\right|^n$$

となる．位置関係から $|z-z_0| < |z_1-z_0|$ であり $\left|\dfrac{z-z_0}{z_1-z_0}\right|^n < 1$ である．この結果 $|a_n(z-z_0)^n| < M$ となり，$|z_n| \leq M_n$ と同様に実数項の収束級数 M となるから，$\sum_{n=0}^{\infty} a_n(z-z_0)^n$ は収束する．

よってべき級数 $\sum_{n=0}^{\infty} a_n(z-z_0)^n$ が $z_1(\neq z_0)$ で収束すれば，z_1 よりも z_0 に近いすべての z に対して絶対収束する．なお $|z-z_0| > |z_1-z_0|$ となる z では，$\left|\dfrac{z-z_0}{z_1-z_0}\right| > 1$ となるから発散する．

よく使うべき級数に，式 (11.4) に示す等比級数がある．これは式 (11.3) で $z_0 = 0, a_n = 1$ とした場合である．

$$\sum_{m=0}^{\infty} z^m = 1 + z + z^2 + \cdots \tag{11.4}$$

仮に $|z| \geq 1$ であると，$|z^m| \geq 1$ となるから $\lim_{m\to\infty} z^m \neq 0$ であり，級数は発散する．$|z| < 1$ の場合の収束性は次のように判定される．部分和は $s_n = 1 + z + z^2 + \cdots + z^n$ とおくことができ，これを z 倍すると $zs_n = z + z^2 + \cdots + z^n + z^{n+1}$ となる．両者の差をとると途中の項は消

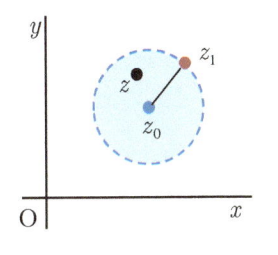

図 11.3 べき級数の収束

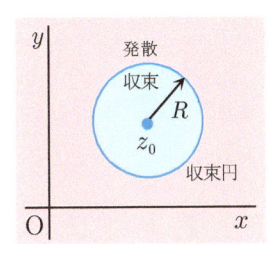

図 11.4 収束半径

えて $s_n - zs_n = 1 - z^{n+1}$ となる．$z \neq 1$ の条件で s_n を求め極限をとると式 (11.4) の級数の和は式 (11.5) のように求まる．

$$\lim_{n \to \infty} s_n = \lim_{n \to \infty} \left(\frac{1 - z^{n+1}}{1 - z} \right) = \frac{1}{1 - z} - \lim_{n \to \infty} \left(\frac{z^{n+1}}{1 - z} \right) = \frac{1}{1 - z} \quad (11.5)$$

なお仮定より $|z| < 1$ だから $n \to \infty$ のとき $z^{n+1} \to 0$ とした．

11.3 収束半径

べき級数 $\sum_{n=0}^{\infty} a_n (z - z_0)^n$ が図 11.4 に示すように $|z - z_0| < R$ のすべての点 z で収束し，$|z - z_0| > R$ では発散する場合，z_0 を中心とする円を**収束円**といい，その半径 $R (\geq 0)$ を**収束半径**と定義する．

$$|z - z_0| = R$$

すべての z で収束する場合は $R = \infty$，ある点でのみ収束する場合は $R = 0$ と表す．なお $|z - z_0| = R$ の円周上では条件により収束または発散する．

べき級数 $\sum_{n=0}^{\infty} a_n (z - z_0)^n$ の項の比の絶対値をとると $\left| \frac{a_{n+1}(z - z_0)^{n+1}}{a_n(z - z_0)^n} \right|$
$= \left| \frac{a_{n+1}}{a_n} \right| |z - z_0|$ と書ける．ここで極限を $\lim_{n \to \infty} \left| \frac{a_{n+1}}{a_n} \right| = \frac{1}{R}$ とおくと，$\frac{|z - z_0|}{R} < 1$ であればべき級数は収束し，R が収束半径となる．また第 n 項の n 乗根をとると $\sqrt[n]{|a_n(z - z_0)^n|} = \sqrt[n]{|a_n|} |z - z_0|$ となるので，極限を $\lim_{n \to \infty} \sqrt[n]{|a_n|} = \frac{1}{R}$ とおくと $\frac{|z - z_0|}{R} < 1$ でべき級数は収束し，R が収束半径となる．以上から収束半径を求める公式として次の2式が成り立つ．

$$\frac{1}{R} = \lim_{n \to \infty} \left| \frac{a_{n+1}}{a_n} \right| \quad (\text{ダランベールの公式}) \quad (11.6)$$

$$\frac{1}{R} = \lim_{n \to \infty} \sqrt[n]{|a_n|} \quad (\text{コーシー・アダマールの公式}) \quad (11.7)$$

例題 11.3 次のべき級数の収束円の中心と収束半径を求めよ．
(1) $\sum_{n=0}^{\infty} \frac{(z-\pi)^n}{n^n}$ (2) $\sum_{n=0}^{\infty} n!(z-1)^n$ (3) $\sum_{n=0}^{\infty} \frac{(2n)!}{(n!)^2} z^n$

答 (1)はn乗を含むので式(11.7)を使って $\frac{1}{R} = \lim_{n\to\infty} \sqrt[n]{\left|\frac{1}{n^n}\right|} = \lim_{n\to\infty} \frac{1}{n} = 0$．よって中心は$\pi$，収束半径は$R = \infty$．

(2)は階乗を含むので式(11.6)を使って，$\frac{1}{R} = \lim_{n\to\infty} \left|\frac{(n+1)!}{n!}\right| = \lim_{n\to\infty} (n+1) = \infty$．よって中心は$1$，収束半径は$R = 0$．

(3)も階乗を含むので式(11.6)を使って，$\frac{1}{R} = \lim_{n\to\infty} \left|\frac{(2n+2)! \cdot (n!)^2}{\{(n+1)!\}^2 \cdot (2n)!}\right|$

$= \lim_{n\to\infty} \left|\frac{(2n+2)(2n+1)}{(n+1)^2}\right| = \lim_{n\to\infty} \frac{(2+2/n)(2+1/n)}{(1+1/n)^2} = 4$．よって中心は$0$，収束半径は$R = \frac{1}{4}$．　∎

展開

問題 11.1 次の数列は収束するか．収束する場合は極限を求めよ．
(1) $\{i^n\}$　(2) $\{(-1)^n\}$
(3) $\left\{\frac{n-1}{n} + i\left(1 + \frac{n+1}{n}\right)\right\}$

問題 11.2 次の級数の収束性を判定せよ．
(1) $\sum_{n=1}^{\infty} \frac{n}{n+1}$　(2) $\sum_{n=1}^{\infty} \frac{1}{4n^2-1}$

問題 11.3 $\lim_{n\to\infty} z_n = z$ ならば $\lim_{n\to\infty} |z_n| = |z|$ となることを示せ．
（ヒント：式(1.5)を使って $||z_n| - |z|| \leq |z_n + z|$ を導く）

問題 11.4 次のべき級数の収束半径を求めよ．
(1) $\sum_{n=0}^{\infty} \frac{1}{n^n} z^n$　(2) $\sum_{n=0}^{\infty} \frac{3^n}{n+1} z^n$
(3) $\sum_{n=0}^{\infty} (n^2 + 4n + 3) z^n$　(4) $\sum_{n=0}^{\infty} \frac{n^2}{2^n} z^n$
(5) $\sum_{n=0}^{\infty} \frac{n+i}{(2n)!} z^n$

12 べき級数とテーラー展開

> **要点**
>
> 1. z_0 を中心とする正則関数 $f(z)$ のテーラー展開は,
> $$f(z) = f(z_0) + \frac{f'(z_0)}{1!}(z-z_0) + \frac{f''(z_0)}{2!}(z-z_0)^2 + \cdots$$
> $$+ \frac{f^{(n)}(z_0)}{n!}(z-z_0)^n + \cdots$$
> 2. $e^z, \sin z, \cos z, \log(1+z)$ などの複素関数はテーラー展開できる.
> 3. べき級数 $\displaystyle\sum_{n=0}^{\infty} a_n(z-z_0)^n$ が $f(z)$ に収束すれば, そのべき級数はテーラー展開と一致する.

> **準備**
>
> 1. べき級数の収束条件を復習せよ.
> 2. 実数の多項式, 無限級数, テーラー展開を復習せよ.

12.1 テーラー展開

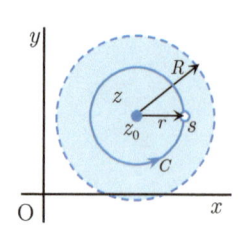

図12.1 コーシーの積分公式

関数 $f(z)$ は円 $|z-z_0|=R$ の内部で正則とする. 図12.1に示すように中心 z_0 で $0<r<R$ を満たす半径 r の円 C を考え, 点 z を C 内に任意にとる. コーシーの積分公式 (10.1) で z_0 を z, z を s とおき換えると $f(z) = \dfrac{1}{2\pi i}\displaystyle\int_C \dfrac{f(s)}{s-z}\mathrm{d}s \cdots (10.1)'$. 点 s は円 C 上, z は C 内部なので, $\left|\dfrac{z-z_0}{s-z_0}\right| < 1$.

等比級数の式 (11.5) から $\dfrac{1}{s-z} = \dfrac{1}{(s-z_0)-(z-z_0)} = \dfrac{1}{s-z_0}\dfrac{1}{1-\dfrac{z-z_0}{s-z_0}} =$

$\dfrac{1}{s-z_0}\left\{1 + \dfrac{z-z_0}{s-z_0} + \left(\dfrac{z-z_0}{s-z_0}\right)^2 + \cdots + \left(\dfrac{z-z_0}{s-z_0}\right)^n + \cdots\right\}$.

これを式 (10.1)' に代入するが，$(z-z_0)$ のべきは積分の変数 s に依存しないので，積分記号の外に出すことができる．よって，$f(z) = \dfrac{1}{2\pi i}\displaystyle\int_C \dfrac{f(s)}{s-z_0}\mathrm{d}s + (z-z_0)\dfrac{1}{2\pi i}\displaystyle\int_C \dfrac{f(s)}{(s-z_0)^2}\mathrm{d}s + \cdots + (z-z_0)^n \dfrac{1}{2\pi i}\displaystyle\int_C \dfrac{f(s)}{(s-z_0)^{n+1}}\mathrm{d}s + \cdots$
ここでコーシーの積分公式 (10.1) とグルサの公式 (10.3) とを使えば，上式右辺第 1 項は $f(z_0)$，第 2 項以降には $f'(z_0), f''(z_0), \cdots, f^{(n)}(z_0), \cdots$ を代入できる．よって式 (12.1) が導かれ，これを**テーラー展開**または**テーラー級数**とよぶ．

$$f(z) = f(z_0) + \frac{f'(z_0)}{1!}(z-z_0) + \frac{f''(z_0)}{2!}(z-z_0)^2 + \cdots \tag{12.1}$$

領域 D で関数 $f(z)$ が正則ならば，式 (12.1) を使って $f(z)$ は D 内の任意の点 z_0 を中心とするべき級数に展開できる．なお式 (12.1) は式 (12.2) のようにも表される．

$$f(z) = \sum_{n=0}^{\infty} a_n(z-z_0)^n, \quad a_n = \frac{f^{(n)}(z_0)}{n!} \tag{12.2}$$

マクローリン展開は中心が $z_0 = 0$ のテーラー展開のことで，式 (12.3) で表す．

$$f(z) = f(0) + \frac{f'(0)}{1!}z + \frac{f''(0)}{2!}z^2 + \cdots \tag{12.3}$$

例題 12.1 $f(z) = \dfrac{1}{z}$ を $z=1$ を中心にテーラー展開し，収束半径を求めよ．

答 $f'(z) = (-1)\dfrac{1}{z^2}$，$f''(z) = (-1)(-2)\dfrac{1}{z^3} = (-1)^2 \cdot 2 \cdot \dfrac{1}{z^3}$，$f'''(z) = (-1)(-2)(-3)\dfrac{1}{z^4} = (-1)^3 \cdot 3 \cdot 2 \cdot \dfrac{1}{z^4}$ だから $f^{(n)}(z) = (-1)^n n! \dfrac{1}{z^{n+1}}$．展開の中心 $z=1$ を代入すると $f'(1) = (-1), f''(1) = (-1)^2 \cdot 2, f'''(1) = (-1)^3 \cdot 3 \cdot 2$ だから $f^{(n)}(1) = (-1)^n \cdot n!$．よって $a_n = \dfrac{f^{(n)}(1)}{n!} = (-1)^n$．ゆえに，$f(z) = \dfrac{1}{z} = \displaystyle\sum_{n=0}^{\infty}(-1)^n(z-1)^n$．収束半径は $\dfrac{1}{R} = \displaystyle\lim_{n\to\infty}\left|\dfrac{a_{n+1}}{a_n}\right| = 1$ より $R = 1$ で，$|z-1| < 1$ の範囲で収束する．収束半径は，展開の中心から最も近い特異点 (6.1 節) までの距離で，この場合は $z=0$ までの距離 1 である．

例題 12.1 はマクローリン展開におき換えられる．展開の中心が $z=1$ なので $u = z-1$ とおくと $z = u+1$ より，$f\{z(u)\} = g(u) = \dfrac{1}{u+1}$．$g(u)$ をマクローリン展開する．$g'(u) = \dfrac{(-1)}{(u+1)^2}$，$g''(u) = \dfrac{(-1)(-2)}{(u+1)^3}$ だから，

$$a_n = \frac{g^{(n)}(0)}{n!} = \frac{1}{n!}\frac{(-1)^n n!}{(u+1)^{n+1}}\bigg|_{u=0} = (-1)^n \ . \ \text{よって} \ g(u) = \sum_{n=0}^{\infty}(-1)^n u^n$$

収束半径は $R = 1$ で $|u| < 1$ で収束する．$u = z - 1$ により $f(z)$ に戻すと
$$f(z) = \frac{1}{z} = \sum_{n=0}^{\infty}(-1)^n(z-1)^n \ \text{となり同じ展開式が得られる．} \quad \blacksquare$$

12.2 正則関数のべき級数表示

実数の指数関数や三角関数はテーラー展開で表すことができ，$f(x)$ は
$$f(x) = f(x_0) + \frac{f'(x_0)}{1!}(x - x_0) + \frac{f''(x_0)}{2!}(x - x_0)^2 + \cdots$$

と表すことができる．ここで x_0 は実定数である．級数項の係数を求める式は実数と複素数で同じ形式なので，テーラー展開 (12.1) も同じ形式となる．以下に代表的な正則関数のマクローリン展開を示す．

$$e^z = \sum_{n=0}^{\infty}\frac{z^n}{n!} = 1 + \frac{z}{1!} + \frac{z^2}{2!} + \frac{z^3}{3!} + \cdots \tag{12.4}$$

$$\cos z = \sum_{n=0}^{\infty}(-1)^n\frac{z^{2n}}{(2n)!} = 1 - \frac{z^2}{2!} + \frac{z^4}{4!} - \frac{z^6}{6!} + \cdots \tag{12.5}$$

$$\sin z = \sum_{n=0}^{\infty}(-1)^n\frac{z^{2n+1}}{(2n+1)!} = z - \frac{z^3}{3!} + \frac{z^5}{5!} - \frac{z^7}{7!} + \cdots \tag{12.6}$$

$$\cosh z = \sum_{n=0}^{\infty}\frac{z^{2n}}{(2n)!} = 1 + \frac{z^2}{2!} + \frac{z^4}{4!} + \frac{z^6}{6!} + \cdots$$

$$\sinh z = \sum_{n=0}^{\infty}\frac{z^{2n+1}}{(2n+1)!} = z + \frac{z^3}{3!} + \frac{z^5}{5!} + \frac{z^7}{7!} + \cdots$$

$$\text{Log}(1+z) = \sum_{n=1}^{\infty}\frac{(-1)^{n-1}}{n}z^n = z - \frac{z^2}{2} + \frac{z^3}{3} - \frac{z^4}{4} + \cdots \quad (|z| < 1)$$

$$\frac{a}{1-z} = \sum_{n=0}^{\infty}az^n = a + az + az^2 + az^3 + \cdots \quad (|z| < 1) \tag{12.7}$$

$$\frac{a}{1+z} = \sum_{n=0}^{\infty}(-1)^n az^n = a - az + az^2 - az^3 + \cdots \quad (|z| < 1) \tag{12.8}$$

上記のうち，$e^z, \cos z, \sin z, \cosh z, \sinh z$ はすべての $z(|z| < \infty)$ で収束する

が，$\mathrm{Log}(1+z)$，$\dfrac{a}{1\pm z}$ は $|z|<1$ で収束する．また式 (12.4) に $z=iy$ を代入し，実部虚部を分けると

$$\mathrm{e}^{iy} = \sum_{n=0}^{\infty} \frac{1}{n!}(iy)^n = \sum_{k=0}^{\infty} \frac{(-1)^k}{(2k)!} y^{2k} + i\sum_{k=0}^{\infty} \frac{(-1)^k}{(2k+1)!} y^{2k+1}$$

となる．右辺は実関数 $\cos y$ と $\sin y$ の展開式なのでオイラーの公式 (4.2) が成り立つことが確認できる．

例題 12.2 等比級数の関係を用いて $f(z)=\dfrac{1}{1+z^2}$ をマクローリン展開せよ．
答 式 (12.8) の z を z^2 におき換えて $a=1$ を代入すれば
$f(z)=\dfrac{1}{1+z^2}=\displaystyle\sum_{n=0}^{\infty}(-1)^n(z^2)^n=\sum_{n=0}^{\infty}(-1)^n z^{2n}\quad(|z|<1)$ ∎

テーラー展開の式 (12.1) やマクローリン展開の式 (12.3) を使うよりも，**例題 12.2** のように展開式を使って簡単にべき級数を求められる場合がある．なおべき級数が $f(z)$ に収束すれば，そのべき級数はテーラー展開と一致することが次節で示されるので，展開が容易な方法を選択すればよい．たとえば $\cos(z^2)$ は $z^2=u$ とおいて式 (12.5) を使えば $\cos(z^2)=\displaystyle\sum_{n=0}^{\infty}(-1)^n \dfrac{z^{4n}}{(2n)!}$ と求まる．

例題 12.3 $f(z)=\dfrac{2z}{z^2+1}$ を中心 1 でテーラー展開せよ．
答 式 (12.2) を使って $f(z)$ を展開すると，展開の中心は 1 なので $f(z)=\displaystyle\sum_{n=0}^{\infty}\dfrac{f^{(n)}(1)}{n!}(z-1)^n$．$f(z)=\dfrac{1}{z-i}+\dfrac{1}{z+i}$ と部分分数分解し，両辺を n 回微分すると $f^{(n)}(z)=\dfrac{(-1)^n n!}{(z-i)^{n+1}}+\dfrac{(-1)^n n!}{(z+i)^{n+1}}$．これを代入して $f(z)=\displaystyle\sum_{n=0}^{\infty}(-1)^n\left\{\dfrac{1}{(1-i)^{n+1}}+\dfrac{1}{(1+i)^{n+1}}\right\}(z-1)^n$ となる．

次に等比級数を使って展開する．$\dfrac{1}{z-i}=\dfrac{1}{1-i}\dfrac{1}{1+\dfrac{z-1}{1-i}}$ と変形して式 (12.8) を使うと，$\left|\dfrac{z-1}{1-i}\right|<1$ の条件では $\dfrac{1}{z-i}=\displaystyle\sum_{n=0}^{\infty}(-1)^n\dfrac{(z-1)^n}{(1-i)^{n+1}}$．また $\left|\dfrac{z-1}{1+i}\right|<1$ の条件では $\dfrac{1}{z+i}=\dfrac{1}{1+i}\dfrac{1}{1+\dfrac{z-1}{1+i}}=\displaystyle\sum_{n=0}^{\infty}(-1)^n\dfrac{(z-1)^n}{(1+i)^{n+1}}$．

収束条件は $\left|\dfrac{z-1}{1\pm i}\right| < 1$ だから $|z-1| < \sqrt{2}$ となり，収束半径は $R=\sqrt{2}$ である．これは右図に示すように展開の中心 $z=1$ から級数展開の条件となる点 $z=i, -i$ までの距離に等しい．以上から $f(z) = \sum_{n=0}^{\infty}(-1)^n\left\{\dfrac{1}{(1-i)^{n+1}} + \dfrac{1}{(1+i)^{n+1}}\right\}(z-1)^n$ と同じ結果が得られる． ∎

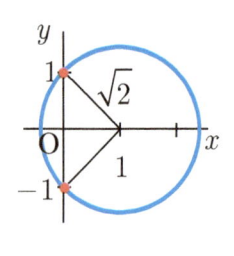

12.3 べき級数の性質

べき級数 $f(z) = \sum_{n=0}^{\infty} a_n(z-z_0)^n$ には以下の性質がある．

(1) べき級数 $f(z)$ は収束半径の内部領域 $D: |z-z_0| < R$ で連続

(2) $f(z)$ は項別積分可能：$\displaystyle\int_C f(z)\mathrm{d}z = \sum_{n=0}^{\infty}\int_C a_n(z-z_0)^n \mathrm{d}z$

(3) $f(z)$ は項別微分可能：$f'(z) = \sum_{n=1}^{\infty} na_n(z-z_0)^{n-1}$

(4) $f(z)$ は収束円内で正則

(5) 項別微分，項別積分して得られるべき級数の収束半径も R

(6) べき級数が $f(z)$ に収束すれば，そのべき級数はテーラー展開

(3) のべき級数が項別微分可能であることを関数 $f(z) = \dfrac{a}{1-z}$ で確認する．$f(z)$ を順次微分すると $f'(z) = \dfrac{a}{(1-z)^2}, f''(z) = \dfrac{2a}{(1-z)^3}, f'''(z) = \dfrac{3!a}{(1-z)^4}, \cdots$ となる．$z=0$ とおけば $f'(0) = a, f''(0) = 2a, f'''(0) = (-1)^3 3!a, \cdots$ である．一方，式 (12.7) を使ってべき級数の各項を微分すると $f'(z) = \sum_{n=1}^{\infty} naz^{n-1}, f''(z) = \sum_{n=2}^{\infty} n(n-1)az^{n-2}, f'''(z) = \sum_{n=3}^{\infty} n(n-1)(n-2)az^{n-3}, \cdots$ となる．$z=0$ とおけば $f'(0)=a, f''(0)=2!a, f'''(0) = (-1)^3 3!a, \cdots$ となるから $f(z)$ を微分して $z=0$ とおいた結果と一致する．

(4) の正則性は (2) の項別積分から導かれる．べき級数の各項の積分は，式 (8.6) で整数 $m \geq 1$ より，$\displaystyle\int_C a_m(z-z_0)^m \mathrm{d}z = 0$ である．よって領域 D 内の

任意の閉曲線 C で $\int_C f(z)\mathrm{d}z = 0$ が成り立つため，モレラの定理より $f(z)$ は正則である．

要点3 (6) はテーラー展開の一意性とよばれる．ある関数が $f(z) = \sum_{n=0}^{\infty} c_n(z-z_0)^n$ とべき級数展開されたとする．これの k 階微分は $f^{(k)} = \sum_{n=k}^{\infty} n(n-1)(n-2) \cdots (n-k+1)c_n(z-z_0)^{n-k}$ となる．$z = z_0$ とおくと，$n = k$ の場合のみ残り，$f^{(n)}(z_0) = n! c_n$ となる．よって $c_n = \dfrac{f^{(n)}(z_0)}{n!}$ となるから式 (12.2) の a_n に一致する．

展開

問題 12.1 $f(z) = \dfrac{1}{z+1}$ を中心 $z=1$ で次の手順でべき級数展開せよ．
 (1) 式 (12.2) より係数 a_n を求めてテーラー展開し，収束半径 R を求めよ．
 (2) 等比級数の関係を使って展開せよ．

問題 12.2 $f(z) = \dfrac{1}{z^2}$ を中心 $z=1$ でテーラー展開し収束半径 R を求めよ．

問題 12.3 $f(z) = \dfrac{1}{z^2}$ を中心 $z=i$ でテーラー展開し収束半径 R を求めよ．

問題 12.4 $f(z) = \dfrac{1}{z-2}$ を中心 $z=0$ でべき級数展開せよ．

問題 12.5 $f(z) = \dfrac{1}{z^3+i}$ を中心 $z=0$ でべき級数展開せよ．

問題 12.6 $f(z) = \mathrm{e}^z$ を中心 $z=\pi i$ でべき級数展開せよ．

問題 12.7 $f(z) = \dfrac{1}{z^2-2z+2}$ を中心 $z=1$ でべき級数展開せよ．

問題 12.8 $f(z) = \dfrac{z}{1-2z}$ を中心 $z=1$ でべき級数展開せよ．

13 ローラン展開と留数

> **要点**
> 1. ローラン展開は $f(z) = \sum_{n=0}^{\infty} a_n(z-z_0)^n + \sum_{n=1}^{\infty} \dfrac{b_n}{(z-z_0)^n}$ である.
> 2. 上記の係数 b_1 を留数といい,$\mathrm{Res}(f, z_0) = \dfrac{1}{2\pi i}\displaystyle\int_C f(z)\,\mathrm{d}z$ と表す.
> 3. m 位の極の留数は $\mathrm{Res}(f, z_0) = \dfrac{1}{(m-1)!}\displaystyle\lim_{z\to z_0}\left\{\dfrac{\mathrm{d}^{m-1}}{\mathrm{d}z^{m-1}}(z-z_0)^m f(z)\right\}$.

> **準備**
> 1. 式 (8.6) で示される整数べき関数の積分を復習せよ.
> 2. 中心が z_0 のテーラー級数展開の方法を複数確認せよ.

13.1 ローラン展開

　図 13.1 は点 z_0 を中心とする半径 R の円内部で関数 $f(z)$ が正則の状態を示し,円周上の点 s および円内の任意の点 z でテーラー展開可能である.図 13.2 は C_0 上とその外側の同心円 C_1 上および両者間の円環内で $f(z)$ は正則であるが,z_0 と,中心が z_0 で半径 r_0 の円内部では正則でない状態を示す.このため円環内の任意の点 z で $f(z)$ のテーラー展開はできない.

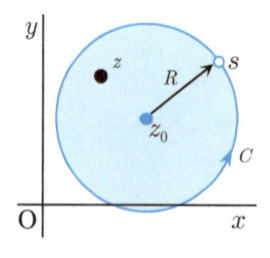

図 13.1　テーラー展開

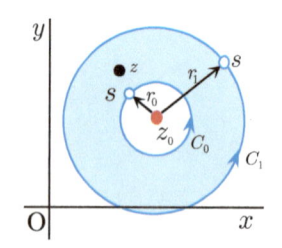

図 13.2　ローラン展開

図13.2の円環の範囲は，内部の各点が正則な範囲で r_0 を縮小し，r_1 を拡大できるとする．C_1 と C_0 は2重連結領域なので図9.8のように積分路をとり，コーシーの積分公式 (10.1) を使って $f(z)$ を積分形式で表す．C_1 上は反時計まわりに積分し，C_0 上は時計まわりに積分するので負の符号をつけて和をとると，$f(z)$ は式 (13.1) のように表される．

$$f(z) = \frac{1}{2\pi i}\int_{C_1} \frac{f(s)}{s-z}ds - \frac{1}{2\pi i}\int_{C_0} \frac{f(s)}{s-z}ds \tag{13.1}$$

　円環内部で $f(z)$ は正則なので，式 (13.1) の右辺をテーラー展開する．右辺第1項で z は C_1 の内側にあるため $\left|\dfrac{z-z_0}{s-z_0}\right| = \dfrac{|z-z_0|}{r_1} < 1$ である．等比級数の関係を利用して展開し，$\sum_{n=0}^{\infty} a_n(z-z_0)^n$, $a_n = \dfrac{1}{2\pi i}\int_{C_1}\dfrac{f(s)}{(s-z_0)^{n+1}}ds$ ($n=0,1,2,\cdots$) となる．式 (13.1) の右辺第2項で z は C_0 の外側にあるので $\left|\dfrac{s-z_0}{z-z_0}\right| = \dfrac{r_0}{|z-z_0|} < 1$ である．負号に注意して展開すると次式が得られる．

$$\frac{1}{z-s} = \frac{1}{(z-z_0)-(s-z_0)} = \frac{1}{z-z_0}\frac{1}{1-\dfrac{s-z_0}{z-z_0}}$$

$$= \frac{1}{z-z_0}\left\{1 + \frac{s-z_0}{z-z_0} + \left(\frac{s-z_0}{z-z_0}\right)^2 + \left(\frac{s-z_0}{z-z_0}\right)^3 + \cdots\right\}$$

これを式 (13.1) の第2項に代入して項別積分すると $-\dfrac{1}{2\pi i}\int_{C_0}\dfrac{f(s)}{s-z}ds$

$$= \frac{1}{2\pi i}\left\{\frac{1}{z-z_0}\int_{C_0} f(s)ds + \frac{1}{(z-z_0)^2}\int_{C_0}(s-z_0)f(s)ds + \cdots\right.$$
$$\left. + \frac{1}{(z-z_0)^{n+1}}\int_{C_0}(s-z_0)^n f(s)ds + \cdots\right\}$$ となる．以上より式 (13.1) は

$$f(z) = a_0 + a_1(z-z_0) + a_2(z-z_0)^2 + \cdots + \frac{b_1}{z-z_0} + \frac{b_2}{(z-z_0)^2} + \cdots$$

$$= \sum_{n=0}^{\infty} a_n(z-z_0)^n + \sum_{n=1}^{\infty}\frac{b_n}{(z-z_0)^n} \tag{13.2}$$

$$a_n = \frac{1}{2\pi i}\int_C \frac{f(s)}{(s-z_0)^{n+1}}ds \quad (n=0,1,2,\cdots)$$

$$b_n = \frac{1}{2\pi i}\int_C (s-z_0)^{n-1}f(s)ds \quad (n=1,2,\cdots)$$

とべき級数展開される．式 (13.2) を**ローラン展開**とよぶ．ここで積分路 C_0, C_1 はコーシーの積分定理より円環領域内の任意の単一閉曲線 C におき換え可能であるから，係数 a_n, b_n の積分では C におき換えた．

以上のように，正則でない点を含む領域での級数展開は分母に負のべき級数をもつ形式で展開される．正のべき級数項はテーラー展開と同じで**正則部**といわれる．係数が b_n の負のべき級数項は**主要部**とよばれ，z_0 およびその近傍で正則でない．一般に式 (13.2) の係数 a_n, b_n を求めてローラン展開するのは難しく，等比級数の展開式やマクローリン展開式を利用する場合が多い．

例題 13.1 $f(z) = e^{\frac{1}{z}}$ を $z = 0$ でべき級数展開せよ．

答 $f(z)$ は $z = 0$ で正則でないからローラン展開する．e^u のマクローリン展開 $e^u = \sum_{n=0}^{\infty} \frac{u^n}{n!}$ を使って $u = \frac{1}{z}$ とおけば，$f(z) = \sum_{n=0}^{\infty} \frac{1}{n!} \left(\frac{1}{z}\right)^n$． ∎

例題 13.2 $f(z) = \dfrac{1}{z^2 - 1}$ を点 $z = 1$ を中心に，$|z - 1| < 2$ の範囲でべき級数展開せよ．

答 $f(z) = \dfrac{1}{z-1} \cdot \dfrac{1}{z+1}$ であるが，$z = 1$ は条件式 $|z - 1| < 2$ の内部で正則でない．このため等比級数の関係を使ってローラン展開する．$|z - 1| < 2$ を $\dfrac{|z-1|}{2} < 1$ と変形し，展開の中心を含まない右辺第2項 $\dfrac{1}{z+1}$ から $\dfrac{z-1}{2}$ を分ける．$\dfrac{1}{z+1} = \dfrac{1}{2} \cdot \dfrac{1}{1 + \dfrac{z-1}{2}}$ として，$\left|\dfrac{z-1}{2}\right| < 1$ より式 (12.8) を使うと，$\dfrac{1}{z+1} = \dfrac{1}{2} \sum_{n=0}^{\infty} (-1)^n \left(\dfrac{z-1}{2}\right)^n = -\sum_{n=0}^{\infty} \left(-\dfrac{1}{2}\right)^{n+1} (z-1)^n$ である．よって

$$f(z) = \frac{1}{z-1} \left\{ -\sum_{n=0}^{\infty} \left(-\frac{1}{2}\right)^{n+1} (z-1)^n \right\} = -\sum_{n=0}^{\infty} \left(-\frac{1}{2}\right)^{n+1} (z-1)^{n-1}$$

∎

13.2 特異点

微係数が式 (6.1) で定まらない点を特異点と定義したが,関数 $f(z)$ が点 z_0 で正則ではないが,$0 < |z - z_0| < r$ では正則となる $r(>0)$ が存在する場合は**孤立特異点**という.集積特異点は特異点の近傍内部に他の特異点がある場合をいうが,本書では扱わない.

z_0 が $f(z)$ の孤立特異点のときは,式 (13.2) によりローラン展開できるが,主要部の状態によって孤立特異点は以下のように分類される.

除去可能な特異点: ローラン展開した結果主要部がない場合をいう.

$$f(z) = \sum_{n=0}^{\infty} a_n(z - z_0)^n, \ b_n = 0, \ n \geq 1$$

極: 主要部の項が有限個の場合で,m 項までの場合は **m 位の極**という.

$$f(z) = \sum_{n=0}^{\infty} a_n(z - z_0)^n + \frac{b_1}{z - z_0} + \cdots + \frac{b_m}{(z - z_0)^m}, \ b_m \neq 0$$

真性特異点: 主要部の項が無限個の場合をいう.

$$f(z) = \sum_{n=0}^{\infty} a_n(z - z_0)^n + \sum_{n=1}^{\infty} \frac{b_n}{(z - z_0)^n}$$

例題 13.3 次の関数の特異点を調べよ.(1) $\dfrac{\sin z}{z}$ (2) $\dfrac{z^2 - 5z + 3}{z - 2}$ (3) $e^{\frac{1}{z}}$

答 (1)は $z = 0$ が特異点であるが,式 (12.6) を使って展開すると $\dfrac{\sin z}{z} = 1 - \dfrac{z^2}{3!} + \dfrac{z^4}{5!} - \dfrac{z^6}{7!} + \cdots$ となって主要部がなくなるため,除去可能な特異点. (2)は $z = 2$ が特異点であるが $\dfrac{z^2 - 5z + 3}{z - 2} = -\dfrac{3}{(z - 2)^1} - 1 \cdot (z - 2)^0 + (z - 2)^1$ と展開できるから1位の極. (3)は $z = 0$ が特異点で,$e^{\frac{1}{z}} = 1 + \dfrac{1}{z} + \dfrac{1}{2!z^2} + \dfrac{1}{3!z^3} + \cdots + \dfrac{1}{n!z^n} + \cdots$ より真性特異点. ■

13.3 留数の求め方

関数 $f(z)$ は z_0 を除いた領域 $D: 0 < |z - z_0| < r$ で正則とする.z_0 を中心

とするローラン展開 (13.2) を z_0 を囲む D 内の単一閉曲線 C に沿って項別積分する．式 (8.6) より $(z-z_0)^{-1}$ 以外の項は 0 となるので

$$\int_C f(z)\mathrm{d}z = \sum_{n=0}^{\infty}\int_C a_n(z-z_0)^n \mathrm{d}z + \sum_{n=1}^{\infty}\int_C \frac{b_n}{(z-z_0)^n}\mathrm{d}z = 2\pi i b_1$$

となり b_1 の項が残る．b_1 を**留数**といい $\mathrm{Res}(f,z_0)$ または $\mathrm{Res}(z_0)$ と表す．

$$b_1 = \mathrm{Res}(f, z_0) = \frac{1}{2\pi i}\int_C f(z)\,\mathrm{d}z \tag{13.3}$$

例題 13.4 $f(z) = z e^{\frac{1}{z}}$ の $z=0$ における留数を求めよ．

答 例題 **13.3**(3) の結果を使ってローラン展開すると，$f(z) = z + 1 + \dfrac{1}{2!z} + \dfrac{1}{3!z^2} + \cdots + \dfrac{1}{n!z^{n-1}} + \cdots$ となる．よって $b_1 = \dfrac{1}{2}$ より $\mathrm{Res}(0) = \dfrac{1}{2}$ ∎

ローラン展開の係数 b_1 を求める以外に以下の方法で留数を求められる．

(1) 1 位の極の場合

$$\mathrm{Res}(f, z_0) = \lim_{z\to z_0}\{(z-z_0)f(z)\} \tag{13.4}$$

ローラン展開の正則部を $\phi(z)$ で表すと 1 位の極の場合 $f(z) = \phi(z) + \dfrac{b_1}{z-z_0}$ だから，b_1 は式 (13.4) で求められる．

(2) m 位の極の場合

$$\mathrm{Res}(f, z_0) = \frac{1}{(m-1)!}\lim_{z\to z_0}\left\{\frac{\mathrm{d}^{m-1}}{\mathrm{d}z^{m-1}}(z-z_0)^m f(z)\right\} \tag{13.5}$$

2 位の極の場合は $f(z) = \phi(z) + \dfrac{b_1}{z-z_0} + \dfrac{b_2}{(z-z_0)^2}$ なので，両辺に $(z-z_0)^2$ をかけて 1 階微分する．$\dfrac{\mathrm{d}}{\mathrm{d}z}\{(z-z_0)^2 f(z)\} = \dfrac{\mathrm{d}}{\mathrm{d}z}\{\phi(z)(z-z_0)^2 + b_1(z-z_0) + b_2\} = \phi'(z)(z-z_0)^2 + 2\phi(z)(z-z_0) + b_1$．ここで $z \to z_0$ とすると $\lim\limits_{z\to z_0}\dfrac{\mathrm{d}}{\mathrm{d}z}\{(z-z_0)^2 f(z)\} = b_1$．同様に m 位の極の留数は式 (13.5) で求まる．

(3) $f(z) = \dfrac{h(z)}{g(z)}$ $\{g(z_0) = 0,\ g'(z_0) \neq 0\}$ の場合

$$\mathrm{Res}(f, z_0) = \frac{h(z_0)}{g'(z_0)} \tag{13.6}$$

$g(z)$ を z_0 でテーラー展開して $g(z_0) = 0$ を代入すると, $g(z) = g'(z_0)(z-z_0) + \dfrac{g''(z_0)}{2!}(z-z_0)^2 + \cdots$ より $f(z) = \dfrac{1}{(z-z_0)} \dfrac{h(z)}{g'(z_0) + \dfrac{g''(z_0)}{2!}(z-z_0) + \cdots}$.

式 (13.4) を適用すれば式 (13.6) となる.

例題 13.5 $f(z) = \dfrac{z+2}{(z-1)(z+1)^2}$ の特異点における留数を求めよ.

答 特異点は 1 位の極 $z=1$ と 2 位の極 $z=-1$ である. それぞれ
$\mathrm{Res}(f, 1) = \lim_{z \to 1}\{(z-1)f(z)\} = \lim_{z \to 1}\left\{\dfrac{z+2}{(z+1)^2}\right\} = \dfrac{3}{4}$,
$\mathrm{Res}(f, -1) = \lim_{z \to -1} \dfrac{\mathrm{d}}{\mathrm{d}z}\{(z+1)^2 f(z)\} = \lim_{z \to -1} \dfrac{\mathrm{d}}{\mathrm{d}z}\left\{\dfrac{z+2}{z-1}\right\}$
$= \lim_{z \to -1}\left\{\dfrac{1}{z-1} - \dfrac{z+2}{(z-1)^2}\right\} = -\dfrac{1}{2} - \dfrac{1}{4} = -\dfrac{3}{4}$, となる. ∎

展開

問題 13.1 $f(z) = \dfrac{1}{z^2-1}$ を点 $z=1$ を中心に, $|z-1|>2$ でべき級数展開せよ.

問題 13.2 $f(z) = \dfrac{\sin z}{z-\pi}$ を $z=\pi$ を中心としてべき級数展開せよ.

問題 13.3 $f(z) = \dfrac{1}{z(z+2)}$ を $z=0$ を中心として次の範囲でべき級数展開せよ.
(1) $|z|<2$ (2) $|z|>2$

問題 13.4 $f(z) = z^2 \cos \dfrac{1}{z}$ の特異点とその種類を答えよ.

問題 13.5 $f(z) = \dfrac{z^2}{(2z-3)^2}$ の特異点とその種類を答えよ.

問題 13.6 $f(z) = \dfrac{1-\cos z}{z^2}$ の特異点は除去可能であることを示せ.

問題 13.7 $\dfrac{\mathrm{e}^z}{(z-1)(z-2)}$ の $z=1, z=2$ における留数をそれぞれ求めよ.

問題 13.8 $\dfrac{\mathrm{Log}\,(z+1)}{z^3}$ ($0<|z|<1$) の特異点における留数を求めよ.

問題 13.9 $\dfrac{\mathrm{e}^{i\pi z}}{z^3-4z}$ の各特異点における留数を求めよ.

問題 13.10 $\dfrac{1}{z^4-1}$ のとき $z=\mathrm{e}^{\pi i/2}$ における留数を求めよ.
(ヒント:4乗根を求める方法と式 (13.6) を使う方法とを試せ)

14 留数による実積分

> **要点**
>
> 1. 積分路である単一閉曲線内に特異点が複数ある場合は留数定理 $2\pi i \sum_{i=1}^{m} \text{Res}(f, z_i)$ を使う.
> 2. 実関数の積分は複素積分におき換えて,留数により積分値を求める.
> 3. 三角関数を含む場合 $\int_{0}^{2\pi} f\{\cos\theta, \sin\theta\}d\theta$ は単位円を積分路とする.
> 4. 有理関数 $\int_{-\infty}^{\infty} f(x)dx$ の場合は実軸を通る積分路を使う.

> **準備**
>
> 1. 極の留数計算に十分慣れておくこと.
> 2. 実積分 $\int_{0}^{2\pi} \dfrac{1}{2-\cos\theta} d\theta$ を求めよ.複素積分は使わないこと.

14.1 留数定理

単一閉曲線 C の内部に有限個の特異点 $z_1, z_2, \cdots, z_m$ があるが,関数 $f(z)$ は C 上で正則であり,C 内部でも特異点を除いて正則とする.図 14.1 に示すように特異点を囲む小円 $C_1, C_2, \cdots, C_m$ を C 内部にかくと,多重連結領域の式 (9.6) により積分路を次のように分割できる.

$$\int_C f(z)dz = \int_{C_1} f(z)dz + \int_{C_2} f(z)dz + \cdots + \int_{C_m} f(z)dz$$

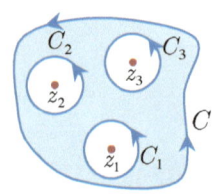

図 14.1 留数定理

上式右辺を式 (13.3) を使って書き換えると**留数定理** (14.1) が得られる.

$$\int_C f(z)dz = 2\pi i \sum_{k=1}^{m} \text{Res}(f, z_k) \tag{14.1}$$

複数の特異点がある場合の積分値は $2\pi i \times$ (留数の和) で求まる.

例題 14.1 次の積分路に沿って $f(z) = \dfrac{z+2}{(z-1)(z+1)^2}$ を反時計まわりに積分せよ．(1) $C_1 : |z-1| = 1$　(2) $C_2 : |z-1| + |z+1| = 3$

答 (1) C_1 内の特異点は 1 位の極 $z = 1$．**例題 13.5** より $\text{Res}(f, 1) = \dfrac{3}{4}$ だから $\displaystyle\int_C f(z)\,\mathrm{d}z = 2\pi i \dfrac{3}{4} = \dfrac{3\pi}{2}i$．
(2) C_2 内の特異点は，$z = 1$ と 2 位の極 $z = -1$．2 位の極の留数は**例題 13.5** より $\text{Res}(f, -1) = -\dfrac{3}{4}$．留数定理より
$$\int_C f(z)\,\mathrm{d}z = 2\pi i \left(\dfrac{3}{4} - \dfrac{3}{4}\right) = 0$$
■

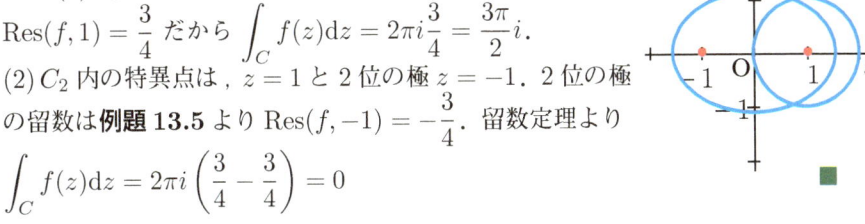

コーシーの積分定理を使って解いた**例題 9.2** を，留数を使って解いてみる．$f(z) = \dfrac{2z}{z^2 + 2} = \dfrac{2z}{(z + \sqrt{2}i)(z - \sqrt{2}i)}$ は積分路 $|z| = 2$ 内に 2 つの 1 位の極 $z = \pm\sqrt{2}i$ をもつ．留数は $\text{Res}(f, \sqrt{2}i) = \displaystyle\lim_{z \to \sqrt{2}i} \{(z - \sqrt{2}i)f(z)\} = \displaystyle\lim_{z \to \sqrt{2}i}\left(\dfrac{2z}{z + \sqrt{2}i}\right) = 1$．また $\text{Res}(f, -\sqrt{2}i) = \displaystyle\lim_{z \to -\sqrt{2}i}\{(z + \sqrt{2}i)f(z)\} = \displaystyle\lim_{z \to -\sqrt{2}i}\left(\dfrac{2z}{z - \sqrt{2}i}\right) = 1$．よって積分値は留数の定理より $2\pi i(1+1) = 4\pi i$ と求まる．

14.2 三角関数を含む実定積分

留数定理を使うと，三角関数をはじめとして実関数の定積分を容易に求めることができる．この節では実数の $\cos\theta$, $\sin\theta$ を含む有理関数 $f(\cos\theta, \sin\theta)$ の定積分を，留数を使って解く．

積分路 C は図 14.2 に示す単位円 $|z| = 1$ とし，$z = \mathrm{e}^{i\theta}$ $(0 \leq \theta \leq 2\pi)$ とおく．$\mathrm{d}z = i\mathrm{e}^{i\theta}\mathrm{d}\theta = iz\mathrm{d}\theta$ だから $\mathrm{d}\theta = \dfrac{1}{iz}\mathrm{d}z$．三角関数は $\cos\theta = \dfrac{1}{2}(\mathrm{e}^{i\theta} + \mathrm{e}^{-i\theta}) = \dfrac{1}{2}\left(z + \dfrac{1}{z}\right)$, $\sin\theta = \dfrac{1}{2i}\left(z - \dfrac{1}{z}\right)$ のように複素数に変換する．よって三角関数を含む実定積分を複素積分の式 (14.2) におき換えられた．なお右辺の積分計算には留数定理を使う．

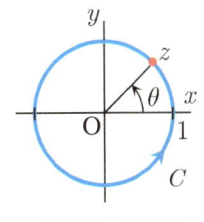

図 14.2 単位円

要点3
$$\int_0^{2\pi} f\{\cos\theta, \sin\theta\}\mathrm{d}\theta = \int_C f\left\{\frac{1}{2}\left(z+\frac{1}{z}\right), \frac{1}{2i}\left(z-\frac{1}{z}\right)\right\}\frac{1}{iz}\mathrm{d}z \quad (14.2)$$

例題 14.2 定積分 $\int_0^{2\pi} \dfrac{1}{2-\cos\theta}\mathrm{d}\theta$ を求めよ．

答 実積分を複素積分におき換えるため，$z=\mathrm{e}^{i\theta}\ (0\leq\theta\leq 2\pi)$，単位円 $|z|=1$ を積分路 C とする．式 (14.2) により

$$\int_0^{2\pi} \frac{1}{2-\cos\theta}\mathrm{d}\theta = \int_C \frac{1}{2-\frac{1}{2}\left(z+\frac{1}{z}\right)}\frac{1}{iz}\mathrm{d}z = \int_C \frac{2}{4z-z^2-1}\frac{1}{i}\mathrm{d}z$$

$$= \int_C \frac{2i}{\{z-(2+\sqrt{3})\}\{z-(2-\sqrt{3})\}}\mathrm{d}z$$

被積分関数の特異点は $2+\sqrt{3},\ 2-\sqrt{3}$．このうち C 内部にある点は $2-\sqrt{3}$ で1位の極である．
よって積分値は式 (13.4) を使って，

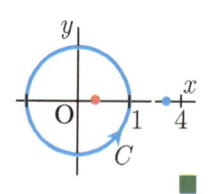

$2\pi i \lim\limits_{z\to(2-\sqrt{3})}\left[\{z-(2-\sqrt{3})\}f(z)\right]$

$= 2\pi i \lim\limits_{z\to(2-\sqrt{3})}\left\{\dfrac{2i}{z-(2+\sqrt{3})}\right\} = \dfrac{-4\pi}{-2\sqrt{3}} = \dfrac{2\sqrt{3}}{3}\pi$ ■

14.3 有理関数の定積分

積分区間が有限ではない $\int_{-\infty}^{\infty} f(x)\mathrm{d}x$ 型の実積分を複素積分におき換えて，留数を使って解くことができる．複素積分におき換えるため図 14.3 に示すように x 軸上の直線 $(-R\to R)$ と上半面の半円 S からなる積分路 C を選ぶ．

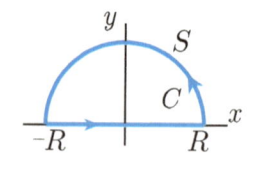

図 14.3 上半面の積分路

有理関数 $f(x)$ は m 個の極を上半面にもち，実軸上には特異点をもたないと仮定する．R を十分大きく選べば C 内にすべての極が入るから，留数定理より

$$\int_C f(z)\mathrm{d}z = \int_{-R}^R f(x)\mathrm{d}x + \int_S f(z)\mathrm{d}z = 2\pi i \sum_{i=1}^m \mathrm{Res}(f, z_i) \quad (14.3)$$

式 (14.3) の右端の式は積分路内の留数の和として計算できるので，仮に $\int_S f(z)\mathrm{d}z = 0$ であれば求める積分 $\int_{-R}^{R} f(x)\mathrm{d}x$ が留数の和から求まる．ここで $z = Re^{i\theta}$ とおくと $|z| = R$，半円 S の長さは πR である．仮に被積分関数である有理関数 $f(z) = \dfrac{P(z)}{Q(z)}$ の分母に含まれる z の次数が，分子に含まれる z の次数よりも 2 以上大きく，また k を十分大きい定数とすると $|f(z)| < \dfrac{k}{|z|^2}$ とおける．ML 不等式 (8.3) を使うと

$$\left| \int_S f(z)\mathrm{d}z \right| < \frac{k\pi R}{R^2} = \frac{k\pi}{R}$$

と書けるから，$R \to \infty$ のときに積分値 $\int_S f(z)\mathrm{d}z$ は 0 になる．以上から有理関数の積分は式 (14.4) で与えられる．なお $R \to \infty$ としたときに積分路 S 上の積分値が 0 になるかどうかをその都度確認する必要がある．

$$\int_{-\infty}^{\infty} f(x)\mathrm{d}x = 2\pi i \sum_{i=1}^{m} \mathrm{Res}(f, z_i) \tag{14.4}$$

要点4

例題 14.3 実積分 $\int_{-\infty}^{\infty} \dfrac{1}{x^2 + a^2}\mathrm{d}x \quad (a > 0)$ を求めよ．

答 式 (14.4) の導出と同様に求める．複素平面上で十分大きい半径 R の半円 S と実軸上の直径で囲む上半面の積分路 C を選ぶ．
$\int_C \dfrac{1}{z^2 + a^2}\mathrm{d}z = \int_{-R}^{R} \dfrac{1}{x^2 + a^2}\mathrm{d}x + \int_S \dfrac{1}{z^2 + a^2}\mathrm{d}z$
とする．左辺の複素積分は 1 位の極 $ia, -ia$ をもつが，C 内の特異点は ia のみ．よって留数は
$\mathrm{Res}(f, ia) = \lim_{z \to ia}\{(z - ia)f(z)\} = \lim_{z \to ia}\left(\dfrac{1}{z + ia}\right) = \dfrac{1}{2ia}$ となる．積分値は $\int_C \dfrac{1}{z^2 + a^2}\mathrm{d}z = 2\pi i \dfrac{1}{2ia} = \dfrac{\pi}{a}$ となる．また $z = Re^{i\theta}$ とおくと $\mathrm{d}z = Rie^{i\theta}\mathrm{d}\theta$ で，$\int_S \dfrac{1}{z^2 + a^2}\mathrm{d}z = \int_0^{\pi} \dfrac{Rie^{i\theta}}{R^2 e^{i2\theta} + a^2}\mathrm{d}\theta$ となる．被積分関数の分母分子を $R(>0)$ で割り，$|ie^{i\theta}| = |e^{i2\theta}| = 1$ で a は定数であることを考慮すると $R \to \infty$ の場合に被積分関数は 0 になり積分値も 0 である．この結果求める実積分は $\dfrac{\pi}{a}$ となる．∎

例題 14.4 実積分 $\int_0^\infty \dfrac{1}{x^4+1}dx$ を求めよ.

答 複素関数を $f(z) = \dfrac{1}{z^4+1}$ とおく. $f(z)$ の特異点は, $z^4 = -1 = e^{\pi i + 2n\pi i}$ より $z = e^{(1+2n)\pi i/4}$, $n = 0, 1, 2, 3$. よって $z_1 = e^{\pi i/4}$, $z_2 = e^{3\pi i/4}$, $z_3 = e^{5\pi i/4}$, $z_4 = e^{7\pi i/4}$ が 1 位の極. z_1, z_2 は上半面にあるのでこれを囲む半円を考える. なお留数は式 (13.6) を使って求める (参照: **問題 13.10**). $\dfrac{1}{z^4+1} = \dfrac{h(z)}{g(z)}$ より $h(z) = 1$, $g(z) = z^4 + 1$ とおくと $g(z_1) = 0$, $g(z_2) = 0$ だから $g'(z) = 4z^3$ として $\text{Res}(f, z_1) = \lim_{z \to z_1} \dfrac{1}{4z^3} = \dfrac{1}{4}e^{-3\pi i/4} = -\dfrac{1}{4}e^{\pi i/4}$, $\text{Res}(f, z_2) = \lim_{z \to z_2} \dfrac{1}{4z^3} = \dfrac{1}{4}e^{-9\pi i/4} = \dfrac{1}{4}e^{-\pi i/4}$. よって $\int_{-\infty}^{\infty} \dfrac{1}{x^4+1}dx = 2\pi i \dfrac{-e^{\pi i/4} + e^{-\pi i/4}}{4} = \dfrac{\pi i}{2} \dfrac{-2i}{\sqrt{2}} = \dfrac{\pi}{\sqrt{2}}$. **例題 14.3** と同様の手順で半円上の積分値は 0 であることが示され, また $\dfrac{1}{x^4+1}$ は偶関数だから $\int_0^\infty \dfrac{1}{x^4+1}dx = \dfrac{\pi}{2\sqrt{2}}$ と求まる. ■

14.4 フーリエ変換型の定積分

$\int_{-\infty}^{\infty} f(x)e^{iax}dx$ (a: 実数) は**フーリエ変換**または**フーリエ積分**とよばれる. $f(x)$ を複素関数 $f(z)$ とみなし, 留数を使って積分する方法を示す. なお $f(z)$ は実軸上に特異点をもたないと仮定し, 積分路は図 14.3 の C とする.

式 (14.3) と同様に積分路を分割し, 半円上の積分が $\int_S f(z)e^{iaz}dz \to 0$ となれば, 実軸上の積分値が留数定理より求まる. $a > 0, y \geq 0$ のとき

$$\left|e^{iaz}\right| = \left|e^{ia(x+iy)}\right| = \left|e^{iax}\right|\left|e^{-ay}\right| = e^{-ay} \leq 1$$

であるから, 次の不等式が成り立つ.

$$\left|f(z)e^{iaz}\right| = |f(z)|\left|e^{iaz}\right| \leq |f(z)|$$

よって有理関数 $f(z)$ の積分と同じ手順が使えるので

$$\int_{-\infty}^{\infty} f(x)e^{iax}dx = 2\pi i \sum_{i=1}^{m} \text{Res}\left\{f(z)e^{iaz}, z_i\right\}$$

前式の実部，虚部を計算すると次のフーリエ積分型の実積分公式が得られる．

$$\int_{-\infty}^{\infty} f(x)\cos(ax)\mathrm{d}x = -2\pi \sum_{k=1}^{m} \mathrm{Im}\,\mathrm{Res}\left\{f(x)\mathrm{e}^{iaz}, z_k\right\} \tag{14.5}$$

$$\int_{-\infty}^{\infty} f(x)\sin(ax)\mathrm{d}x = 2\pi \sum_{k=1}^{m} \mathrm{Re}\,\mathrm{Res}\left\{f(x)\mathrm{e}^{iaz}, z_k\right\} \tag{14.6}$$

例題 14.5 実積分 $I = \displaystyle\int_0^{\infty} \dfrac{\cos(ax)}{1+x^2}\mathrm{d}x\ (a>0)$ を求めよ．

答 被積分関数 $\dfrac{\cos(ax)}{1+x^2}$ は偶関数だから，$I = \dfrac{1}{2}\displaystyle\int_{-\infty}^{\infty} f(x)\mathrm{d}x$．$f(z) = \dfrac{\mathrm{e}^{iaz}}{1+z^2} = \dfrac{\mathrm{e}^{iaz}}{(z-i)(z+i)}$ とおくと，図 14.3 の上半面の積分路 C 内では，特異点は 1 位の極 i のみ．よって留数は $\mathrm{Res}(f,i) = \lim_{z\to i}\{(z-i)f(z)\} = \lim_{z\to i}\left(\dfrac{\mathrm{e}^{iaz}}{z+i}\right) = \dfrac{\mathrm{e}^{-a}}{2i}$．留数の定理から積分値は $2I = 2\pi i\dfrac{\mathrm{e}^{-a}}{2i} = \pi\mathrm{e}^{-a}$ となる．なお，半円上の積分は $\displaystyle\int_s \dfrac{\mathrm{e}^{iaz}}{z^2+1}\mathrm{d}z = \int_0^{\pi} \dfrac{\mathrm{e}^{iaR\cos\theta}\mathrm{e}^{-aR\sin\theta}}{R^2\mathrm{e}^{i2\theta}+1}Ri\mathrm{e}^{i\theta}\mathrm{d}\theta$ であるが，$0<\theta<\pi$ より $\sin\theta>0$，また $a>0$ だから $R\to\infty$ で $\mathrm{e}^{-aR\sin\theta}\to 0$．$\left|\mathrm{e}^{iaR\cos\theta}\right|=1$ より $R\to\infty$ では半円上の積分値は 0 である．よって $I = \dfrac{\pi}{2}\mathrm{e}^{-a}$．■

展開

問題 14.1 以下の実積分を複素積分により求めよ．
(1) $\displaystyle\int_0^{2\pi} \dfrac{\mathrm{d}\theta}{3+\cos\theta}$ (2) $\displaystyle\int_0^{2\pi} \cos^2\theta\,\mathrm{d}\theta$
(3) $\displaystyle\int_0^{2\pi} \dfrac{\mathrm{d}\theta}{5+4\sin\theta}$ (4) $\displaystyle\int_0^{2\pi} \dfrac{\mathrm{d}\theta}{(5+4\sin\theta)^2}$
(5) $\displaystyle\int_{-\infty}^{\infty} \dfrac{x^2}{x^4+1}\mathrm{d}x$ (6) $\displaystyle\int_{-\infty}^{\infty} \dfrac{1}{(x^2+1)^2}\mathrm{d}x$

15 複素積分の応用

> **要点**
> 1. 特異点の分布により，矩形積分路を必要とする場合がある．
> 2. 実軸上に特異点をもつ場合は次式の主値積分を使う．
> $$P\int_{-\infty}^{\infty} f(x)\mathrm{d}x = 2\pi i \sum_{k=1}^{m} \mathrm{Res}\,\{f(z), z_k\} + \pi i \sum_{\ell=1}^{n} \mathrm{Res}\,\{f(z), a_\ell\}$$
> 3. 多価関数を含む積分では，分岐点やリーマン面の特徴を利用する．

> **準備**
> 1. 実関数を複素関数を使って積分するのに必要な積分路を復習せよ．
> 2. 複素べき関数を 1 価関数として扱う方法を復習せよ．

15.1 矩形積分路

　実関数の積分を複素積分におき換える場合に，14 章では直線と半円を積分路として選択した．この理由は半円の半径を $R \to \infty$ とすることで，被積分関数によっては半円上の積分値が 0 となるからである．しかし次の例では半円は使えず矩形積分路を必要とする．

$$I = \int_{-\infty}^{\infty} \frac{\mathrm{e}^{x/2}}{1+\mathrm{e}^{x}} \mathrm{d}x$$

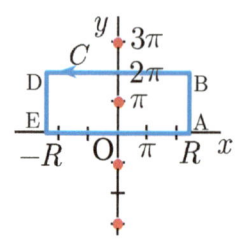

図 15.1　矩形積分路

被積分関数を複素関数 $f(z) = \dfrac{\mathrm{e}^{z/2}}{1+\mathrm{e}^{z}}$ におき換えると，$f(z)$ の特異点は $\mathrm{e}^{z} = -1 = \mathrm{e}^{(2n+1)\pi i}$ $(n=0, \pm 1, \pm 2, \cdots)$ である．これから $z_0 = \pm \pi i, \pm 3\pi i, \cdots = (2n+1)\pi i$ となり，図 15.1 のように虚軸上に無限個ある．このため半円の積分路で半径 $R \to \infty$ とした場合に，積分路内の特異点は有限個にならない．一方図 15.1 に示す高さ 2π，幅 $2R$ の矩形 O-A-B-D-E-O 積分路 C を使えば C 内の特異点を有限個にできる．この場合は $z = \pi i$ のみとなる．

C に沿った積分 I_C では式 (13.6) を使って留数を求める．$\mathrm{Res}(f,\pi i) = \lim_{z\to\pi i}\dfrac{\mathrm{e}^{z/2}}{(1+\mathrm{e}^z)'} = \dfrac{\mathrm{e}^{(\pi i)/2}}{\mathrm{e}^{\pi i}} = -i$ であり，$R\to\infty$ としても積分路内の特異点は変化しないから $I_C = \lim_{R\to\infty}\displaystyle\int_C \dfrac{\mathrm{e}^{z/2}}{1+\mathrm{e}^z}\mathrm{d}z = 2\pi i(-i) = 2\pi$ と求まる．

C を分割した各積分路ごとに，$R\to\infty$ とした積分値を I_AB などと書くと，$I_C = I_\mathrm{AB} + I_\mathrm{BD} + I_\mathrm{DE} + I_\mathrm{EOA}$ である．以下にそれぞれを求める．

I_AB は $z = R + iy$，$\mathrm{e}^z = \mathrm{e}^R \mathrm{e}^{iy}$，$\mathrm{d}z = i\mathrm{d}y$，$y$ 方向の積分は $0\to 2\pi$．よって $\left|\displaystyle\int_\mathrm{AB}\dfrac{\mathrm{e}^{z/2}}{1+\mathrm{e}^z}\mathrm{d}z\right| = \left|\displaystyle\int_0^{2\pi}\dfrac{\mathrm{e}^{(R+iy)/2}}{1+\mathrm{e}^R\mathrm{e}^{iy}}i\mathrm{d}y\right| \leq \displaystyle\int_0^{2\pi}\dfrac{|\mathrm{e}^{R/2}\mathrm{e}^{iy/2}|}{||\mathrm{e}^{R+iy}|-1|}|i\mathrm{d}y| = \displaystyle\int_0^{2\pi}\dfrac{\mathrm{e}^{R/2}}{|\mathrm{e}^R-1|}\mathrm{d}y = \dfrac{2\pi\mathrm{e}^{R/2}}{|\mathrm{e}^R-1|}$．また，$\lim_{R\to\infty}\dfrac{2\pi\mathrm{e}^{R/2}}{\mathrm{e}^R-1} = \lim_{R\to\infty}\dfrac{2\pi}{\mathrm{e}^{R/2}-\mathrm{e}^{-R/2}} = 0$ となるから $I_\mathrm{AB} = 0$ になる．

I_BD は $z = x + 2\pi i$ として $\mathrm{d}z = \mathrm{d}x$．$x$ の負方向に積分すると $I_\mathrm{BD} = \lim_{R\to\infty}\displaystyle\int_\mathrm{BD}\dfrac{\mathrm{e}^{z/2}}{1+\mathrm{e}^z}\mathrm{d}z = \lim_{R\to\infty}\displaystyle\int_R^{-R}\dfrac{\mathrm{e}^{(x+2\pi i)/2}}{1+\mathrm{e}^{x+2\pi i}}\mathrm{d}x = \displaystyle\int_{-\infty}^\infty\dfrac{\mathrm{e}^{x/2}}{1+\mathrm{e}^x}\mathrm{d}x = I$．

I_DE は $z = -R + iy$ より $\mathrm{d}z = i\mathrm{d}y$ だから，$\left|\displaystyle\int_\mathrm{DE}\dfrac{\mathrm{e}^{z/2}}{1+\mathrm{e}^z}\mathrm{d}z\right| = \left|-\displaystyle\int_\mathrm{ED}\dfrac{\mathrm{e}^{z/2}}{1+\mathrm{e}^z}\mathrm{d}z\right| = \left|-\displaystyle\int_0^{2\pi}\dfrac{\mathrm{e}^{(-R+iy)/2}}{1+\mathrm{e}^{(-R+iy)}}i\mathrm{d}y\right| \leq \displaystyle\int_0^{2\pi}\dfrac{|\mathrm{e}^{(-R+iy)/2}|}{|1-|\mathrm{e}^{(-R+iy)}||}|i\mathrm{d}y| = \displaystyle\int_0^{2\pi}\dfrac{\mathrm{e}^{-R/2}}{|1-\mathrm{e}^{-R}|}\mathrm{d}y = \dfrac{2\pi\mathrm{e}^{-R/2}}{1-\mathrm{e}^{-R}}$．よって，$I_\mathrm{DE} = \lim_{R\to\infty}\displaystyle\int_\mathrm{DE}\dfrac{\mathrm{e}^{z/2}}{1+\mathrm{e}^z}\mathrm{d}z = 0$．

I_EOA は $z = x$ より $\mathrm{d}z = \mathrm{d}x$．$I_\mathrm{EOA} = \lim_{R\to\infty}\displaystyle\int_\mathrm{EOA}\dfrac{\mathrm{e}^{z/2}}{1+\mathrm{e}^z}\mathrm{d}z = \lim_{R\to\infty}\displaystyle\int_{-R}^R\dfrac{\mathrm{e}^{x/2}}{1+\mathrm{e}^x}\mathrm{d}x = \displaystyle\int_{-\infty}^\infty\dfrac{\mathrm{e}^{x/2}}{1+\mathrm{e}^x}\mathrm{d}x = I$．

以上から $I_C = 2\pi = 0 + I + 0 + I$ より $I = \displaystyle\int_{-\infty}^\infty\dfrac{\mathrm{e}^{x/2}}{1+\mathrm{e}^x}\mathrm{d}x = \pi$．

15.2 主値積分

有理関数やフーリエ変換型の積分では実軸上に特異点がないと仮定した．この節では図 15.2 に示す実軸上の点 a が特異点となる関数 $f(x) = \dfrac{1}{x-a}$ などの積分を考える．$\lim_{x\to a}|f(x)|\to\infty$ だから積分 $\displaystyle\int_{-R}^R f(x)\mathrm{d}x$ は計算できない．

そこで点 a を囲む半径 r の小半円をかいて図 15.3 のように点 a をよけた積分路

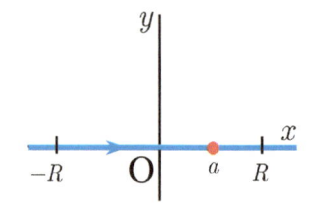

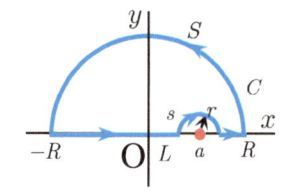

図 15.2　実軸上に特異点がある積分路　　図 15.3　主値積分の積分路

C を作る．すると積分は $\int_{-R}^{R} f(x)\mathrm{d}x = \lim_{r\to 0}\left\{\int_{-R}^{a-r} f(x)\mathrm{d}x + \int_{a+r}^{R} f(x)\mathrm{d}x\right\}$ とおき換えることができる．$\int f(x)\mathrm{d}x = \int \dfrac{1}{x-a}\mathrm{d}x = \log|x-a|$ の関係より，上式右辺の { } 内を計算すると

$$\log|a-r-a| - \log|-R-a| + \log|R-a| - \log|a+r-a| = \log\frac{R-a}{R+a}$$

となる．こうして求める積分を**主値積分**といい，P をつけて式 (15.1) で表す．

$$P\int_{-\infty}^{\infty} f(x)\mathrm{d}x = \lim_{r\to 0}\left\{\int_{-R}^{a-r} f(x)\mathrm{d}x + \int_{a+r}^{R} f(x)\mathrm{d}x\right\} \tag{15.1}$$

　主値積分を留数を使って求める．複素関数 $f(z)$ を図 15.3 の C に沿って積分する場合，C 内で m 個の留数が求まれば留数定理より $I = \int_C f(z)\mathrm{d}z = 2\pi i\sum_{k=1}^{m}\mathrm{Res}\{f(z),z_k\}$ である．図 15.3 の積分路 C を線分 L，小半円 s，大半円 S に分割してそれぞれの積分の和を $I = I_L + I_s + I_S$ と表すと，I_L が求める主値積分である．小半円での積分を考えるため複素関数 $f(z)$ を $(z-a)$ でローラン展開すると

$$f(z) = \frac{b_1}{z-a} + g(z), \quad b_1 = \mathrm{Res}\{f(z),a\}$$

と書ける．$g(z)$ は小半円 s 上とその内部で正則である．積分路の向きに注意すると $s: z = a + re^{i\theta}$ ($\theta: 0 \to \pi$) と書けるので

$$I_{-s} = \int_0^\pi \frac{b_1}{re^{i\theta}} ire^{i\theta}\mathrm{d}\theta + \int_s g(z)\mathrm{d}z$$

となる．右辺第 1 項は $b_1\pi i$ である．第 2 項は ML 不等式と $r\to 0$ で $M\pi r \to 0$

より 0 となり, $I_{-s} = b_1 \pi i$ となる. 実軸上に複数の特異点がある場合は $\pi i \sum_{\ell=1}^{n} \text{Res}\{f(z), a_\ell\}$ となる.

大半円 S の積分はこれまでと同様に $R \to \infty$ で $I_S \to 0$ と仮定する. よって $I_L = I - I_s - I_S = I + I_{-s}$ だから主値積分は式 (15.2) で求められる.

要点2

$$P \int_{-\infty}^{\infty} f(x) dx = 2\pi i \sum_{k=1}^{m} \text{Res}\{f(z), z_k\} + \pi i \sum_{\ell=1}^{n} \text{Res}\{f(z), a_\ell\} \quad (15.2)$$

例題 15.1 $P \displaystyle\int_{-\infty}^{\infty} \dfrac{1}{(x^2 - x - 2)(x^2 + 1)} dx$ を求めよ.

答 図の積分路とする. 分母の x の次数は分子のそれより 2 以上大きいので $R \to \infty$ で $I_S \to 0$. $f(z) = \dfrac{1}{(z-2)(z+1)(z-i)(z+i)}$ より特異点は上半面の 1 位の極 $z = i$, 下半面の $z = -i$ および実軸上の $z = 2, -1$.

$\text{Res}(i) = \displaystyle\lim_{z \to i} \left\{ \dfrac{1}{(z^2 - z - 2)(z+i)} \right\} = \dfrac{1+3i}{20}$

$\text{Res}(2) = \displaystyle\lim_{z \to 2} \left\{ \dfrac{1}{(z+1)(z^2+1)} \right\} = \dfrac{1}{15}$

$\text{Res}(-1) = \displaystyle\lim_{z \to -1} \left\{ \dfrac{1}{(z-2)(z^2+1)} \right\} = \dfrac{-1}{6}$

式 (15.2) より $2\pi i \left(\dfrac{1+3i}{20} \right) + \pi i \left(\dfrac{1}{15} + \dfrac{-1}{6} \right) = -\dfrac{3\pi}{10}$

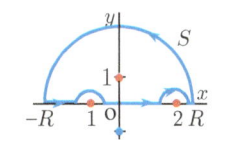

∎

15.3 分岐点とリーマン面

留数計算で扱った極をはじめ, 13.2 節で分類した特異点は 1 価関数に対する特異点である. この節では多価関数が特異点をもつ場合に, どのように積分するかを 2 つの方法で示す.

5 章で示した対数関数 $w = \log z$ とべき関数 $w = z^a$ は多価関数である. ここでは簡単なべき関数 $w = z^{1/2} (= \sqrt{z})$ について特異点を調べることにする. $z = e^{i\theta}$ とおいて θ を 0 から 4π まで変化させると次のようになる.

θ	0	$\to$	θ	$\to$	π	$\to$	2π	$\to$	4π
z	1	$\to$	$e^{i\theta}$	$\to$	$e^{i\pi} = -1$	$\to$	$e^{i2\pi} = 1$	$\to$	$e^{i4\pi} = 1$
w	1	$\to$	$e^{i\theta/2}$	$\to$	$e^{i\pi/2} = i$	$\to$	$e^{i2\pi/2} = -1$	$\to$	$e^{i4\pi/2} = 1$

z が 1 となるのは, $\theta = 0, 2\pi, 4\pi$ であるが, このとき w は $\theta = 0, 4\pi$ では 1, $\theta = 2\pi$ では -1 である. このように同じ $z = 1$ に対して 2 つの関数値 $w = \pm 1$

が対応するので $w = z^{1/2}$ は多価関数，この場合は2価関数である．

　この様子を z 平面上の図 15.4 で確認する．$\theta = 0 \to 2\pi$ では青の単位円上を反時計まわりに1回転しもとの点 $z = 1$ に戻る．続いて $\theta = 2\pi \to 4\pi$ では赤の単位円上を1回転しもとの点 $z = 1$ に戻る．一方図 15.5 に示す w 平面上では，$\theta = 0 \to 2\pi$ では上半面の青の半円となり，$\theta = 2\pi \to 4\pi$ では下半面の赤の半円となる．z 平面上では同じ円であるが w 平面上では異なる図形に対応することがわかる．

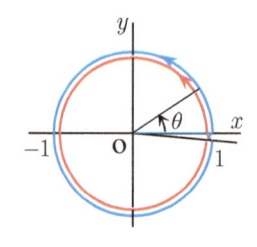

図 15.4　$z = e^{i\theta}, 0 \leq \theta < 4\pi$

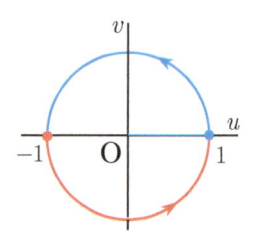

図 15.5　$w = z^{1/2}$

　このようにある点のまわりを1周したとき，つまり偏角を 2π 変化させたときにもとの値に戻らない点をその関数の**分岐点**という．関数 $w = z^{1/2}$ では原点 $z = 0$ が分岐点なので，原点のまわりの1周積分はできない．この場合は図 15.6 に示す特別な積分路を使う．

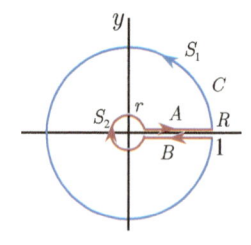

図 15.6　分岐点を含む関数の積分路

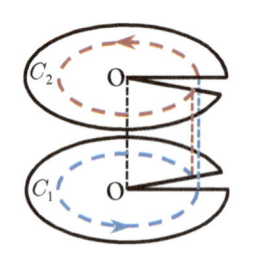

図 15.7　リーマン面

　実軸上の点 $z = 1$ から反時計まわりに円 S_1(半径 R) 上を $0 \leq \theta < 2\pi$ まで進み，点 $z = 1$ の直前で実軸上の積分路 B を左に進む．原点をよけるように，原点 O を中心とする小円 S_2(半径 r) 上を時計まわりに進む．その後実軸上の積分路 A を右に進み点 $z = 1$ に戻る．この経路を積分路 C とすると，C は原点を1周し

ないので積分ができる．積分路 C に対する複素積分は $I_C = I_{S_1} + I_A + I_{S_2} + I_B$ の関係にある．たとえば $I = \int_0^\infty x^{1/2} f(x) \mathrm{d}x$ を計算する場合は，分岐点を含む関数の積分路を使用する．

なお図 15.4 に示した 2 つの円が，仮に別の平面上にあるならば点 $z = 1$ は区別できて，異なる関数値 $w = 1, w = -1$ に対応させることができる．このように考えるのが，図 15.7 に示す**リーマン面**で，上下それぞれの面を**リーマン葉**とよぶ．$\theta : 0 \leq \theta < 2\pi$ では下面上の青い単位円 C_1 上を反時計まわりに 1 回転する．$\theta = 2\pi$ で上の面に移動し，今度は赤い単位円 C_2 上を $2\pi \leq \theta < 4\pi$ まで進む．$\theta = 4\pi$ では再び下の面に移動すれば，原点のまわりを 1 周することなく積分が可能になる．

展開

問題 15.1 $\int_{-\infty}^\infty \mathrm{e}^{-x^2} \cos(2bx) \mathrm{d}x$ を下図 (a) の積分路により求めよ．ただし，$\int_{-\infty}^\infty \mathrm{e}^{-x^x} \mathrm{d}x = \sqrt{\pi}$ である．

問題 15.2 $P \int_{-\infty}^\infty \dfrac{\mathrm{e}^{ix}}{x - a} \mathrm{d}x$ を求めよ．

問題 15.3 $\int_0^\infty \dfrac{\sin x}{x} \mathrm{d}x = \dfrac{\pi}{2}$ を下図 (b) の積分路により示せ．
（ヒント：$f(z) = \dfrac{\mathrm{e}^{iz}}{z}$ とおく）

問題 15.4 $\int_{z_1}^{z_2} z^{1/2} \mathrm{d}z, z_1 = \mathrm{e}^{i0}, z_2 = \mathrm{e}^{i2\pi}$ をリーマン面を使って求めよ．
（ヒント：$z = \mathrm{e}^{i\theta}$ とおく）

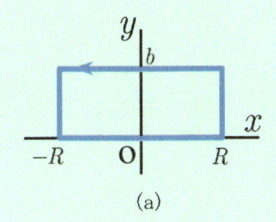

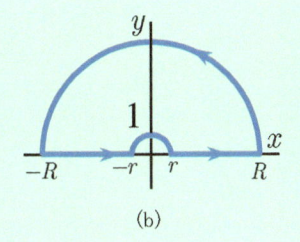

確認事項 III

11章　級数展開

- ☐ 複素数の数列，級数が扱える
- ☐ 級数の収束性を判定できる
- ☐ べき級数の収束半径を求めることができる

12章　べき級数とテーラー展開

- ☐ テーラー展開式の導出過程を説明できる
- ☐ マクローリン展開とテーラー展開の違いを理解している
- ☐ 複素関数を任意の点を中心にテーラー展開することができる
- ☐ 代表的な複素関数のべき級数表示が書ける
- ☐ 等比級数のべき級数表示を使って複素関数のテーラー展開ができる
- ☐ べき級数の性質を理解している

13章　ローラン展開と留数

- ☐ ローラン展開の導出過程を説明できる
- ☐ ローラン展開の正則部と主要部の違いを説明できる
- ☐ 複素関数をローラン展開し，留数を求めることができる
- ☐ 特異点の分類とその特徴を説明できる
- ☐ m 位の極に対する留数を求めることができる

14章　留数による実積分

- ☐ 留数定理を使って複素積分ができる
- ☐ 実三角関数の積分を留数を使って計算できる
- ☐ 有理関数の積分を留数を使って計算できる
- ☐ フーリエ変換型の留数を使った複素積分の方法を理解している

15章　複素積分の応用

- ☐ 矩形積分路の複素積分を計算する手順を理解している
- ☐ 主値積分を必要とする理由と積分の方法を理解し，積分できる
- ☐ 分岐点はどのような関数の場合に現れるか説明できる
- ☐ リーマン面とは何か，またどのように利用するかを説明できる

問題略解

問題 1.1
(1) $1, -1+2i, 1+i, -1-i$ (2) $17+5i, -1+i, 66+43i, \dfrac{78}{73} - \dfrac{11}{73}i$
(3) $4, -2i, 5, \dfrac{3}{5} + \dfrac{4}{5}i$

問題 1.2 (1) 1 (2) 2 (3) $2\sqrt{3}$ 図省略（以後同じ）

問題 1.3，**問題 1.4** 省略．$|z| \geq \mathrm{Re}\, z$ を使う．

問題 1.5 $x = -1, y = 1$

問題 1.6 (1) $2\left(\cos\dfrac{\pi}{3} + i\sin\dfrac{\pi}{3}\right)$ (2) $\dfrac{1}{2}\left(\cos\dfrac{11\pi}{6} + i\sin\dfrac{11\pi}{6}\right)$
(3) $\dfrac{\sqrt{3}}{2}\cos\pi$ (4) $4\left(\cos\dfrac{\pi}{3} + i\sin\dfrac{\pi}{3}\right)$ (5) $i\sin\dfrac{3\pi}{2}$

問題 2.1 (1) $\left[\dfrac{1}{2}\left\{\cos\left(-\dfrac{\pi}{6}\right) + i\sin\left(-\dfrac{\pi}{6}\right)\right\}\right]^{25} = \dfrac{1}{2^{26}}(\sqrt{3} - i)$
(2) $\left[\dfrac{1}{4}\left(\cos\dfrac{2\pi}{3} + i\sin\dfrac{2\pi}{3}\right)\right]^{16} = \dfrac{1}{2^{33}}(-1 + \sqrt{3}i)$

問題 2.2 (1) $\dfrac{1}{4}\{(1+\sqrt{3}) + (1-\sqrt{3})i\}$
(2) $\dfrac{\sqrt{2}}{4}(\sqrt{3} + i)$

問題 2.3 $-\pi < \theta \leq \pi$ より，$\sqrt[6]{2}\left(\cos\dfrac{-7+8n}{12}\pi + i\sin\dfrac{-7+8n}{12}\pi\right)$
$n = 0, 1, 2.$ $\left(\theta : \dfrac{-7}{12}\pi, \dfrac{\pi}{12}, \dfrac{3}{4}\pi\right)$

問題 2.4
$\sqrt{2}\left(\cos\dfrac{7+12n}{24}\pi + i\sin\dfrac{7+12n}{24}\pi\right)$ $n = 0, 1, 2, 3.$ $\left(\theta : \dfrac{7\pi}{24}, \dfrac{19\pi}{24}, \dfrac{31\pi}{24}, \dfrac{43\pi}{24}\right)$

問題 2.5 $z = 1+i, z = -1+i$ が焦点，両焦点からの距離の和が 4 となる点の集合で楕円

問題 2.6 x 軸に平行な帯状の範囲で，$y = 2, y = -2$ は含まない

問題 2.7 $|z+3| = 2$，中心 -3 で半径 2 の円

問題 2.8 $z^3 = -4 : z = \sqrt[3]{4}\left(\cos\dfrac{\pi + 2n\pi}{3} + i\sin\dfrac{\pi + 2n\pi}{3}\right), n = 0, 1, 2$
$z^3 = 1 : z = \cos\dfrac{2n\pi}{3} + i\sin\dfrac{2n\pi}{3}, n = 0, 1, 2$

問題 3.1 $u(x,y) = \dfrac{-x}{x^2+(y-2)^2}$, $v(x,y) = \dfrac{x^2+y^2-3y+2}{x^2+(y-2)^2}$

問題 3.2 $u = \dfrac{v^2}{4} - 1$, u 軸に対称な放物線，点 $(-1,0), (0,2), (0,-2)$ 通過

問題 3.3 $u=1, v=2xy$ より $u=1$ 一定で v 軸に平行な直線

問題 3.4 $u = x^2 - y^2, v = 3$. $v=3$ 一定で u 軸に平行な直線

問題 3.5 $w + \overline{w} = 1$. $u = \dfrac{1}{2}$ 一定で v 軸に平行な直線

問題 3.6 $3w + 3\overline{w} - 3 = 0$. $u = \dfrac{1}{2}$ 一定で v 軸に平行な直線

問題 3.7 $\dfrac{w-i}{w-0} \cdot \dfrac{1-0}{1-i} = \dfrac{z-0}{z-1} \cdot \dfrac{i-1}{i-0}$. $w = i\dfrac{1-z}{z+1}$

問題 3.8 $\dfrac{w-w_1}{w_2-w_1} \cdot \dfrac{w_2/w_3 - 1}{w/w_3 - 1}$ として値を代入．$w = -\dfrac{z+2}{z-2}$

問題 3.9 $z = \dfrac{dw-b}{-cw+a}$. $da-(-b)(-c) = ad-bc \neq 0$ より 1 次変換

問題 4.1 (1) $e \cdot e^{-\pi i} = -e$ (2) $\cos\dfrac{\pi}{2}\cos i + \sin\dfrac{\pi}{2}\sin i = i\sinh 1$

問題 4.2 (1) $e^{x+\pi y}\cos(-\pi x + y) + ie^{x+\pi y}\sin(-\pi x + y)$
(2) $\sin(x+1)\cosh y + i\cos(x+1)\sinh y$ (3) $-\cos x \sinh y + i\sin x \cosh y$

問題 4.3 (1) $z = \dfrac{\pi}{2} + n\pi$ ($n = 0, \pm 1, \pm 2, \cdots$, 以下同じ) (2) $z = \pm\dfrac{\pi}{2} + 2n\pi - i\log(\sqrt{5}\pm 2)$ (3) $z = -i\log(a \pm \sqrt{a^2-1}) + 2n\pi$
(4) $z = \left(\dfrac{\pi}{2} + 2n\pi\right) \pm 3i$

問題 4.4 $|\cos z|^2 = \cos z \overline{\cos z}, z = x + iy$ とおく

問題 4.5 $\overline{\sin z}$ を指数関数で展開

問題 4.6 $\cos z, \sin z$ を指数関数で展開後，$z = x + iy$ を代入して整理

問題 5.1 (1) $1 + i + 2n\pi i = 1 + (1+2n\pi)i$ (2) $2e^{-2n\pi}\{\cos(\log 2) + i\sin(\log 2)\}$
(3) $e^{-(\frac{\pi}{4}+2n\pi)}\{\cos(\log\sqrt{2}) + i\sin(\log\sqrt{2})\}$ (4) $-i\sinh 2$

問題 5.2 (1) $\dfrac{1}{2}\ln\{(x+2)^2 + y^2\} + i\left(\tan^{-1}\dfrac{y}{x+2} + 2n\pi\right)$
(2) $-\cos x \sinh y + i\sin x \cosh y$

問題 5.3 (1) $z = e^1 = e$ (2) $z = \left(\dfrac{\pi}{2} + 2n\pi\right)i$

問題 5.4 $(z^a)^b = e^{b\log(z^a)} = e^{ab\log r + iab(\theta + 2n\pi) + i2bm\pi}$, $z^{ab} = e^{ab\log r + iab(\theta + 2\ell\pi)}$

問題 5.5 $\overline{\log z} = \log r - i(\theta + 2n\pi)$. $\log \bar{z} = \log r - i(\theta + 2n\pi)$

問題 6.1 $(z^3)' = \lim\limits_{\Delta z \to 0}\dfrac{(z+\Delta z)^3 - z^3}{\Delta z} = 3z^2$

問題 6.2 $\dfrac{2\Delta x + i\Delta y}{\Delta x + i\Delta y}$, $\lim\limits_{\Delta y = 0, \Delta x \to 0}\dfrac{\Delta f(z)}{\Delta z} = 2$, $\lim\limits_{\Delta x = 0, \Delta y \to 0}\dfrac{\Delta f(z)}{\Delta z} = 1$

問題 6.3 $z\dfrac{\overline{\Delta z}}{\Delta z}+\overline{z}+\overline{\Delta z}$. $\lim_{y=0,\Delta x\to 0}\dfrac{\Delta f(z)}{\Delta z}=2x$, $\lim_{x=0,\Delta y\to 0}\dfrac{\Delta f(z)}{\Delta z}=-2iy$. $z=0$ では $\lim_{\Delta z\to 0}\overline{\Delta z}=0$ となり値が確定するので $z=0$ で微分可能であるが, その近傍では微分可能でないため, 正則ではない

問題 6.4 (1) コーシー・リーマン（C.R.）方程式より正則. 導関数は $\cos z$
(2) C.R. 方程式より正則. 式 (6.4) より導関数は $-\sin z$
(3) $z=re^{i\theta}$ として極形式の C.R. 方程式 (9.5) より正則. 導関数は $\dfrac{1}{z}$
(4) $\cos iz=\cosh z$. C.R. 方程式より正則. 導関数は $\sinh z$

問題 6.5 C.R. 方程式が成り立つには, $2x=bx$, $2ay=-by$. $a=-1, b=2$

問題 6.6 $x^2-y^2+i2xy=2z^2$ だから $\dfrac{\partial W(z,\bar z)}{\partial \bar z}=0$ となり正則

問題 6.7 極形式の C.R. 方程式導出で $\dfrac{\partial u}{\partial y}$ と $\dfrac{\partial v}{\partial y}$ を消去し式 (6.4) に代入

問題 7.1 (1) $-\dfrac{9z^4+1}{z^2}-i(5z^4-3)$ (2) $(\sin z)'=\left(\dfrac{e^{iz}-e^{-iz}}{2i}\right)'=\cos z$
(3) $(\tan z)'=\dfrac{1}{\cos^2 z}$ (4) $(\sinh z)'=\cosh z$ (5) $(\tanh z)'=\dfrac{1}{\cosh^2 z}$

問題 7.2 (1) 調和関数, $f(z)=z^3+k$ (2) 調和関数, $f(z)=z^2+iz+k$
(3) 調和関数, $f(z)=\cos z+k$, 式 (4.6) 使用 (4) 調和関数, $f(z)=e^z+k$

問題 7.3 静電ポテンシャル, $F(z)=\Phi+i\Psi=ax+b+i(ay+c)=az+k$, Φ 一定は y 軸と平行な等電位線, Ψ 一定は x 軸と平行な電気力線

問題 8.1 (1) $=\left[\dfrac{1}{4}z^4\right]_0^{1+i}=\dfrac{1}{4}(1+i)^4=-1$

(2) $=\left[\dfrac{1}{\pi}e^{\pi z}\right]_0^{1+i}=\dfrac{1}{\pi}\left\{e^{\pi(1+i)}-e^0\right\}=-\dfrac{1}{\pi}(e^\pi+1)$

(3) $=\dfrac{1}{\pi}[\sin(\pi z)]_0^{2+i}=\dfrac{1}{\pi}\dfrac{e^{i(2\pi+\pi i)}-e^{-i(2\pi+\pi i)}}{2i}=\dfrac{i}{\pi}\sinh\pi$

(4) $=\left[2e^{z/2}\right]_{-\pi i}^{3\pi i}=2(-i+i)=0$ （$e^{z/2}$ は 2π の周期性をもつため）

問題 8.2 $C_2:=\displaystyle\int_0^1 t^2 dt+\int_0^1(1+it)^2 i\,dt=\left[\dfrac{1}{3}t^3\right]_0^1+\int_0^1(i-2t-it^2)dt=\dfrac{2}{3}(i-1)$. $C_3:\displaystyle\int_0^{\sqrt{2}} t^2 dt+\int_0^{\pi/4}2e^{i2t}\cdot i\sqrt{2}e^{it}dt=\dfrac{2}{3}(i-1)$ より同じ値

問題 8.3 $C_1:=\displaystyle\int_0^1(1-i)t\cdot(1+i)dt=2\left[\dfrac{1}{t^3}\right]_0^1=1$. **問題 8.2** の結果使用, $C_2:=\displaystyle\int_0^1 t\,dt+\int_0^1(1-it)i\,dt=1+i$. 値が異なるのは $\bar z$ が正則でないため

問題 8.4 $\int_0^2 (t+1)\left(1+\frac{1}{2}i\right)dt = 4+2i$

問題 8.5 z 平面（2次元）上の積分路に沿った積分，実軸に沿った積分

問題 8.6 線分は $z = at+b$ （$0 \leq t \leq 1, a,b$ は定数），円弧は $z = e^{it}$ （$0 \leq t \leq \pi$）など

問題 9.1 $a+b=1, -2a+b=0$ より $a = \frac{1}{3}, b = \frac{2}{3}$

問題 9.2 (1) $\frac{1}{2}\left(\frac{1}{z+i} + \frac{1}{z-i}\right)$, C 内は $-i$. $\frac{1}{2}\int_C \frac{1}{z+i}dz + \frac{1}{2}\int_C \frac{1}{z-i}dz = \pi i$

(2) $\frac{i}{3}\left(\frac{1}{z+i} + \frac{2}{z-2i}\right)$, C 内は $-i$, $2i$. $\frac{i}{3}\int_C \frac{1}{z+i}dz - \frac{i}{3}\int_C \frac{1}{z-2i}dz = 0$

(3) $\frac{1}{3}\left(\frac{1}{z+2} + \frac{2}{z-4}\right)$, C 内は -2. $\frac{1}{3}\int_C \frac{1}{z+2}dz = \frac{2\pi i}{3}$

(4) $\frac{1}{z+1} - \frac{1}{z+2}$, C 内は -1, -2. $\int_C \frac{1}{z+1}dz - \int_C \frac{1}{z+2}dz = 0$

(5) C 内は -2, $-2i$. $\frac{2}{1-i}\int_C \frac{1}{z+2}dz + \frac{-2i}{1-i}\int_C \frac{1}{z+2i} = 4\pi i$

(6) $\frac{1}{z+2} + \frac{1}{z-1}$. C 内は 1 なので $\int_C \frac{1}{z-1}dz = 2\pi i$

問題 9.3 (1) $\frac{1}{z+1} + \frac{1}{z-1}$. C 内に点 -1 と 1 が入る円 $|z|=2$ など

(2) C 内に点 $z = 2i, -2i$ が入らない $|z|=1$ か両方入る $|z|=3$

(3) $\cos z = 0$ となる $z = \pm\frac{\pi}{2}, \pm\frac{3}{2}\pi, \cdots$ が C 内に入らない $|z|=1$ など

問題 10.1 (1) $z = -\frac{1}{2}$ は C 内，コーシーの積分公式より $2\pi i f\left(-\frac{1}{2}\right) = -\frac{3\pi}{2}i$

(2) $z = -1$, $z = -2$ は C 内，積分値は $2\pi i - 2\pi i = 0$

(3) $z = \pi$ は C 内, 積分値は $2\pi i(-1) = -2\pi i$

(4) $z = -i$, $z = i$ は C 内，積分値は $2\pi i\left(\frac{e^{-i}}{-2i} + \frac{e^i}{2i}\right) = \pi\left(e^i - e^{-i}\right)$

(5) $z = 4$ は C 外, $z = 1$ は C 内，グルサの公式より，積分値は $2\pi i \frac{-5}{9} = -\frac{10}{9}\pi i$

(6) $z = -1$ は C 外, $z = -3$ は C 内，グルサの公式より，積分値は $2\pi i\frac{1}{4} = \frac{1}{2}\pi i$

(7) $z = 1$ は C 内，グルサの公式より，積分値は $2\pi i \frac{1}{3!}e = \frac{1}{3}e\pi i$

(8) $z = \frac{\pi}{2}$ は C 内，グルサの公式より，積分値は $2\pi i(-1) = -2\pi i$

(9) $z = 0$ は C 内，グルサの公式より，積分値は $2\pi i \frac{1}{2!} 0 = 0$

(10) $z = 0$ は C 内，グルサの公式より積分値は $2\pi i(-1) = -2\pi i$

問題 10.2 定理では部分分数展開し，公式では正則関数を分けて積分値を導出

問題 11.1 (1) $1, i, -1, -i, 1, \cdots$ より収束しない (2) $1, -1, 1, -1, \cdots$ より収束しない (3) $1 - \dfrac{1}{n} + i\left(1 + 1 + \dfrac{1}{n}\right)$, $n \to \infty$ で $\dfrac{1}{n} \to 0$ で $1 + 2i$ に収束

問題 11.2 (1) $\lim\limits_{n\to\infty} a_n = 1$ より収束しない (2) 部分分数分解すると $a_1 = \dfrac{1}{2}\left(\dfrac{1}{1} - \dfrac{1}{3}\right), a_2 = \dfrac{1}{2}\left(\dfrac{1}{3} - \dfrac{1}{5}\right), \cdots$, 級数の和 $\lim\limits_{n\to\infty} s_n = \lim\limits_{n\to\infty} \dfrac{1}{2}\left(1 - \dfrac{1}{2n+1}\right) = \dfrac{1}{2}$ より収束

問題 11.3 式 (1.5) より $|z_n| - |z| \leq |z_n + z|$. z_n と z, z と $-z$ の置換など

問題 11.4 (1) $\lim\limits_{n\to\infty} \sqrt[n]{\left|\dfrac{1}{n^n}\right|} = 0$ より $R = \infty$ (2) $\lim\limits_{n\to\infty}\left|\dfrac{3^{n+1}}{n+2} \cdot \dfrac{n+1}{3^n}\right| = 3$, $R = \dfrac{1}{3}$ (3) $\lim\limits_{n\to\infty}\left|\dfrac{(n+4)(n+2)}{(n+3)(n+1)}\right| = 1, R = 1$ (4) $\lim\limits_{n\to\infty}\left|\dfrac{(n+1)^2}{2^{n+1}} \cdot \dfrac{2^n}{n^2}\right| = \dfrac{1}{2}, R = 2$ (5) $= \lim\limits_{n\to\infty}\left|\dfrac{(n+1)+i}{\{2(n+1)\}!} \cdot \dfrac{(2n)!}{n+i}\right| = 0, R = \infty$

問題 12.1 (1) $f(z) = \sum\limits_{n=0}^{\infty} \dfrac{(-1)^n}{2^{n+1}}(z-1)^n$. $\lim\limits_{n\to\infty}\left|\dfrac{(-1)^{n+1}}{2^{n+1+1}} \cdot \dfrac{2^{n+1}}{(-1)^n}\right| = \dfrac{1}{2}, R = 2$. 収束半径は展開の中心 $(z=1)$ から最も近い $f(z)$ の特異点 $(z=-1)$ までの距離 (2) $f(z) = \dfrac{1}{2}\dfrac{1}{1+u}$, $u = \dfrac{z-1}{2}$, $|u| < 1$ で式 (12.8) より同じ

問題 12.2 $f(z) = \sum\limits_{n=0}^{\infty} (-1)^n (n+1)(z-1)^n$. $\lim\limits_{n\to\infty}\left|-\dfrac{1+2/n}{1+1/n}\right| = 1, R = 1$

問題 12.3 $f(z) = \sum\limits_{n=0}^{\infty} \dfrac{(-1)^n}{i^{n+2}}(n+1)(z-i)^n$. $R = 1$

問題 12.4 $f(z) = \dfrac{1}{z-2} = \dfrac{1}{2}\dfrac{-1}{1-z/2} = -\sum\limits_{n=0}^{\infty} \dfrac{z^n}{2^{n+1}}$

問題 12.5 $f(z) = \dfrac{1}{i}\dfrac{1}{1-iz^3} = \dfrac{1}{i}\sum\limits_{n=0}^{\infty}(-1)^n\left\{(iz)^3\right\}^n = \sum\limits_{n=0}^{\infty} i^{n-1}z^{3n}$

問題 12.6 $z = u + \pi i$ で $e^z = -e^u$. 式 (12.4) より $-e^u = -\sum\limits_{n=0}^{\infty}\dfrac{(z-\pi i)^n}{n!}$

問題 12.7 $z = 1 + u$ で $z^2 - 2z + 2 = 1 + u^2$, $f(u) = \sum\limits_{n=0}^{\infty}(-1)^n(z-1)^{2n}$

問題 12.8 $-\dfrac{1}{2} + \dfrac{1/2}{1-2z}$, $z = 1 + u$, $f(z) = -\dfrac{1}{2} - \sum\limits_{n=0}^{\infty}(-1)^n 2^{n-1}(z-1)^n$

問題 13.1 $\left|\dfrac{-2}{z-1}\right| < 1$ より $\sum\limits_{n=0}^{\infty}\dfrac{(-2)^n}{(z-1)^{n+1}}$, $f(z) = \sum\limits_{n=0}^{\infty}\dfrac{(-2)^n}{(z-1)^{n+2}}$

問題 13.2 $u = z - \pi$ とおき, 式 (12.6) より, $\dfrac{\sin z}{z-\pi} = \sum\limits_{n=0}^{\infty}\dfrac{(-1)^{n+1}}{(2n+1)!}(z-\pi)^{2n}$

問題 13.3 (1) $\left|\dfrac{z}{2}\right| < 1, \dfrac{1}{z}\dfrac{1/2}{1+z/2} = \dfrac{1}{z}\sum\limits_{n=0}^{\infty}\dfrac{1}{2}(-1)^n\left(\dfrac{z}{2}\right)^n = \sum\limits_{n=0}^{\infty}(-1)^n\dfrac{z^{n-1}}{2^{n+1}}$

(2) $\left|\dfrac{2}{z}\right| < 1$, $\dfrac{1}{z}\dfrac{1}{2+z} = \dfrac{1}{z^2}\dfrac{1}{1+2/z} = \dfrac{1}{z^2}\sum_{n=0}^{\infty}(-1)^n\left(\dfrac{2}{z}\right)^n = \sum_{n=0}^{\infty}\dfrac{(-2)^n}{z^{n+2}}$

問題 13.4 特異点は 0. $z^2\cos\dfrac{1}{z}$ は主要部が無限個, 真性特異点

問題 13.5 特異点は $z=\dfrac{3}{2}$ で 2 位の極.

問題 13.6 特異点は $z=0$, $\dfrac{1}{z^2}\left\{1-\left(1-\dfrac{z^2}{2!}+\dfrac{z^4}{4!}-\cdots\right)\right\}$ より除去可能

問題 13.7 $\mathrm{Res}(f,1) = \lim_{z\to 1}\{(z-1)f(z)\} = -\mathrm{e}$, $\mathrm{Res}(f,2) = \mathrm{e}^2$

問題 13.8 $\dfrac{\mathrm{Log}(z+1)}{z^3} = \dfrac{1}{z^3}\left(z-\dfrac{z^2}{2}+\dfrac{z^3}{3}-\dfrac{z^4}{4}+\cdots\right) = \dfrac{1}{z^2}-\dfrac{1}{2z}+\dfrac{1}{3}-\dfrac{z}{4}+\cdots$, $\mathrm{Res}(f,0) = -\dfrac{1}{2}$

問題 13.9 $\mathrm{Res}(f,0) = -\dfrac{1}{4}$, $\mathrm{Res}(f,2) = \dfrac{1}{8}$, $\mathrm{Res}(f,-2) = \dfrac{1}{8}$

問題 13.10 式 (13.6) で $g'(iz) = 4(i)^3$, $\mathrm{Res}(f,i) = \dfrac{1}{g'(i)} = \dfrac{1}{-4i} = \dfrac{i}{4}$

問題 14.1 (1) $z = \mathrm{e}^{i\theta}$, 積分路 C は単位円 $|z|=1$ $\displaystyle\int_C\dfrac{-2i}{z^2+6z+1}\mathrm{d}z$. C 内特異点は $z_1 = -3+2\sqrt{2}$, $\mathrm{Res}(f,z_1) = \dfrac{-2i}{4\sqrt{2}}$. 積分値は $2\pi i\dfrac{-2i}{4\sqrt{2}} = \dfrac{\pi}{\sqrt{2}}$

(2) $\displaystyle\int_C\dfrac{1}{4}\left(z+\dfrac{1}{z}\right)^2\dfrac{1}{iz}\mathrm{d}z = \int_C\dfrac{1}{4i}\left(z+\dfrac{2}{z}+\dfrac{1}{z^3}\right)\mathrm{d}z$, $2\pi i\dfrac{1}{2i} = \pi$

(3) $\displaystyle\int_C\dfrac{\mathrm{d}z}{2(z+i/2)(z+2i)}$. $2\pi i\,\mathrm{Res}\left(f,\dfrac{-i}{2}\right) = \dfrac{1}{3i} = \dfrac{2\pi}{3}$

(4) $\displaystyle\int_C\dfrac{iz}{4(z+i/2)^2(z+2i)^2}\mathrm{d}z$, 2 位の極 $\dfrac{-i}{2}$, $2\pi i\cdot i\dfrac{-5}{27} = \dfrac{10\pi}{27}$

(5) $z_1 = \mathrm{e}^{\pi i/4}$, $z_2 = \mathrm{e}^{3\pi i/4}$, 留数は $\dfrac{1}{4}\mathrm{e}^{-\pi i/4}$, $\dfrac{1}{4}\mathrm{e}^{-3\pi i/4}$ より $\dfrac{\pi}{\sqrt{2}}$

(6) 2 位の極 i, $\mathrm{Res}(f,i) = \dfrac{1}{4i}$, $\displaystyle\int_{-\infty}^{\infty}\dfrac{1}{(x^2+1)^2}\mathrm{d}x = 2\pi i\dfrac{1}{4i} = \dfrac{\pi}{2}$

問題 15.1 $\displaystyle\int_C\mathrm{e}^{-z^2}\mathrm{d}z = \int_{-R}^{R}\mathrm{e}^{-x^2}\mathrm{d}x + \int_R^{-R}\mathrm{e}^{-x^2+b^2-2ibx}\mathrm{d}x + i\int_0^b\mathrm{e}^{-R^2+y^2-2iRy}\mathrm{d}y + i\int_b^0\mathrm{e}^{-R^2+y^2+2iRy}\mathrm{d}y = 0$, $R\to\infty$ より求める積分は $\mathrm{e}^{-b^2}\sqrt{\pi}$

問題 15.2 上半面の積分路, 式 (15.2) を使って $P\displaystyle\int_{-\infty}^{\infty}\dfrac{\mathrm{e}^{ix}}{x-a}\mathrm{d}x = -\mathrm{e}^{ia}\pi i$

問題 15.3 $\displaystyle\lim_{R\to\infty, r\to 0}2i\int_r^R\dfrac{\sin x}{x}\mathrm{d}x = \pi i$ または $\displaystyle\int_0^{\infty}\dfrac{\sin x}{x}\mathrm{d}x = \dfrac{\pi}{2}$

問題 15.4 $z_1 = 1, z_2 = 1, z = \mathrm{e}^{i\theta}$ より $\displaystyle\int_0^{2\pi}\mathrm{e}^{i\theta/2}i\mathrm{e}^{i\theta}\mathrm{d}\theta = \left[i\cdot\dfrac{2}{3i}\mathrm{e}^{i3\theta/2}\right]_0^{2\pi} = -\dfrac{4}{3}$

参考文献

本書の執筆にあたり以下の文献を参考にさせていただきました。

- 複素関数論 (技術者のための高等数学), E. クライツィグ (著), 近藤 次郎, 丹生 慶四郎, 堀 素夫 (翻訳), 培風館
- 複素解析—基礎解析学コース, 矢野 健太郎, 石原 繁, 裳華房
- テキスト 複素解析, 小寺 平治, 共立出版
- なっとくする複素関数, 小野寺 嘉孝, 講談社
- 電気・電子基礎数学 (電気学会大学講座), 内藤 喜之, 電気学会
- 複素関数入門, R.V. チャーチル, J.W. ブラウン (著), 中野 実 (翻訳), サイエンティスト社
- 初歩から学べる複素解析, 佐藤 恒雄, 吉田 英信, 培風館
- 現代工学のための複素関数の微分と積分, 松浦 武信, 富山 薫順, 吉田 正広, 現代工学社
- 理工系複素解析, 相川 弘明, 音田 功, 斎藤 三郎, 谷口 彰男, 尾和 重義, 小林 しょう治, 高柳 幸貞, 昭晃堂
- 理工系のための 解く!複素解析, 石井 彰三 (監), 安岡 康一, 植之原 裕行, 宮本 智之 (著), 講談社

索引

数字・欧文・記号

1価関数 ………………………… 15
1次分数変換 …………………… 17
1次変換 ………………………… 17
arg ……………………………… 5
Im ……………………………… 2
m 位の極 ……………………… 81
n 乗根 ………………………… 9
Re ……………………………… 2
Res ……………………………… 82
w 平面 ………………………… 15
z 平面 ………………………… 15

あ行

1次分数変換 …………………… 17
1次変換 ………………………… 17
1価関数 ………………………… 15
n 乗根 ………………………… 9
m 位の極 ……………………… 81
オイラーの公式 ……………… 20,22

か行

開集合 ………………………… 14
外点 …………………………… 14
級数 …………………………… 67
級数の和 ……………………… 67
境界 …………………………… 14
境界点 ………………………… 14
共役調和関数 ………………… 43
共役複素数 …………………… 3
極 ……………………………… 81
極形式 ………………………… 5

極形式の指数表示 ……………… 21
極限値 ………………………… 34
虚軸 …………………………… 3
虚数単位 ……………………… 2
虚部 …………………………… 2
近傍 …………………………… 14
グルサの公式 ………………… 61
係数 …………………………… 68
項（数列の） ………………… 66
コーシー・リーマンの方程式 … 36
コーシーの積分公式 ………… 59
コーシーの積分定理 ………… 54
コーシーの不等式 …………… 63
孤立特異点 …………………… 81

さ行

実関数 ………………………… 15
実軸 …………………………… 3
実部 …………………………… 2
実変数 ………………………… 15
写像 …………………………… 16
集合 …………………………… 14
収束円 ………………………… 70
収束級数 ……………………… 67
収束数列 ……………………… 66
収束半径 ……………………… 70
従属変数 ……………………… 15
主値 ………………………… 6,9
主値積分 ……………………… 92
主要部 ………………………… 80
純虚数 ………………………… 2
除去可能な特異点 …………… 81

真性特異点	81	微係数	35
正則	36	非単一閉曲線	52
正則関数	36	微分可能	35
正則部	80	フーリエ積分	88
積分路	46	フーリエ変換	88
絶対収束	68	複素関数	15
絶対値	3	複素数	2
z 平面	15	複素数平面	3
線積分	46	複素数列	66
像	16	複素積分	46

た行

多価関数	15
多重連結領域	53
w 平面	15
単位円	10
単一開曲線	52
単一閉曲線	52
単連結領域	53
中心	68
調和関数	42
調和級数	68
定義域	15
テーラー級数	73
テーラー展開	73
ド・モアブルの定理	8
ド・ロピタルの公式	41
等角写像	17
導関数	35
特異点	35, 81
独立変数	15

な・は行

内点	14
媒介変数	46
発散数列	66
範囲	15
反転	17

複素平面	3
複素変数	15
複素ポテンシャル	44
不定積分	48
部分和	67
分岐点	94
閉集合	14
べき級数	68
偏角	6
変換	16

ま行

マクローリン展開	73
無限多価関数	28
モレラの定理	62

や・ら・わ行

有界	67
ラプラスの方程式	42
リーマン面	95
リーマン葉	95
リューヴィルの定理	62
留数	82
留数定理	84
領域	15
連結	14
連続	34
ローラン展開	80

著者紹介

安岡　康一　工学博士
1978 年　東京工業大学工学部電子物理工学科卒業
1983 年　東京工業大学大学院理工学研究科電気電子工学専攻博士課程修了
現　在　東京工業大学（現 東京科学大学）名誉教授

広川　二郎　博士（工学）
1988 年　東京工業大学工学部電気・電子工学科卒業
1990 年　東京工業大学大学院理工学研究科電気・電子工学専攻修士課程修了
現　在　東京科学大学工学院 教授

NDC413　111p　21cm

スタンダード 工学系の複素解析

2014 年 3 月 31 日　第 1 刷発行
2025 年 7 月 11 日　第 9 刷発行

著　者　安岡　康一・広川　二郎
発行者　篠木和久
発行所　株式会社　講談社
　　　　〒112-8001　東京都文京区音羽 2-12-21
　　　　　　販売　(03)5395-5817
　　　　　　業務　(03)5395-3615
編　集　株式会社　講談社サイエンティフィク
　　　　　代表　堀越俊一
　　　　〒162-0825　東京都新宿区神楽坂 2-14　ノービィビル
　　　　　　編集　(03)3235-3701
本文データ制作　藤原印刷株式会社
印刷・製本　株式会社ＫＰＳプロダクツ

落丁本・乱丁本は，購入書店名を明記のうえ，講談社業務宛にお送りください．送料小社負担にてお取替えします．なお，この本の内容についてのお問い合わせは，講談社サイエンティフィク宛にお願いいたします．定価はカバーに表示してあります．

Ⓒ K. Yasuoka and J. Hirokawa, 2014

本書のコピー，スキャン，デジタル化等の無断複製は著作権法上での例外を除き禁じられています．本書を代行業者等の第三者に依頼してスキャンやデジタル化することはたとえ個人や家庭内の利用でも著作権法違反です．

Printed in Japan
ISBN978-4-06-156534-0

観光英検 3級～2級 対応

観光のための初級英単語と用例

全国語学ビジネス観光教育協会・
観光英検センター

山口百々男
藤田玲子
Steven Bates

BASIC

SANSHUSHA

はじめに

　本書は、「観光・旅行」に関連した初級レベルの英単語に焦点をあてた用語・用例集です。初級レベルの目安としては、観光英語検定試験の3級と2級とで問われる語彙を中心に取り上げました。見出し語として564語を掲載しています。また、見出し語の成句や関連語を豊富に収録しました。

　多くの英語学習者にとって「観光・旅行」は学習目的の主要な分野でありながら、従来の一般的な英単語集では、実際の観光や旅行の場で必須となる語彙・表現が思いのほか学習し難いものです。本書では、「観光・旅行」に目的を絞り、必須の語彙・表現を掲載しているので、効率的な学習が期待できます。国内外における観光業・旅行業に特有な語句を豊富に取り上げているのはもちろん、一般的な単語集にも掲載されている基礎単語についても、本書では「観光・旅行」のシーンで使われる意味に重点を置いて取り上げ、知っておくべき具体的な用語・用例を詳しく記述しました。観光業・旅行業を目指す方は言うに及ばず、団体または単独で海外旅行をする方にとっても必須の書といえます。ぜひ学習にご活用いただければと思います。

　元来、「観光」の語源は易経（えききょう）（儒教の基本テキスト五経の筆頭に挙げられる経典）にある「国の光を観る」です。「光」とは何か。諸説ありますが、少なくとも単なる「物見遊山的な観光」ではなく「体験的な観光」でしょう。その国が保有する「雄大な観光地」、その国の人々が創造した「壮大な歴史を有する観光都市」、そしてその国が誇る「壮麗なまた神秘的な世界遺産（文化・自然・複合）」などを体験することと言えるでしょう。「観光」を通して人は深い感動を覚え、そして人は豊かに変容するのです。

　本書は、単なる「観光英検の受験対策書」にとどまらず、そのような本来の意味での観光を体験するための手引きとして、「英語を」（特に観光英単語を）学習し、そして観光を体験しながらその国の文化を「英語で」知るための入門書となっています。本書を手がかりに多くの読者の方がより観光体験を深められることを願っています。

2013年春　　山口百々男

●●● 本文の構成と記号について

1) 見出し語はアルファベット順に配列。

2) 見出し語が難読語の場合には発音記号を表示。

3) 品詞表示： 名 名詞　　動 動詞　　形 形容詞　　副 副詞　　間 間投詞

4) 記号について

▶ 用例（句）を示す。用例句中の見出し語部分はイタリックで表示。

ホテル など　例文の使用場所等を示す。

(＝　　　) 同意語、類似表現

⇔　反意語

⇨　参照

《米》アメリカ英語　　　《英》イギリス英語

☆　文化背景などの解説・補足説明

◇　見出し語を用いた慣用表現

(　　　) 補足説明、省略できる箇所

〈　　　〉直前の語句と入れ替え可能

〈略　　〉直前の語句の略語形

English Vocabulary and its Usage for Tourism

Basic

A - Z

A

aboard 副 (飛行機・船・列車・バスなどの乗物) に乗って (=on board). ⇔ ashore (陸に)
◇ **Welcome aboard!** ご搭乗ありがとうございます. ☆乗客を飛行機〈船舶〉に迎える時の挨拶の決まり文句. 乗客が機内〈船内〉に一歩踏み込む時に耳にする第一声である. Glad to have you *aboard*. とも言う.
◇ **go aboard** 乗車〈乗船〉する (=get aboard).
　交通 Here comes the bus. Let's *go aboard*. バスが来た. さあ, 乗ろう.

― 前 (飛行機・船・列車・バスなどの乗物) に乗って.
　機内 Welcome *aboard* Japan Airlines. 日本航空をご利用いただきありがとうございます.
◇ **go⟨get⟩ aboard a plane⟨ship/train⟩** 搭乗〈乗船 / 乗車〉する.
　空港 Most of the passengers are *going aboard* American Airlines flight 002. 乗客のほとんどがアメリカン航空 002 便に現在搭乗中です.

abroad 副 海外へ〈の, で〉, 国外へ〈に, で〉. ⇔ at home (国内で). ▶ go *abroad* 海外へ行く.
◇ **travel abroad** 外国旅行をする. ⇨ go abroad
　旅行 When we *travel abroad*, we can get another image of Japan. 外国へ行くと日本の別の面がよくわかる.
◇ **from abroad** 海外から, 外国から. ▶ tourists *from abroad* 外国人観光客.
　旅行 We have just returned *from abroad*. 私たちは海外から帰国したばかりです.

accept 動 ① (贈り物・招待などを) 受け取る (=receive), 受理する. ⇔ refuse (断る).
▶ *accept* a visa application ビザの申請を受理する / *accept* an invitation 招待に応じる.
② (クレジットカードまたはトラベラーズチェックなどを) 受け付ける (=take; use). ⇔ reject (拒否する). ▶ *accept* traveler's checks 旅行小切手を受け付ける.
　掲示 All Major Cards *Accepted*.「主なクレジットカードを受け付けます」. ☆免税店・土産物店などでの掲示.

accident 名 事故, 惨事 (=disaster, incident). ☆通常身体に危害を及ぼす事故. disaster (災害) より小さく incident (出来事) より大きい. ▶ airplane〈train〉 *accident* 飛行機〈列車〉事故 / hit-and-run *accident* ひき逃げ事故 / railway〈《米》railroad〉 *accident* 鉄道事故.

accommodate [əkάmədèit] 動 ①《乗物》(飛行機・列車に)乗せる；乗せられる.
> 空港 This jumbo jet *accommodates* (up to) 500 passengers. このジャンボジェット機には500人(まで)乗れます.

②《ホテル・モーテル》泊める；(客を)宿泊させる；宿泊させられる.
> ホテル This hotel can *accommodate* more than 300 guests. このホテルには300人以上の客を宿泊させられます. (=This hotel has great accommodations for 300 guests.)

③《レストラン》収容する, 収容できる.
> レストラン We have some small banquet rooms *accommodating* 10 to 20 people. 10人から20人まで座れる小さな宴会場がいくつかあります.

---

accommodation 名 ①《乗物》(飛行機・列車などの)収容能力；《米》(飛行機・列車などの)座席.
> 機内 This plane has great *accommodations* for 300 passengers. この飛行機には300人分の座席がある. (=This plane can accommodate 300 passengers.)

②《ホテル》宿泊施設. ☆種々の設備・施設を包括する. 米国では通常複数形で用いる.
> ホテル This hotel has luxurious *accommodations* for 500 guests. このホテルには500人分の豪華な宿泊施設がある. (=This luxurious hotel can accommodate 500 guests.)

---

add (to) 動 ① 追加する. ▶ *add* one's name to the waiting list 名前をキャンセル待ち名簿に入れる.
> ホテル A 10 % service charge will automatically be *added to* your bill. 10パーセントのサービス料が会計に自動的に加算されます.

②(2つ以上の数を)足す, 足し算する. ☆ subtract「引く」, divide「割る」, multiply「掛ける」. ☆「2 + 3 = 5」の足し算の読み方は Two and three is ⟨are/makes⟩ five. または Two plus three equal(s) five. とも言う. Two added to three is five. とは表現しない.

---

addition 名 ① 付加, 追加.
> レストラン The *addition* of salt improved the flavor. 塩を加えると味が良くなった.

② 足し算. ▶ do *addition* 足し算をする. ☆ subtraction(引き算). division(割り算). multiplication(掛け算).
> 計算 The *addition* of 2 and ⟨to⟩ 3 gives you 5. 2と3を足すと5になる.

◇ **in addition** 加えるに, さらには (=additionally; besides).

災害 There was a big earthquake, and *in addition*, there was a big tsunami (seismic waves). 大地震があり，さらには，大きな津波が襲った．☆ tsunami は国際英語として使用されている．

additional 形 追加の． ▶ *additional* expenses 追加費用 / *additional* fare 追加運賃 / *additional* order 追加注文 / reserve an *additional* three single rooms シングルルームをあと3部屋追加して予約する．

◇ **additional charge** 追加料金，割増料金．☆ホテルでチェックアウト時間後継続して部屋を使用する時に追加する料金のこと． ▶ pay an *additional charge* 追加料金を払う．

◇ **additional cost** 追加費用． ▶ serve special bread at an *additional cost* 特別なパンを追加料金で出す．

◇ **additional dishes** 追加料理． ▶ order *additional dishes* 追加料理を注文する．

◇ **additional tour** 追加小旅行．☆団体旅行の場合は出発の前に申し込むことが多い． ▶ sign up for an *additional tour* 追加小旅行を申し込む．

address 名 住所，宛名．☆ address には通常氏名を含まない．住所は小さい番地から大きい地名へと書く．日本語では「〔用紙・書式・封筒に〕住所氏名を書く」と言うが，英語では write (down) one's name and address (on the envelope〈form〉)と言う．日英語の語順に注意． ▶ business *address* 勤務先住所 / contact *address* 連絡先住所 / forwarding *address* 転送先住所 / home *address* 自宅住所 / permanent (legal〈official〉) *address* 本籍 (=legally recognized permanent *address*) / present *address* 現住所 (=current *address*).

ホテル What is your *address*? → My *address* is 3-X-X Kokuryo-cho, Chofu-shi, Tokyo, 182-0022, Japan. お客様の住所はどこですか．☆ Where is your address? とは言わない．→住所は郵便番号が182-0022, 東京都調布市国領町3-X-Xです．☆〈米国の例〉Ms. Takeko Minami: 1XX Heritage Point Morgantown, WV 26505, USA.

◇ **address card** 住所カード．☆ホテルの住所や地図などが書いてあるカード．観光帰りなどにタクシーを利用する場合運転手に見せると便利である．

タクシー Take me to this *address* (*card*), please. この住所までお願いします．

adjust 動 ① 調整〈調節〉する． ▶ *adjust* the color on the TV テレビの色彩を調節する / *adjust* an air conditioner〈room temperature〉 エアコン〈室温〉を調節する．

② 精算する． ▶ *adjust* the fare 運賃を精算する．

adjustment 名 ① 調整, 調節, 修正.
　【機内】The color on the monitor ⟨personal TV⟩ was out of order. But the cabin attendant made an *adjustment* to it for me. モニター⟨専用テレビ⟩の色彩が不調でしたが, 客室乗務員が調節してくれました.
　② 精算. ▶ fare *adjustment* 運賃の精算.

admission 名 ① 入場(許可). ▶ *admission*-free concert 入場無料のコンサート.
　◇ **admission ticket** 入場券 (=admission card).
　　【観光】Where do I have to buy an *admission ticket*? 入場券はどこで買えますか.
　② 入場⟨入館 ; 入園⟩料. ▶ *admission* to the museum 博物館の入館料.
　　【ホテル】*Admission* is free for invited guests or hotel guests. 招待客またはホテル宿泊者は入場無料です.
　◇ **admission charge** 入場⟨入館⟩料 (=admission fee). ☆単に **admission** とも言う.
　　【博物館】How much is the *admission charge* for the museum? 博物館の入館料はいくらですか.
　③ 入国(許可). ▶ *admission* of aliens into a country 外国人の入国許可.

admit 動 ①(入場・入館などを)認める ; (人を)入れる.
　　【劇場】This ticket *admits* two people free to the show. この切符1枚でショーに2人無料で入場できます.
　②(場所が)収容できる (=accommodate).
　　【劇場】The theater *admits* 1000 persons. この劇場は1000名収容できます.
　③ 入国を許可する.
　　【空港】He was *admitted* to this country for one week. 彼は当国へ1週間の入国が許可された.

admittance 名 入場(許可); 入国許可. ☆ admission より硬い語. ▶ *admittance* of foreigners 外国人の入国許可.
　　【バー】The *admittance* of people under 19 is prohibited. 19歳未満の入場は禁じられている.

aeroplane 名 ⟨英⟩飛行機 (=⟨米⟩airplane). ☆単に **plane** とも言う. ▶ take an *aeroplane* (to London) (ロンドンまで)飛行機を利用する.

ahead 副 ① (位置的に) 前方へ〈に, の〉(=in front of). ⇔ behind (後ろに)

【道案内】Go straight *ahead* along this road, and take the third turn on the left. You'll find it easily. この道を前方へまっすぐ行き, 左側の3番目の角を曲ればかんたんに見つかります.

② (時間的に) 前に ; 前もって (=in advance).

【観光】The local time in London is 6:30 p.m. I have to set my watch *ahead*. ロンドンの現地時間は午後6時30分です. 時計を進めなくてはいけない.

◇ **ahead of**

《1》(位置的に) の前方に. ⇔ behind (後方に)

【機内・車内】She sits ten rows *ahead of* us. 彼女は私たちの10列先に座っています.

《2》(時間的に) より先に (進んで). ⇔ behind. ▶ *ahead of* time 予定より早く / *ahead of* schedule 定刻より早く / arrive ten minutes *ahead of* time 定刻10分前に到着する.

【空港】The time here 〈local time〉 is eleven hours *ahead of* Tokyo, but one day behind. 当地の時間 〈現地時間〉は東京より11時間早いですが, 日付は1日戻ります.

◇ **Go ahead**

《1》どうぞお先に. ☆行列, 出入り口, また乗物の乗り降りをする時など, 相手に順番を譲る時に用いる. After you. よりはくだけた表現である.

《2》さあ, どうぞ. ☆許可・同意などの求めに対して応答する時に用いる.

【借用する時の返答】May I use your phone 〈borrow your pen〉? → Certainly. *Go ahead*. 電話〈ペン〉をお借りできますか. →はい, どうぞ.

【同意を求める時の返答】May I smoke? → Sure. *Go ahead*. 煙草を吸ってもよろしいですか. →どうぞ. ご遠慮なく.

【許可を求める時の返答】Can I change seats? I'd like to move to a window seat. → *Go ahead*, please. 座席を替えてもよろしいでしょうか. 窓側の座席に移りたいのです. →さあ, どうぞ.

《3》どうぞ, お取りください. ☆相手にすすめる時に用いる.

【カフェ】*Go ahead* with the cake, please. ケーキをどうぞ (お取りください). ☆ Please help yourself to the cake. とも言う.

《4》(電話で) どうぞ, お話しください. ☆電話交換手または電話応答者が電話がつながったことを知らせる時に用いる.

【電話】Mr. Smith is on the line. Please *go ahead*. スミスさんがお出になりました. どうぞお話しください.

---

air 名 ① 空気, 大気, 外気. ▶ shut off the cold *air* 冷気を止める.

② (航空の場としての) 空 (=sky); 空中 (=midair). ▶ in the *air* 飛行中に〈で〉; 空中で〈に〉.

③ 航空会社 (=airline). ☆航空会社名として用いる. ▶ go to Canada by *Air Canada* カナダにカナダ航空で行く.

◇ **by air**
《1》飛行機で (=by plane). ▶ travel *by air* 飛行機で旅行する.
《2》航空便で (=by airmail). ▶ send this package *by air* この小包を航空便で送る.

― 形 ① 空気の. ▶ *air* pillow 空気まくら / *air* bag エアバッグ, 空気袋.
② 空の, 空中の; 飛行機の, 航空の. ▶ *air* and hotel reservations 航空とホテルの予約.

airbus 〈**air bus**〉 ① エアバス, (中距離また短距離用の) 大型定期旅客機.
②《英》空港から市内へ運行するバス. ☆ヒースロー空港からロンドン市内へ運行する赤い2階建てバス (double-decker bus) は有名である. ▶ *airbus* service エアバスサービス. ☆近距離往復バスなどを指す.

air coach (低料金の) 普通旅客機;《米》(旅客機の) 二等〈エコノミー〉クラス.

air conditioner 名 エアコン, (ルーム)クーラー, 冷暖房装置. ☆日本語で「クーラー」と言うが, 英語では (room) air conditioner と言う. 英語の cooler は「冷却用容器」や「冷蔵庫」の意味である. ちなみに「冷暖房中」の表示は air-conditioned である. ▶ turn down〈off〉the *air conditioner* エアコンを弱める〈止める〉/ turn on〈up〉the *air conditioner* エアコンをつける〈強める〉.

aircraft 〈略 A/C〉名 航空機. 〔単複同形〕例 10 aircraft of JAL「日本航空の10機」. ⇨ airplane. ☆航空会社でよく使われる呼び方. 「**air + craft**」で「空を飛ぶ乗物」のことで, 飛行機・飛行船・気球・ヘリコプター・グライダーなどの総称である. 一般的に「飛行機」のことは米国では **airplane**, 英国では **aeroplane** と言う. 単に **plane** と言うことが多い.

空港 The whole *aircraft* is non-smoking. We have no smoking seats. 当機は全席禁煙です. 喫煙席はございません.

airmail 名 航空郵便, 航空便; 航空郵便物.
◇ **by airmail** 航空便で (=by air).

郵便局 I want to send this package to Japan *by airmail*. この小包を航空便で日本へ送りたいのです.

— 副 航空便で (=by airmail). ▶ send this letter *airmail* この手紙を航空便で送る.

air only
エアー・オンリー, (ホテル・観光などを除いた)ツアーの航空券部分だけの販売. ☆通称「エアーオン」. パッケージツアー用の航空券をバラ売りした格安チケットのこと.

airplane
名《米》飛行機 (=《英》aeroplane), 航空機. ☆通常の会話では単に **plane** とも言う. 英国では **aircraft** と言う. 民間航空機には通常「機長」(captain)と「副操縦士」(co-pilot; first officer), それに「航空機関士」(flight engineer) の3名が乗務している. 最近のエアバス機などではコンピューターが「航空機関士」の仕事に代わっているので2人パイロット制(two-man cockpits)になっていることがある. ⇨ aircraft.
▶ board an *airplane* 搭乗する (=get aboard an *airplane*)/ get on 〈in, into〉 an *airplane* 飛行機に乗る / get off 〈out of〉 an *airplane* 飛行機から降りる / take an *airplane* (to Boston) (ボストンまで)飛行機を利用する / travel by *airplane* 飛行機で旅行する.

air pocket
エアポケット, 乱気流. ☆局部的な乱気流状態によって, 飛行機がそこを通ると失速し, 急激に下降するなどひどく振動する箇所. ▶ encounter an *air pocket* 乱気流に遭遇する / enter an *air pocket* 乱気流に入る / hit an *air pocket* 乱気流に入る / pass through an *air pocket* 乱気流を通過する.

airport
〈略 APT〉名 空港, 飛行場. ▶ *airport* bus 空港連絡バス / *airport* code 空港名コード, 空港略語 / *airport* receptionist〈concierge〉 空港接客係 / *airport* shuttle 空港シャトル / *airport* tax 空港税, 出国税, 通行税.
◇ **airport security** 空港の安全性, 空港警備.
  掲示 *AIRPORT* SECURITY, NO ADMITTANCE, AUTHORIZED PERSONNEL ONLY BEYOND THIS POINT. 「空港警備, ここからは関係者以外立入禁止」

airport の関連語 (動詞を伴う)

arrive at the *airport* (人が)空港に到着する
check in at the *airport* 空港で搭乗手続きをする
deplane into the concourse of *airport* 飛行機を降りて空港のコンコースに出る
go to the check-in counter at the *airport* 空港のチェックインカウンターに行く
meet someone at the *airport* 空港で(人)を出迎える, 空港で(人)と会う
page someone the *airport* 空港で(人)を呼び出す

pick up someone at the *airport*　空港で(人)を出迎える
see someone off at the *airport*　空港まで(人)を見送る
take the limo to the *airport*　リムジンで空港に行く
travel to and from *airports*　空港まで往復する

airsick 形 飛行機に酔った． ▶ get *airsick* 飛行機に酔う．

airsickness 名 航空病，飛行機酔い．☆飛行機に乗っておこる乗物酔いや低酸素症などの症状のこと．

◇ **airsickness bag** おう吐袋 (=vomiting bag)．☆飛行機酔いに用いる袋． **airsick bag** とも言う．JAL では water-proof disposal bag (防水の汚物処理用袋) の表示．

【機内】 Feel free to use the *airsickness bag* in the seat pocket if you feel like vomiting. 吐きそうな時はシートポケットにあるおう吐袋をご自由にお使いください．

◇ **airsickness medicine** 飛行機の酔い止め薬 (=medicine for airsickness).

【機内】 I'll get *airsickness medicine* and water for you right away. 酔い止め薬と水をすぐにお持ちします．

airway 〈略 AWY〉 名 ① 航空路 (=air route)．☆航空機が飛行する定められた空中の「路線」のこと．
② 航空会社 (=airlines)．☆複数形で単数扱い． ⇨ airways

airways 名 航空会社． ▶ British *Airways* 〈略 BA〉 英国航空 / All Nippon *Airways* Co., Ltd. 〈略 ANA〉 全日本空輸株式会社，全日空．

aisle [áil] ☆ s は発音しない． **isle** (小島) と同音異義語．
名 ① (旅客機・列車・劇場などの座席間の) 通路．☆航空機の場合，座席間にある「通路」のこと．ジャンボ機など大型機には通路が２本あり，その間をつなぐ脇道は **cross-aisle** と言う． ▶ *aisle* on a train 〈bus〉 列車〈バス〉の通路 / seat on the *aisle* 通路側の席．

◇ **aisle seat** 通路側の席．☆ window seat 窓側の席, center seat 中央の席．
【空港】 I'd like an *aisle seat* in the front section. 前方通路席をお願いします．
② (商店・スーパーなどの陳列棚の間にある) 通路；(１階) 売場．
【売店】 The spices are in *aisle* five. スパイスは５番通路にあります．
③ (教会堂の) 側路；(教会の座席間にある) 通路．☆米国では **church aisle** と言う．

[堂内] My parents have *aisle* seats at the front. 両親は前方の通路側座席に座っています。

à la carte 形 アラカルトの, 献立表〈メニュー〉の, お好み〈一品〉料理の. ☆ **à la carte** はフランス語であり, according to the card（献立表にしたがって）の意味である. ちなみに, **à la** はフランス語の料理用語で「〜風の〈に〉, 〜式の〈に〉」の意. ▶ *à la carte* order アラカルトによる注文.
— 副 アラカルトで, 献立で, 好みの料理で. ▶ order a dinner *à la carte* 夕食をお好みで注文する.

---

allow [əláu] 動 許す (=permit, let), 許可する, 承認する. ☆ **allow**「消極的な許可」, **permit**「積極的な許可」, **let**「阻止せず相手の意志どおりさせる許可」.
[観光] You're not *allowed* to take pictures inside the cathedral, especially not with a flash. 大聖堂内部では写真撮影が禁止されています, 特にフラッシュは使用できません.

---

all-you-can-eat 形 食べ放題の, バイキング形式の. ▶ *all-you-can-eat* breakfast 朝食食べ放題 / *all-you-can-eat* buffet 食べ放題ビュッフェ, バイキング / *all-you-can-eat* restaurant 食べ放題のレストラン / *all-you-can-eat* salad bar 食べ放題のサラダ. ☆ one serving only（1回のみ）/ *all-you-can-eat* sushi for $ 20 20ドルで寿司食べ放題.

---

ambassador [æmbǽsədər] 名 (駐在の)大使. ☆ embassy（大使館）; consul（領事）; minister（公使）, legation（公使館）. ▶ the *ambassador* in〈at〉Washington ワシントン駐在大使 / *ambassador* of friendship 親善大使 / *ambassador* of goodwill 親善使節 (=goodwill *ambassador*) / acting *ambassador* 代理大使 / cultural *ambassador* 文化大使.

---

ambulance [ǽmbjuləns] 名 救急; 救急車. ☆急病の場合日本では消防署が対応するが, 米国ではまずは911に電話をする. 通院している病院があれば病院に電話する. その上で救急車専門の民間会社が対応する.

---

amenities 名 アメニティーズ (=amenity goods; amenity kits), 快適な設備〈施設〉.
① 《ホテル》《1》広義では宿泊施設の空間的快適さのことで, 快適性を高めるためのホテル館内・室内の様々な施設や設備などの総称.《2》狭義ではホテルのバスルームに備わった小物類 (bathroom amenity: 石鹸, シャンプー, シャワーキャップ, 歯

ブラシなど）の備品を指す. ▶ hotel with all the *amenities* 備品がすべて整っているホテル.

②《機内》航空機内にある設備. 新聞や雑誌, おしぼりやヘッドホーン等の機内グッズを指すことがある. ☆機内パンフレットには次のような「アメニティー」の項目が見られる. lavatory（化粧室）, in-flight beverage service（機内飲み物サービス）, overhead storage bins（頭上の収納荷物棚）, reclining seats（リクライニング座席）, individual air vents and reading lights（個人用の空気孔と読書灯）, seat-back drop down tray tables（座席背後にある下げおろしのトレイ・テーブル）, large cargo capacity（ゆとりある荷物収容）など.

American bar アメリカ式バー. ☆アルコール飲料を飲むことに主眼がおかれているバーの総称. 食べ物は最小限のおつまみ類程度が提供される. ⇨ English bar

American breakfast アメリカ式朝食. ⇨ breakfast の種類

amount 图 総計, 総額. ☆主に「全額」について用いる.

　タクシー Taxis have meters which show the *amount* you have to pay. タクシーには支払い額を示すメーターがあります. ☆海外でタクシーを利用する場合, 後悔しないため時と場合によっては Is there any meter in this taxi?（このタクシーにはメーターがありますか）と尋ねる必要がある.

　◇ **total amount** 全額.
　　売店 How will you pay the *total amount*? → (I'll pay it) By credit card. 総額の支払方法はいかがなさいますか. →クレジットカードで（支払います）.

— 動 総計が～に達する (=add up to)；～に等しい.
　ホテル His bill *amounted* to more than 150 dollars. 彼の請求書は総額150ドル以上になった.

amusement 图 娯楽. ▶ *amusement* center 盛り場 / *amusement* district 〈quarter〉 娯楽街 / *amusement* facilities 娯楽施設 / *amusement* park 遊園地 (=pleasure ground).

animal 图 ①（人間を含む）動物.

② （人間を除く）動物. ⇨ plant（植物）. ▶ domestic *animals* 家畜, ペット / wild *animals* 野生動物.

　掲示 Don't Feed the *Animals*. 「動物にえさをやらないでください」
　◇ **animal and plant inspection** 動植物の検疫. ☆空港での検査.

◇ **animal park** 自然動物園.
◇ **animal quarantine** 動物検疫.

---

annex 名 [ǽneks]（アクセントに注意）（ホテル・博物館などの）別館, 付属建築物, 建て増し部分. ☆本館近くに後から増築した建物, また本館とは別の機能（例 宴会場, レストランなど）を持った建物を指す. ▶ *annex* to the Prado プラド美術館の別館 / hotel *annex* ホテルの別館 / new *annex* (of the hotel)（ホテルの）新館 / the room assigned to the *annex* 別館に割り当てられた部屋.

---

aperitif (複 〜s) 名《仏》アペリチフ〈アペリティフ〉, 食前酒 (=pre-dinner aperitif). ⇔ digestif（食後酒）. ☆元来, 食欲を増進させるために用いられた薬草入りの酒のこと. 現在では食欲増進のために食前に飲む少量の酒 (=before-dinner drink) を言う. ベルモット (Vermouth), シェリー (Sherry), カンパリ (Campari) など.
◇ **aperitif bar** アペリチフ・バー. ☆レストラン利用者に対して食前に飲むカクテル類を出すバーコーナー (drink an *aperitif* in the bar). レストラン内に dining room の一角として設置されている場合が多い. **waiting bar** とも言う.

---

appetite 名 食欲. ▶ increase〈lose〉one's *appetite* 食欲を増す〈失う〉/ satisfy〈sharpen〉one's *appetite* 食欲を満たす〈そそる〉/ spoil〈take away〉one's *appetite* 食欲を減じる.
レストラン I hope you have a good *appetite*. どうぞ召し上がってください.

---

appetizer 名 アペタイザー, おつまみ. ☆前菜 (hors d'oeuvre：オードブル)・食前酒 (aperitif：アペリチフ) など食事の前に出され, 食欲をそそる軽い飲食物. ▶ assorted *appetizers* 前菜盛り合わせ / pre-dinner *appetizer* 食前酒 / refreshing *appetizer* さっぱりとして食欲を増す前菜 / spicy *appetizer* 食欲を刺激するような前菜.

---

applicable 形 適用される (= suitable). ⇔ inapplicable（適用されない）
ホテル This hotel rate will be *applicable* in summer. 夏季期間中はこのホテル料金が適用される.

---

applicant 名 申込者, 申請者. ▶ *applicant* for a visa ビザの申請者 (=a visa *applicant*).

---

application 名 ① 申し込み, 申請. ▶ *application* for issuance of a passport〈visa〉

旅券〈査証〉発給申請 / *application* money 申込金 / *application* card 申し込みカード / (make an) *application* for a passport 旅券交付の申請（をする）.
　◇ **application form** 申し込み書, 申請書 (=《米》*application* blank).
　　【領事館】 Please fill out this *application form* if you like to apply for a tourist visa. 観光ビザを申請したい場合、この申請書にご記入ください.
② 適用, 適合. ▶ the *application* of the fares to children 子供用運賃の適用.

apply 動 ① 申し込む (for), 申請する (=make an application for). ▶ *apply* for a passport 旅券を申請する.
　【旅行代理店】 You can *apply* for a tourist visa by yourself at the consul. 観光ビザは自分で領事館に行って査証の交付を申請します.
② 適用される (to)；適合する.
　【運賃】 These fares do not *apply* to children or senior citizens. この運賃は子供や老人には適用されない.

appoint 動 ①（日時・場所を）決める，（約束して）指定する (=fix). ▶ *appoint* the time and place of one's meeting 会う時間と場所を決める.
② 指名する. ▶ *appoint* Ms. Aoki (to be) guide-interpreter 青木氏を通訳ガイドに指名する.

appointment 名（人と会う）予約, 約束. ☆日時を決めての会合・訪問・美容院・病院など「人」に関して予約すること. 飛行機・列車・バスなど乗物の座席, またホテルの宿泊, レストランの食事など「物」に関する予約は **reservation, booking** を用いる. ▶ make an *appointment*（with ~）(~と) 会う約束をする / have an *appointment*（with ~）(~と) 会う約束がある / make an *appointment* to see the doctor 医者に診察の予約をする / keep〈break; cancel〉 an a*ppointment* 約束を守る〈破る；取り消す〉 / arrange an *appointment* 約束を取り決める.

arrange 動 手配する, 取り決める. ▶ *arrange* a tour〈trip〉旅行の手配をする / *arrange* the〈one's〉itinerary 旅程を作成する / *arrange* the tour dates ツアーの日程を決める / *arrange* a city sightseeing tour in London ロンドンの市内観光ツアーを手配する / *arrange* the transportation from the airport 空港からの移動手段を手配する / *arrange* transportation to and from (Paris)（パリ）との往復の手段を手配する / *arrange* to meet him at the check-in counter 搭乗手続きカウンターで彼と会えるように手配する.

arrangement 名 手配, 配列, 取り決め. ▶ hotel *arrangement* ホテルの手配 / seating *arrangement* 座席の配置 / (make) travel *arrangements* 旅行手配(をする). ☆旅行日程に従ってあらかじめ必要な交通機関や宿泊の予約を行ったり, 送迎や観光バスの手配をすること.

◇ **make an arrangement for ～** ～のために手配する (=arrange for).
観光 I'd like you to *make* all the *arrangements for* our air travel. 航空旅行の手続きをすべてお願いしたいのです. (=I want you to arrange for our air travel.)

◇ **make an arrangement to (do)** (するよう)に手配する (=arrange to).
ホテル I'll *make the arrangements to* change to an ocean-view room right away as you request. ご依頼どおり海の見える部屋にすぐ変更の手配をします.

---

arrival 〈略 ARV〉名 ① 到着, 入港；到着口. ⇔ departure (出発). ☆空港到着時は, Arrival(s) の表示に向かって進み, Immigration または Passport Control と表示された所で, Non-Resident (非居住者) あるいは Foreign Passport (外国人パスポート) などと書かれたカウンターに並ぶ.「旅券」(Passport) と「入国カード」(E/D card) を提示する.「復路航空券」(return ticket) の提示が求められる場合もある. ▶ Estimated Time of *Arrival* 〈ETA〉 (of train〈flight〉) (列車〈飛行機〉の) 到着予定時刻 / international *arrival* 国際線の到着 / late *arrival* 到着遅延 / on-time *arrival* 定刻到着 / scheduled time of *arrival* 到着予定時刻.
空港 I've been looking forward to your *arrival*. お着きになるのを首を長くしてお待ちしておりました.

◇ **arrival and departure** 発着. ☆日米語の語順の違いに注意. ▶ *Arrivals and Departures* of trains〈flights〉 列車〈飛行機〉の発着 / *arrival and departure* record 出入国カード / local *arrival and departure* time 現地発着時刻.

② 新着品；着荷. ☆海外の洋服店また免税店などで **New Arrival**「新着品」の張り紙をよく見かける. ▶ *arrival* notice 着荷〈入荷〉通知 / payment on *arrival* 着払い.

― 形 到着の. ▶ *arrival* aircraft 到着航空機 / *arrival* airport 到着空港 / *arrival* date 到着日 / *arrival* delay 到着遅延 / *arrival* gate 到着ゲート / *arrival* platform 《米》track〉到着ホーム / *arrival* procedures 入国時の諸手続き (=entry〈landing〉procedures: 検疫・入国審査・税関検査などの手続き) / *arrival* ship 着船 / *arrival* slip (ホテルで)宿泊客の到着に伴って作成される帳票(客室番号, 到着日, 出発予定日, 宿泊料金などが記入される) / *arrival* station 到着駅.

◇ **arrival area** 到着エリア, 到着区域 (=arrival zone).
空港 The *arrival area* is on the second floor. 到着エリアは2階〈《英》3階〉です.

◇ **arrival card** 入国カード, 到着カード. ☆ entry card; landing card; disembarkation card などとも言う.
　空港 Is this the right way to fill out the *arrival card*? 入国カードの記入はこれでよろしいのでしょうか.
◇ **arrival(s) level** 到着の階.
　空港 The coffee shop in this airport is next to the elevators on *arrival level*. この空港のコーヒーショップは到着階にあるエレベーターの隣です.
◇ **arrival list** 到着リスト, 到着予定者名簿；到着乗客名簿；到着船客名簿. ☆ (passenger) manifest とも言う.
　空港 I checked his name on the passenger manifest. But he is not listed on the *arrival list*. 搭乗者名簿で彼の名前を調べましたが到着予定者名簿には載っていません.
◇ **arrival lounge** 到着ラウンジ, 到着ロビー (=arrival lobby).
　空港 I would suggest you ask at the information counter in the *arrival lounge*. 到着ラウンジの案内所でお尋ねになってはいかがでしょうか.
◇ **arrival passenger** 到着客 (=arriving passenger).
　空港放送 *Arrival passengers* including those connecting to other airlines out of Chicago are kindly requested to go through Immigration and Customs. シカゴから他の航空会社に乗り継ぐ方も含め, 到着のお客様は入国審査と税関を通過してください.
◇ **arrival time** 到着時間, 到着予定時刻 (=time of arrival). ☆スケジュールで決められた到着する時間のこと. arriving time は「実際に到着した時間」. ▶ expected *arrival* time (of a train)（列車の）到着予定時刻.
　機内 Our *arrival time* will be seven twenty in the morning local time. 当機の到着予定時刻は現地時間朝7時20分です.

---

arrive 動 到着する (=reach; get to). ⇔ leave, start, depart. ☆前置詞との組み合わせに注意. arrive at は「狭い場所」(arrive at Newton) また「空港」(arrive at Honolulu), arrive in は「広い場所」(arrive in New York) また「都市」(arrive in London) に対して用いる. arrive on ⟨upon⟩ (the island) は「島（に着く）」. arrive over (Paris)「（パリ）上空に達する」などに用いる. ちなみに, arrive の同意語には reach, get to などがあるが「ある場所に努力して着く」場合, arrive は用いない.
　例 Man reached ⟨got to⟩ the moon. 人類が月に到着した. ▶ *arrive* about two hours late　約2時間遅れで到着する / *arrive* ahead of time　定刻より早く着く / *arrive* back from a trip　旅行から帰る / *arrive* exactly on time　きっかり定刻に到着する / *arrive* in Japan　来日する.

機内 What time will we be *arriving* at the airport? 空港には何時に到着しますか.（=What time will this plane get to the airport?）

機内 We are ⟨This flight is⟩ supposed to *arrive* in Chicago at 11:00 a.m. on schedule. 当機は予定どおり午前11時にシカゴに到着するはずです.

arriving 形 到着する. ▶ *arriving* and departing passenger 乗降客 / *arriving* airplane 到着機 / *arriving* time 到着時間（=actual time of arrival ☆実際に到着した時間のこと. ⇨ arrival time）/ *arriving* passenger 到着客 / *arriving* train 到着列車 / newly *arriving* e-mail 新着メール.

assist 動 助ける, 手伝う（=help）.
　機内 This is a call button. You can use it to call us anytime. We will be happy to *assist* you. これは呼び出しボタンです. 必要な時はいつでも呼び出してください. そうすれば喜んでお手伝いいたします.

assistance 名 援助, 手伝い.
　ホテル Thank you for your kind *assistance*. ご親切な援助に感謝します.

assistant 形 アシスタントの, 補佐の. ☆名詞の前にのみ用いる. ▶ *assistant* barman アシスタント・バーマン（バーテンダーを補佐する人. 主としてバーの清掃, グラスの洗浄などを行う）/ *assistant* manager 副支配人（通常ホテルロビー内の専用デスクに常駐して, 宿泊客の問題を解決する. またはレストランでマネージャーを補佐する）/ *assistant* general manager 副総支配人 / *assistant* purser アシスタント・パーサー.
― 名 アシスタント, 助手；店員（=salesclerk;《英》shop assistant）.

attention 名 ① 注意. ⇔ inattention（不注意）. ▶ listen with *attention* 注意して聞く.
　放送 Thank you for your kind *attention*. ご清聴ありがとうございました. ☆スピーチ・放送などの最後に言う.
　放送 May I have your *attention*, please?「お知らせいたします」,「みなさまに申し上げます」. ☆空港・駅・レストラン・デパートなどの場内放送で用いる, アナウンスの始めの言葉である. 単に **Attention, please.** とも言う.
　◇ **pay attention to ～** ～に注意を払う.
　　観光 The tourists *pay* careful *attention to* the tour guide. 観光客はツアーガイドの説明を注意して聞いている.

② 心遣い, 配慮, 思いやり. ▶ personal *attention* パーソナルな心遣い. ☆ホテルなどでは, スタッフは宿泊者の名前を覚えたり, また要請に快く応答するなどを重視する.
【ホテル】 You must give more *attention* to your hotel guests. ホテル宿泊者にはもっと気を配る必要があります.

attract 動 (人の注意を) 引きつける, 魅了する. ⇔ distract (注意をそらす). ▶ *attract* a large audience 大観衆を魅了する / *attract* customers 顧客を引き付ける / *attract* gourmets from far and wide 津々浦々から食通を引き寄せる.
【鑑賞】 The exhibition *attracted* a lot of attention. 展示会は多くの人の注目を浴びた.
【観光】 This safari park *attracts* a great number of tourists. このサファリパークは多くの観光客を引き付けています.

attraction 名 ① (人を) 引きつけるもの, 呼び物. ▶ *attractions* to foreign tourists 外国の観光客が感じる魅力 / major *attraction* at a festival 祭りの主な呼び物 / the main *attraction* of the town 街の主要な見どころ.
【観光】 Hawaii is full of *attractions* all the year round. ハワイには年間を通じて魅力的な見所が多数ある.
② 観光名所, 観光地. ▶ the oldest tourist *attraction* in the world 世界最古の観光名所〈観光の呼び物; 観光客を引きつけるもの〉/ brochure on tourist *attractions* 観光名所が載っているパンフレット / heritage *attraction* 歴史的観光名所 / sightseeing *attraction* 景勝地, 観光名所 (建物なども含む).
【観光】 I hope I can visit these beautiful *attractions* in the States in the near future. 近い将来アメリカの美しい観光名所を訪れたい.

audience 名 聴衆, 観衆, 観客. ☆何を見て〈聴いて〉いるかによって異なる用語がある. **spectators** (スポーツなどの観戦者), **listeners** (ラジオの聴取者), **viewers** (テレビの視聴者). ☆ audience は, 集合体 (ひとまとまりの人々) を表す場合は「単数扱い」, 構成員 (個々の人々) の場合は「複数扱い」となる.
【劇場】 There was a large〈small〉 *audience* at the concert. コンサートには多数〈少数〉の聴衆がいた. (集合体)
【劇場】 The *audience* in the theater were mostly foreigners. 劇場の観衆はほとんど外国人でした. (構成要員) ☆米国では was を用いることもある.

autograph [ɔ́:təgræ̀f] 名 自署 (自筆の署名), サイン. ⇨ sign. ☆作家や芸能人がするサインのこと. 手紙・書類・契約書などのサインは **signature** と言う. ▶ *autograph* album サイン帳 / *autograph* signatures 自筆署名.

【劇場】 May I have your *autograph*, please? サインをいただけますか.

---

availability 名 利用できること；入手〈利用, 使用〉可能. ▶ *availability* date 使用可能日 / *availability* period 利用可能期間 / room *availability* 部屋利用, 利用できる部屋, 空室状況 / seat *availability* 座席利用, 利用できる席数.

---

available 形 ①《ホテル》客室利用ができる. ▶ *available* room 販売可能な客室.
② 《乗物》利用できる. ▶ transportation *available* to the airport 空港まで利用できる乗物.
③ 《座席》利用できる. ▶ seat *available* in the business class ビジネスクラスの空席.
④ 《切符・カード》通用する, 有効な (=valid). ▶ ticket *available* for the performance tonight 今晩の公演の切符 / ticket *available* for two days 2日間有効な切符.
⑤ 《サービスなど》利用可能な, 利用できる. ▶ The room service *available* after midnight 深夜まで利用できるルームサービス.
⑥ 《情報など》手に入る；使える. ▶ travel information *available* at the information center 案内所にて入手できる旅行情報.

---

avenue 名 ①《米》大街道, 大通り. ▶ Fifth *Avenue* in New York ニューヨークの5番街. ☆ニューヨーク市の場合, Avenue は南北, Street は東西を走る道路に用いる. AVE., Ave., ave. と略す.
　【観光】 Park *Avenue* is New York's most famous shopping street. The *avenue* is lined with boutiques. パークアベニューはニューヨークで最も有名なショッピング街である. 大通りにはブティックが多数並んでいる.
② 並木道. ▶ *avenue* of poplars ポプラの並木道 (=*avenue* lined with poplar trees).

到着フロアの案内表示

B

backpack 名 バックパック. ☆歩行・登山旅行などに用いるリュックサック〈かばん〉.
▶ *backpack* trip バックパック旅行. ☆ backpacker バックパッカー. 旅行道具一式を詰め込んだリュックサックを背負って旅行する人.
— 動 バックパックを背負ってハイキングする. ☆米国では「山歩き」(trekking)の意味でも使用する.

baggage 〈略 BAG〉名 手荷物, (旅行用)荷物 (=luggage).
☆米国では baggage, 英国では luggage と区別する傾向があるが, 英国でも飛行機や船舶で「手荷物」は baggage を用いている. また米国でも航空会社関係者が luggage を用いることもあり, 空港の掲示物にもよく見かける. baggage の個数を問うときは, How many pieces of baggage do you have? (荷物はいくつですか), または How much baggage do you have? と表現する. How many baggages〈luggages〉do you have? とは言わない. また I have three pieces of baggage〈luggage〉with me. (手荷物3個持っています) であって, three baggages〈luggages〉とは言わない. 「少しの荷物」は a little baggage (a few baggages ではない), 「たくさんの荷物」は much〈a lot of〉baggage (many baggages ではない) と言う.
▶ check one's *baggage* at the station 駅に手荷物を預ける / put this *baggage* in the trunk この荷物を(車の)トランクに入れる / put this *baggage* on the seat この荷物は座席に置く / take〈get〉one's *baggage* down from the overhead bin 手荷物を頭上の荷棚から降ろす / wait for one's *baggage* to come out 荷物が出てくるのを待つ.

balcony [bǽlkəni] (アクセントに注意) 名 ① バルコニー. ☆建物の階上から外に張り出した露台. 屋根がない. ⇔ veranda (屋根がある). ▶ *balcony* with a wonderful view 素晴らしい景色が臨めるバルコニー.
② バルコニー. ☆ (劇場の) 1階以外 (通常は2階にある) の階上席 (=*balcony* seat). ひな壇式さじき席. 英国では **upper circle** (特等席の1段上にある張り出し席), 米国では **dress circle** (特等席) を言う.
劇場 There are some orchestra seats and *balcony* seats left, both in the back row. オーケストラ席とバルコニー席がどちらも後ろの列ですが少し残っています.

bar 名 (カウンター式)バー, 酒場 (=《米》saloon); パブ (=《英》pub house); (カウンター前に腰を掛けて食べる)簡易軽食堂, 軽飲食店; (飲食店の)カウンター (=bar counter).

☆大別して，**American** *bar*（主として「飲酒」を目的とし，食べ物はおつまみ程度を提供するバー）と **English** *bar*（「酒類」と「食事」の両方とも提供するバー）がある．⇨ American bar / English bar. ☆英米のバーには男性客を相手にするホステスはほとんどいない．また1杯ごとに代金を払う．ホテルなどのバーのことを **aperitif** *bar*；**cocktail lounge**；**bar room** などとも呼ぶ．
 ▶ *bar* boy バーテンダーの補助業務の担当者(=assistant barman; bar porter) / *bar* keeper 酒場の主人 / *bar* maid バーのホステス；女性のバーテン / *bar*man 《英》バーテンダー(=《米》bartender) / *bar* waiter バーでの飲料接客係員．

bath 名 ① 入浴．▶ take a *bath* 入浴する (=《英》have a *bath*) / get into〈out of〉the *bath* 風呂に入る〈から出る〉．
 ② 浴槽，湯ぶね (=bathtub)；浴室 (=bathroom)；風呂．▶ private *bath* 専用浴室 / single room with〈without〉a (private) *bath*（専用）浴室つき〈なし〉のシングルルーム / open-air *bath* 露天風呂 / steam *bath* 蒸し風呂 (=vapor bath)．
 ③（通常は複数形で）浴場，風呂屋 (bath house)．▶ public *baths* 公衆浴場．
― 動（小児・病人を）入浴させる (=《米》bathe)；入浴する (=《米》bathe)．

bathroom 名 ① 浴室；洗面所．☆単に **bath** とも言う．欧米では入浴するたびごとに湯を入れ替える．また身体は浴槽で洗い，使い終われば湯を捨てる．シャワーで済ますことが多い．
 ② トイレ，便所．☆個人宅の「お手洗い」(toilet) は浴室にあることが多いので婉曲的に **bathroom** と呼んでいる．レストランやデパートなどの「公共トイレ」は **rest room** と言う．
 カフェ Where is the *bathroom*? お手洗いはどこですか．☆ Where can I wash my hands? とも言う．
 ホテル He is in the *bathroom*. 彼はトイレに入っている．☆ He is taking a bath.「彼は風呂に入っている」

bathtub 名 浴槽，湯ぶね．☆通常の略式語として米国では **tub**，英国では **bath** とも言う．
 ホテル The *bathtub* won't drain quickly. 浴槽の水がなかなかはけない．

Bed and Breakfast 朝食込み宿泊，民宿，簡易ホテル；朝食付きの宿泊料金制 (=continental plan)．☆ **B&B/ b&b** と略す．主として英国に多く，安い料金で宿泊 (bed) でき，朝食 (breakfast) も出される．英国の観光地に行くと，よく「B & B」の看板を見かける．古風な家具や調度品などがあるところが多い．

bellboy 名 ベルボーイ. ⇔ bell girl. ☆ホテル・クラブなどの玄関で荷物運びや案内といった客の世話をするボーイ (=《米》bell man). 男女の区別なく用いる場合は **bell person** と言う. 英国では **page** とも言う.
　[ホテル] Please send a *bellboy* up to my room. ベルボーイを私の部屋まで来させてください. ☆宿泊するホテルの部屋でベルボーイまたはルームメイドの援助を必要とする時に用いる基本表現である. I need the *bellboy* because I have a lot of baggage. Please tell him to come up to my room. などとも言う.

bell captain ベルキャプテン. ☆ホテルのベルボーイの長または管理〈総括〉責任者.

bell desk ベルデスク. ☆ bellboy や bell captain が待機している場所. 手荷物の運搬・保管を担当する.

bellhop 名 (ホテル・クラブなどの) ボーイ (=bellboy;《英》page). ☆ホテルのフロントでベルを鳴らしてボーイを呼ぶと, ベル (**bell**) の音を聞いてフロントに飛んでくる (**hop**) ことからこのように呼ばれる. ⇨ bellboy

bellman 名 ベルボーイ (複 bellmen). ☆ bellhop, または bellboy や bell girl, 特に男女共通の呼称として **bell person** また **bell staff** とも言う. 宿泊客のチェックインまたチェックアウト時に案内・誘導するホテル従業員のこと.

bell person ベルパーソン. ☆ホテルの玄関などで宿泊客の荷物の世話などをする人. 米国では bellhop や bell boy, または bell girl, 英国では page とも言う. bell person は男女共通の呼称として用いられる.

beverage 名 飲み物, 飲料 (=drink). ☆コーヒー, 紅茶, 牛乳, ジュースまたアルコール飲料 (ビール, ワイン) などの飲み物に用いる. 通常水や薬品は含まない. 米国での三大飲料は「コーヒー (**coffee**), コーラ (**cola**), ビール (**beer**)」だと言われる. ▶ food and beverage〈F&B〉飲食物 (日英語の語順の違いに注意).
　[機内] What *beverages* would you care for? → What kind of *beverage* do you have? お飲み物は何になさいますか. (=Would you like something to drink?) → どのような飲み物がありますか.

black 形 ① 黒い. ☆「黒い目」は brown eyes. ただし a black eye は「殴られて目の周りに黒いあざができた目」の意.
　② (コーヒーが) ブラックの. ☆ black coffee は砂糖またミルク〈クリーム〉を入れな

いコーヒー.「ストレート・コーヒー」は和製英語. **white coffee** はミルク〈クリーム〉を入れたコーヒー.

　レストラン How would you like your coffee? → I'll have it just *black*.　コーヒーはどのようにしますか.→ブラックでください. ☆ I prefer〈like〉my coffee *black*. 単に *Black*, please. とも言う.

◇ **black-and-white film**〈**TV**〉白黒フィルム，モノクロ（和製語）. ☆日英語の語順の違いに注意.

◇ **black tea** 紅茶. ☆茶の葉を発酵させてから火入れをするので色が黒い. green tea（緑茶）と区別しない場合は単に **tea** と言う. red tea とは言わない. ▶ *black tea with milk and sugar* ミルクと砂糖入りの紅茶.

— 名 黒，黒色，黒い服.

blanket 名 毛布. ▶ electric *blanket* 電気毛布.

　機内 Excuse me, miss. It's very cold. Can I have a *blanket*, please? すみません. とても寒いので毛布を1枚お願いできますか.

board 名 ① （特定用途の）板，（掲示用・案内用の）板. ▶ bulletin *board* 掲示板 (=《英》notice *board*)/ hotel information *board* ホテル案内掲示板 / message *board* 伝言板.

② 機内；船内；車内.

◇ **on board** （飛行機・船・列車・バスなど）に乗って (=aboard)；機内で.

　機内 Lunch is not included on〈in〉this flight. But snack and drinks will be served *on board*. この便にランチは含まれていませんがスナックと飲み物は機内で出されます.

◇ **go on board** （乗物に）乗り込む；（飛行機に）搭乗する；（船に）乗船する；（列車・バスなどに）乗車する.

　車内・船内 All the passengers *went on board* the plane〈train/bus/ship〉in a hurry. 乗客全員は急いで搭乗〈乗車/乗船〉した.（動作）☆ All the passengers are on board the plane〈train/bus/ship〉. 乗客全員は搭乗〈乗車/乗船〉している.（状態）

③ 食事. ▶ full *board* 3食付きの宿泊（料金）(=full pension)/ half *board* 1泊2食〈朝食と夕食または昼食〉付きの宿泊（料金）.

boat 名 ① ボート. ☆米国では大小の区別なく「船」のことを **boat** と呼ぶ傾向がある. 通常，船には大きい順に **vessel**（大），**ship**（中），**boat**（小）がある. ▶ cross〈go down〉the river by *boat*〈in a *boat*〉小船で川を渡る〈下る〉.

② (一般に) 船, 汽船. ▶ passenger *boat* 客船 / pleasure *boat* 遊覧船 / sightseeing *boat* 遊覧船 / take〈board〉a *boat* for Boston ボストン行きの船に乗る.
— 動 (船遊びで) ボートに乗る. ▶ go *boating* on the lake 湖にボートをこぎに行く.

Bon voyage.《仏》どうかよい旅を！；いってらっしゃい. ☆「道中ご無事で」. 特に船で旅立つ人への別れの挨拶. ⇨ flight

book 名 ① 書籍, 本. ▶ a *book* in English 英語の本 (=an English book) / a book by Shakespeare シェイクスピアが書いた本. ☆出版物の「1冊」は **copy** を用いる. (buy) two *copies* of this book「この本を2冊（買う）」. 外見上の区分を表わす「分冊」は **volume** を用いる. (buy) the first *volume* of this book「この本の第1巻（を買う）」.
　◇ **book café** 書店喫茶. ☆書籍店内にある喫茶店.
　◇ **book jacket** 本のカバー〈表紙〉. ☆日本語でいう「本のカバー」(和製英語) は英語では book jacket, 単に **jacket** とも言う.
② (切符・切手などの) セット, とじ込み帳. ▶ a *book* of ticket 回数券1枚〈1綴じ〉.
— 動 ①《乗物》(座席・切符などを) 予約する (=《米》reserve; make a reservation). ▶ *book* a seat on the flight〈train〉for Boston ボストン行きの航空機〈列車〉の座席を予約する / *book* a ticket for Boston ボストン行きの切符を予約する / *book* through to London ロンドンまでの通し切符を予約する.
②《ホテル》(部屋を) 予約する (=《米》reserve; make a reservation). ▶ *book* a room at the hotel ホテルの部屋を予約する. (=make a booking〈reservation〉for a room at the hotel.)
③《レストラン》(テーブルなどを) 予約する. ▶ *book* a table by the window at six 6時に窓側のテーブルを予約する.
④《観光・劇場・公演》(切符・ツアーなどを) 予約する. ▶ *book* two tickets for the concert on Sunday 日曜日の音楽会の切符を2枚予約する.
　◇ **be fully booked** (乗物・レストランなどが) 予約で満席になっている；(ホテルが) 満室である (=be fully reserved). ☆掲示での「満室」は No Vacancies. を用いる.
　　ホテル I'm afraid all the twin rooms *are fully booked* for tonight. 今夜ツインルームは満室です.

booking 名 予約 (=《米》reservation).
　ホテル Please inform us of the *booking* status by return FAX〈e-mail〉. 折り返しファックス〈Eメール〉で予約状況をお知らせください.

bound 形 (飛行機・船・列車などが)〜行きの, 〜へ行こうとしている (=be going to).
☆主として名詞の後に置いて用いる. また叙述的にも用いる. ⇨ inbound/outbound.
▶ passengers *bound* for Boston ボストン行きの乗客 / train〈bus/plane〉*bound* for Boston ボストン行きの列車〈バス／飛行機〉. ☆ from と相関的に用いる場合は to を使う. plane *bound* from Boston to New York ボストンからニューヨーク行き飛行機.

機内放送 Welcome aboard British Airways flight 123 *bound* for London. ロンドン行きの英国航空 123 便にご搭乗いただきありがとうございます.

空港 All Nippon Airways flight 005 *bound* for Chicago is now ready for boarding. 全日空シカゴ行き 005 便はただいまご搭乗いただけます. ☆ 005 は double ou〈oh〉 five と読む.

空港 Where is this flight *bound* for? → This plane is *bound* for Boston. この便の行き先はどこですか. →この飛行機はボストン行きです.

-bound (乗物が)〜行きの. ☆複合語として用いる. ▶ Boston-*bound* plane〈flight〉 ボストン行きの飛行機〈便〉/ Paris-*bound* train パリ行きの列車. ☆次のような表現もある. a southbound〈an eastbound, a westbound, a northbound〉train 南〈東, 西, 北〉行きの列車

駅構内 The Boston-*bound* train leaves from track〈platform〉 No.3. ボストン行きの電車は 3 番線から出ます.

---

breadth [brédθ] 名 幅, 横幅 (=width). ⇨ broad (広い)
関連語 depth 深さ / height 高さ / length 長さ / width 幅.

観光 What is the *breadth* of this river? → This river is 30 meters in *breadth*. この川幅はどのくらいですか (=How broad is this river?) →川幅は 30 メートルです. (=The *breadth* of this river is 30 meters. / It's 30 meters broad.)

---

breakfast 名 朝食. ☆冠詞 (a, the) をつけない (have〈eat〉 breakfast 朝食をとる). しかし breakfast の前後に形容詞または形容詞句がついて朝食の種類を表す時は不定冠詞 (a) が付く. ▶ have a light〈good〉 *breakfast* 軽い〈十分な〉朝食をとる / (a) *breakfast* voucher 朝食券 / complimentary *breakfast* 無料の朝食 / habitual *breakfast* いつもの朝食 / impromptu *breakfast* 間に合わせに作った朝食.

ホテル What time is *breakfast*? → Between six-thirty and nine o'clock. 朝食は何時にいただけますか. (=When is *breakfast* served? / What time can I have *breakfast*?) → 6 時 30 分から 9 時までです.

◇ **breakfast special** モーニング・サービス (和製英語). ☆午前中喫茶店などで行う

サービスで，コーヒーにトーストや卵をつけた安価な「朝食セット」のこと．アメリカの空港などでは，朝の時間帯 breakfast special の看板をよく見かける．

breakfast の種類

ホテルの朝食 (breakfast) に関しては下記の形態がある．

[1] **American Breakfast** アメリカ式朝食．卵料理・肉料理を含む朝食．☆ジュース（オレンジ・トマト・グレープフルーツなど），パン（トースト・ロール・クロワッサンなど），バター（またはジャムなど），コーヒー（または紅茶）に加え，卵料理や肉料理（ハム，ソーセージ，ベーコンなど）が含まれる．**full breakfast**（たっぷりの朝食）とも言う．

[2] **English Breakfast** イギリス式朝食．卵料理・肉料理・魚料理を含む朝食．☆ジュース（オレンジ・トマト・グレープフルーツなど），卵料理，肉料理（ベーコン，ハム，ソーセージなど），パン，ジャム（またはバター），コーヒー（または紅茶かミルク）に，さらにシリアル（またはオートミール），魚料理（ニシンのくん製・スケトウダラのくん製など）や焼いたトマト，ベイクドビーンズなどが加えられる．**full breakfast**（たっぷりの朝食）とも言う．

[3] **Continental Breakfast** ヨーロッパ式朝食（軽い朝食）．卵・肉・魚などの料理を含まない朝食．☆ジュース（オレンジ・トマトなど），コーヒー（または紅茶），パン（バターまたはジャム付き）程度の簡単な朝食．イタリア，スペイン，フランスなどのラテン系のホテルに多い．

bring（過去 brought，過去分詞 brought）動 （話し手のいる場所へ）（物を）持ってくる；（話し手のいる場所へ）（人を）連れてくる．▶ *bring* the magazine 雑誌を持ってくる / *bring* her here 彼女をここへ連れてくる．☆ **take**（話し手のいる場所から離れた他の場所へ）（物を）持って行く；（話し手のいる場所から離れた他の場所へ）（人を）連れて行く．

レストラン Please take these plates away and *bring* some clean ones. このお皿を持って行って，新しいお皿を持って来てください．

宴会 Please *bring* your friend to the party. 君の友人をパーティーに連れてきなさい．☆欧米ではパーティーに招かれると何か持って行く習慣があるが，持参を断り気楽に「手ぶらでいらっしゃい」は英語で Just bring yourself. と言う．

◇ **bring back**

《1》（物を）戻す，返す．

買物 Can I *bring* this dress *back* if it isn't the right size? このドレスのサイズが合わなければ戻してもよろしいですか．

《2》（人を）連れ帰る．

観光 We'll *bring* you *back* to your hotel at about seven in the evening. 夕方7時頃ホテルまで連れて帰ります．

《3》（物を）持ち帰る.

旅行 I'm planning to go to Boston tomorrow. I'll *bring* you *back* a nice gift. 明日ボストンに行く予定です. 素敵なお土産を持ち帰りますね.

broad 形 ① (幅が) 広い (=wide; expansive). ⇔ narrow (狭い). ▶ *broad* road 〈street〉広い道路.
② 幅がある. ☆長さ・距離を表す数値語の後におく. ⇨ breadth (幅)
交通 How *board* is this road? → It's 20 meters *broad*. この道路の幅はどのくらいですか. (=What is the breadth of this road?) → 20 メートルです. (=The breadth of this road is 20 meters.)

brochure 名《仏》(薄い) パンフレット, 案内書, 小冊子 (=booklet). ☆旅行の募集用に使うチラシ類 (advertising brochure), 旅行案内書 (traveling brochure) またはホテルのパンフレット (hotel brochure). ▶ the latest *brochure* explaining hotel services ホテルサービスを説明した最新の案内書.
旅行代理店 Can I have a *brochure* of the Boston tour? → Sure. Here you are. ボストン観光のパンフレットをください. →いいですよ. はい, どうぞ.

buffet 名 ビュッフェ〈ブッフェ〉, (好きな物を好きなだけ食べる) 立食料理 (=all-you-can-eat buffet), セルフサービス式食事. ☆宴会場などでは **side buffet** (元卓を壁側に設置する形式) と **center buffet** (元卓を中央に設置する形式) がある. smorgasbord (バイキング料理) とも言う. ▶ *buffet* refreshments ビュッフェの軽い飲食物.
◇ **buffet car**《英》食堂車 (=**dining car**). ☆列車などにある立食式の軽食堂.
◇ **buffet(-style) meal** 立食の食物. ☆ buffet lunch〈dinner〉立食式の昼食〈夕食〉.
◇ **buffet restaurant** 立食形式のレストラン. ☆一定料金で食べ放題の食堂のこと.
◇ **buffet service** ビュッフェ式の食事. ☆食卓に着席する場合と立食する場合がある.
◇ **buffet-style** ビュッフェ式. ☆給仕なしでセルフサービスで食べる.
レストラン Which would you prefer the *buffet-style* or à la carte dishes? お食事はビュッフェになさいますか, それともメニューから注文されますか. (=Would you like to have the *buffet* or order à la carte?)
◇ **buffet table** ビュッフェテーブル.
レストラン If you choose the buffet, you can eat as much as you like from all the *buffet tables* over there. ビュッフェを注文すればそこにあるビュッフェテーブルから好きなだけ食べられます.

bus 名 バス. ☆英国では長距離バスは **coach** (=long-distance bus) と言う. 米国でも

coach とも言うが, 長距離路線を多数もつ **Greyhound** 社が有名で, 長距離バスそのものを Greyhound と呼ぶ. ▶ catch a *bus* バスに間に合う / get on a *bus* バスに乗る / get off a *bus* バスから降りる / go by *bus* バスで行く (=take a bus)/ miss a *bus* バスに乗り遅れる.

バス停 Does this *bus* go to Boston? → Every *bus* takes you to Boston. このバスはボストンに行きますか. →どのバスに乗ってもボストンに行けます.

◇ **bus depot** 《米》バス発着所, バスターミナル (=bus terminal, bus station).
　バス案内 Do you know where the closest *bus depot* for Boston is located? ボストン行きの最寄りのバス停はどこかご存じですか. (=How can I get to the *bus depot*?)

◇ **bus fare** バス運賃.
　車内 How much is the *bus fare* for three people? 3人分のバス運賃はいくらですか.

◇ **bus number** バス番号.
　バス停 What *bus number* do I take to go to Fifth Street? 5番通りに行くには何番のバスに乗ればいいのですか. (=Could you tell me the *bus number* for Fifth Street?)

◇ **bus service** バスの便, バス送迎.
　空港 There is a regular *bus service* between the hotel and the airport. 定期バスがホテル・空港間を運行している.

◇ **bus stop** バス停. ▶ bus stop and shelter バス停と待合所.
　バス車内 Could you tell me when I'll arrive at the museum? I don't want to ride past my *bus stop*. いつ博物館に着くか教えていただけますか. 降りるバス停を乗り過ごしたくないのです.

◇ **bus terminal** バスターミナル (=bus depot; bus station).
　バスターミナル From where can I take the bus to the museum? → At the *bus terminal*. 博物館行きのバスにはどこから乗ればいいのですか. →バスターミナルからです.

C

cab 名《米》タクシー (=taxi, taxicab). ⇨ taxi. ☆タクシーの「空車」は，米国では **Vacant**，英国では **For Hire** と表示されている.

関連語 cruising cab 流しタクシー / illegal cab もぐりのタクシー / hired car ハイヤー / minicab 小型タクシー / phone cab（電話で呼ぶ）無線タクシー / Yellow Cab《米》米国最大手のタクシー会社が使う車体が黄色いタクシーの総称.

交通 Let's take a *cab* to the airport. 空港までタクシーで行こう (=Let's go to the airport by *cab*).

ホテル Could you call a *cab* for me? → OK. I'll call a *cab* for you right away. タクシーを呼んでくださいますか．→いいですよ．すぐにタクシーを呼びましょう．☆ Will you get〈call〉me a taxi? とも言う.

◇ **cab rank**《英》タクシー乗り場，タクシーの客待ち待機場所 (=taxi rank;《米》cabstand).

◇ **cabstand**《米》タクシー乗り場 (=taxi stand;《英》cab rank).

◇ **cab driver**《米》タクシー乗務員〈運転手〉. ☆ taxi driver; cabbie; cabby; cabman; hacker などとも言う.

cabin 名 ① 山小屋 (=hut, shed). ▶ log *cabin* 丸太小屋.
② キャビン
《1》(船舶の 1・2 等) 船室，客室，乗務室，貨物室. ☆ main deck の上にある「客室」のことで「アウトサイド・キャビン」(**outside cabin**：外側客室. 船の外側に面し窓がある) と「インサイド・キャビン」(**inside cabin**：内側客室. 船の内側にあり窓がない) がある.《2》(飛行機の) 客室，荷物室；(航空機の) 操縦室.《3》(宇宙船の) 船室，乗務員室.

◇ **cabin attendant**《略》CA《米》(旅客機・船舶の) 客室乗務員. ☆旅客機の場合 flight attendant とも言う.

◇ **cabin baggage** 機内・船内への持ち込み手荷物 (=carry-on baggage).

◇ **cabin crew**《英》(旅客機の) 客室乗務員 (=cabin attendant; flight attendant).

call 名 ① 呼び声，叫び声 (=cry, shout). ▶ hear a *call* for help 助けを呼ぶ声がする.
② (電話で) 呼び出すこと，通話 (=telephone)；(かかってきた) 電話. ▶ give (a person) a *call* (人に) 電話をする / have〈receive〉a *call* from (a person) (人) から電話がかかってくる / make〈place〉a *call* to Tokyo 東京に電話をかける / put a *call*

through to (a person)（人）に電話をつなぐ / <u>take</u> the *call* 電話に出る.
③ (短い)訪問 (=visit)；寄港. ▶ house *call* 家庭訪問 / port of *call* 寄港地.
④ 呼び出し.
　　◇ **call button** 呼び出しボタン. ☆航空機内のものは flight-attendant call button と言う.
　　　（機内） How do you use this *call button*? 呼び出しボタンはどのように使いますか.
― 動 ① (声をあげて)呼ぶ, (大声で)叫ぶ.
　　（機内） Excuse me, sir. Did you *call* me? → Yes, I'd like something to drink. すみません. お呼びでしょうか. →はい. 何か飲み物がほしいのですが.
② (人を)呼び寄せる, (車を)呼び出す.
　　（機内） This is a call button. You can use it to *call* us anytime. これは呼び出しボタンです. 必要なときは私どもをいつでもお呼びください.
③ 電話する (=give a call, telephone)；(人に)電話をかける (=《英》ring).
　　（通話） I'll *call* you later. 後で電話をかけます. (=I'll give you a *call* later.)
　　◇ **call back** （かかってきた電話に対して）後でこちらから電話をかけ直す.
　　◇ **call up** 電話をかける (=《英》ring up, phone up).
④ 呼ぶ, 名付ける (=name).
　　（観光） What do you *call* this flower? → (We *call* it) Lotus flower. この花は何といいますか. (=What is this flower *called*?) →はすの花です.
⑤ (列車・汽船などが)停車する, 寄港する.
　　（駅舎） This train *calls* at Bath Station only. この列車はバース駅のみ停車します.
⑥ 訪問する (=visit), 立ち寄る.
　　（訪問） I'd like to *call* my host family this afternoon. 午後はホストファミリーを訪問したいのです.
　　◇ **call at** （＋場所）立ち寄る.
　　　（訪問） Please *call at* my house on the way to the hotel. ホテルに行く途中私の家に立ち寄ってください.
　　◇ **call on** （＋人物）立ち寄る.
　　　（訪問） Please *call on* me next time you are in Boston. 次回ボストンに来られる時は私の所にお立ち寄りください.

---

canal [kənǽl]（アクセントに注意）名 運河. ▶ the Panama *Canal* パナマ運河 / *canal* boat （運河で使う）細長い平底の船.
　　◇ **canal tour** 運河ツアー, 運河観光.
　　　（観光） What time does the next *canal tour* leave? 次の運河ツアーは何時に出発

しますか.

cancel 〈略 CXL〉 動 (予約・注文・切符などを) 取り消す；(予定・計画などを) 中止する；(切手・小切手などの) 消印を押す. ☆ cancel の綴りに関して英国では cancelled, cancelling. 名詞形は英米問わず cancellation.
《エアライン》(予約を) 取り消す；欠航する.
空港 I want to *cancel* my flight reservation for tonight. 今晩の飛行機の予約を取り消したいのです.
《ホテル》(予約を) 取り消す, 解約する.
ホテル I want to *cancel* the hotel reservation. ホテルの予約を取り消したいのです.
《レストラン》(予約・注文などを) 取り消す.
レストラン I made a reservation for dinner tonight, but I want to *cancel* it. 今晩の夕食を予約してありますがキャンセルしたいのです.
《乗物》(予約切符を) 取り消す.
駅舎 Can I *cancel* this ticket? I'll pay cancellation charge. この切符はキャンセルできますか. 取り消し (手数) 料は払います.
《ツアー》(予約を) 取り消す.
観光 I would like to *cancel* my trip to the United States. 私はアメリカ旅行を中止したいのです.

cancellation 名 取り消し, 中止, 解約. ▶ make a *cancellation* 取り消しをする (=cancel).
◇ **cancellation charge**〈fee〉キャンセル料金, 取り消し手数料.
空港 If you want to cancel your reservation, you'll have to pay *cancellation charge*. 予約を取り消されるなら取り消し料を払う必要があります.
◇ **cancellation policy** 取り消し規約〈条件〉. ☆ツアーを申し込んだ時に渡される「旅行条件書」に記載されている規定〈条件〉のこと.

cancelled 形 ① (乗物・座席などが) 取り消された. ▶ *cancelled* flight 欠航便.
◇ **cancelled seat** 取り消された座席.
空港 There are no more seats available. Will you wait for a *cancelled seat*? 利用可能な座席はございません. キャンセル席が出るのを待ちますか.
② 消印のある. ▶ *cancelled* ticket 無効になった切符.

capital 名 ①首都；州都.
観光 What is the *capital* of France? フランスの首都はどこですか. ☆ Where

is ~? とは言わない.
② (アルファベットの)大文字(=a capital letter);頭文字. ⇔ a small letter(小文字).
▶ write only one's family name in *capitals*〈capital letters〉姓だけを大文字で書く.

---

captain 名 ① (飛行機の) 機長 (=pilot). ☆英国では **pilot-in-command** とも言う. 民間航空機には通常「機長」(captain)と「副操縦士」(co-pilot; first officer), それに「航空機関士」の3名が乗務している. ハイテク機では2人パイロット制になっている場合が多い.
② (舶の) 船長 (=shipmaster).
◇ **captain's table** キャプテン・テーブル. ☆船の食堂で船長がつくテーブルで上席にあり, 主として VIP 乗客が同席する.
◇ **captain's party** 船長主催のパーティー. ☆船旅最大の催物で, 正装で参加する. Welcome Cocktail Party (歓迎パーティー) と Farewell Cocktail Party (送別パーティー) は多くの船旅で開かれる.
③ 《米》(レストランで)客をテーブルに案内する給仕長;(ホテルの)ボーイ長.

---

car 名 ① 自動車, 乗用車 (=《米》automobile;《英》motorcar). ☆ **car** は通常は「乗用車」を指し, バスやトラックは除く. **vehicle** は車全体 (car, bus, truck, taxi など全て) を表す.
◇ **car park** (自動車の)駐車場. ☆米国では **parking lot** と言う. ▶ multistory *car park* 立体駐車場.
◇ **car navigation system**〈equipment〉カーナビ. ☆車内に設置した小型モニター画面に道路情報を表示したり音声で知らせたりして道案内する. レジャー情報やニュースなども入手できる.
② (列車の)車両,（1両の）電車;客車 (=《英》carriage, coach);貨車 (=goods wagon). ☆2両以上連結している「列車」は **train**.
車両 This train is made up of ten *cars*. この列車は10両編成です. (=This is a train made up of ten *cars*.)
車内 All seats in *Cars* 2 and 8 are reserved. 2号車と8号車はすべて指定席です.

---

car(自動車)の関連語

☆自動車に関する語は, 日本語との違いに注意.
accelerator アクセル (=《米》gas pedal)

car air-conditioner	カークーラー, カーエアコン
flat	パンク (=puncture)
hood	ボンネット (=《英》bonnet)
hand brake	サイドブレーキ (=《米》parking brake, 《米》emergency brake)
license plate	ナンバープレート (=《英》number plate)
rearview mirror	バックミラー (=《英》driving mirror)
steering wheel	ハンドル. ☆自転車のハンドルは handlebar.
windshield	フロントガラス (=《英》windscreen)

card 名 ①カード, 券;名刺.

② カード, はがき (=《英》postcard〈post card〉, 《米》postal card). ▶ Christmas〈birthday〉*card* クリスマス〈誕生日祝い〉カード / get-well *card* 見舞状 / greeting *card* 挨拶状 / invitation *card* 招待状 / introduction *card* 紹介状 / New Year's *card* 年賀状 / picture post*card* 絵はがき / summer greeting *card* 暑中見舞状 / wedding *card* 結婚式の案内状.

③ トランプ札 (=playing card). ☆日本語で「トランプ」と言うが英語の trump は「切り札」(trump card) の意.

card の関連語

application card	申し込みカード
boarding card	搭乗券
business card	業務用名刺
customs declaration card	税関申告カード
disembarkation card	入国記録カード (=**entry card**)
E/D〈Embarkation and Disembarkation〉card	出入国記録書
embarkation card	出国記録カード
ID〈identification/identity〉card	身分証明書
prepaid card	料金前払いカード
visiting card	名刺 (=《米》**calling card**)
yellow card	予防接種証明書 (=yellow book, vaccination certificate)

carry 動 (ある場所から他の場所へ)運ぶ;(物を)持って行く;(人を)連れて行く;乗せて行く. ☆ carry「運ぶ」(例 *carry* baggage). convey「一定の経路・手段で運ぶ」(例 *covey* goods by truck). transport「長距離を運送専用手段で運ぶ」(例 *transport* the products from the factory to the station). **transmit**「有形物・無形物を運ぶ」(例) *transmit* a letter by rail / *transmit* a message by the Internet).

【空港】Will you help me *carry* my baggage to the check-in counter? 搭乗手続きカウンターまで私の荷物を運ぶのを手伝ってくださいますか.

◇ **carry into** 持ち込む (=bring into, take into).

【空港】Can I *carry* these goods *into* the plane? これらの物を機内に持ち込めますか.

carsick 形 乗物（自動車・バス・列車など）に酔った (=sick in the car).

【車内】Did you get *carsick*? 自動車（バス）に酔いましたか (=Are you sick in the car?).

carsickness 名 乗物（自動車・バス・列車など）酔い. ☆ **motion sickness**（乗物酔い）の一種. **airsickness**（飛行機酔い）や **seasickness**（船酔い）などがある.

cart 名 ① (2輪の) 荷馬車, 荷車. ☆4輪の荷馬車は wagon.
② (荷物用の) カート, (空港・スーパーなどで荷物を運ぶ) 手押し車 (=handcart;《英》trolley). ▶ shopping *cart* 買い物用の手押し車 / baggage *cart* 荷物運搬車.

【空港】Free *carts* are available in the airport for arriving passengers. 空港では到着客は無料の手押し車が利用できます.

③ (機内で使うサービス用の) 手押し車. ☆ **trolley** が使用されることもある.

cash 名 現金（硬貨・紙幣）,（支払い法としての）即金. ▶ *cash* card キャッシュ・カード. ☆ **bank card, ATM Card** とも言う. /*cash* dispenser（銀行の）現金自動支払機 (=《米》ATM〈automated teller machine〉)/ *cash* payment 現金払い / *cash* register レジ（スター）, 金銭登録器 / settle the difference in *cash* 差額は現金で精算する.

【旅行】When traveling a foreign country, it is not safe to carry a lot of *cash* with you. 外国旅行のとき, 多額の現金を持ち運ぶのは危険です.

【買物】Do you pay in *cash* or by credit card? お支払いは現金ですか, それともクレジットカードですか. ☆ Will that be *cash* or credit card? 単に *Cash* or credit card? とも言う.

◇ **cash before delivery**〈略〉C.B.D.〉代金前払い. ☆配達前に代金を支払う方式. ⇔ cash on delivery

◇ **cash on delivery**〈略〉C.O.D.〉代金着払い (=cash on arrival), 代金引き換え払い (=《米》collect on delivery). ☆配達時に代金を支払う方式. ⇔ cash before

37

delivery
[郵便局] I'd like to send this parcel by *C.O.D.* 小荷物を代金着払いで送りたいのです.

— **動** 換金する (=encash), (小切手などを) 現金に換える (=convert into cash).
[銀行] I'd like to have my traveler's checks *cashed* into US dollars, please. トラベラーズチェックを米ドルに現金化してもらいたいのです. (=Can I have these traveler's checks *cashed* into US dollars?)

---

cashier [kǽʃiər] **名** (ホテル・食堂などの) レジ (係); (銀行の) 現金出納係; (会社の) 会計係.
◇ **cashier's counter** レジ, 会計カウンター.
[レストラン] Please pay your bill at the *cashier's counter*. 会計はレジでお支払いください.
◇ **cashier's desk** レジ, 勘定台 (=cash desk). ☆レストランや売店などの現金出納係の場所.
[カフェ] Should I pay the bill here or at the *cashier's desk*? 勘定の支払はここですか, レジですか.
◇ **cashier service** 出納サービス.
[ホテル] *Cashier service* at the hotel is available for 24 hours a day. ホテルにおける出納サービスは1日24時間体制で行われています.

---

catch (過去 caught, 過去分詞 caught) **動** ① (列車・バス・船などに) 間に合う; (人・物に) 追いつく. ⇔ miss (乗り損なう). ☆「(バスに) 乗る」は get on ⟨board⟩ (a bus) を用いるが, 「バスに乗って行く」は take a bus または go by bus と表現する. ▶ *catch* the next train 次の電車に間に合う / *catch* the first bus for Boston ボストン行きの始発バスに間に合う.
[駅舎] I didn't *catch* the 10:20 express train. 10時20分の急行列車には間に合わなかった. ☆ I missed the 10:20 express train by just a minute. いや, ほんの1分で10時20分発の急行に乗り遅れました.
② (病気に) かかる. ▶ *catch* (a) cold 風邪を引く.
③ (風雨などが) 襲う. ▶ be *caught* in a shower 夕立にあう.
— **名** ①捕獲; (球技の) 捕球. ▶ play *catch* キャッチボール (和製英語) をする.
② 捕獲量. ▶ have a big ⟨good⟩ *catch* of fish 大漁である.

---

cellular phone (小型) 携帯 (移動) 電話, 携帯電話 (=mobile phone, portable phone). ☆英国では **cell phone** とも言う. cellular は元来フランス語で「細胞状の」

の意.

機内 Please refrain from using *cellular phones* while the plane is in the air. 飛行中の携帯電話の使用はお控えください.

機内 Use of *cellular phone* is not permitted at any time when the door of the aircraft is closed. 航空機のドアが閉まると携帯電話は使用できません.

change 名 ① 変更. ▶ *change* of rooming 部屋割の変更 / *change* in the schedule 予定の変更.

② 乗り換え. ▶ the *change* of buses〈trains, planes〉バス〈列車, 飛行機〉の乗り換え.

③ 釣り銭. ▶ give〈《英》make〉*change* 釣り銭を（出して）渡す.

④ 小銭 (=small change). ▶ pay in small *change* 小銭で支払う.

— 動 ① 変わる；変える. ▶ *change* one's mind 考えを変える, 気が変わる.

交通 The (traffic) light *changed* from green to yellow. 信号が青（blue ではない）から黄色に変わった.

② 変更する.

《1》《飛行機》（便・日付などを）変更する. ▶ *change* the ticket to business class 切符をビジネスクラスに変更する.

空港 I made my reservation on flight 007 to Boston. I'd like to *change* the date of departure. ボストン行き 007 便を予約していました. 出発日を変えたいのですが.

《2》《ホテル》（予約・部屋などを）変更する. ▶ *change* the hotel reservation ホテルの予約を変更する.

ホテル I'd like to *change* the days of my stay at your hotel. ホテルの滞在日程を変更したいのです.

③ 交換する (=exchange), 取り替える (=switch). ☆「同種の物」を交換する場合には目的語は「複数形」になる. 交換する 2 つ以上の対象物を互いに入れかえる. 例 *change* rooms 部屋を替える. しかし「別の物」との交換の場合は「単数形」になる. 例 *change* one dress for another この服を別の服と交換する.

《1》《座席》交換する, 取り替える. ▶ *change* seats (with me)「（私と）座席を交換する」(=trade seats with).

機内 Can we *change* seats with each other in the flight? I want to sit with my friend. 機内ではお互いに席を交換していいですか. 友人と同席したいのです.

◇ **change one's seat**「別な座席に変更する」. ☆目的語は「単数」である.

機内 I have an aisle seat, but I wanted to have a window seat. Could you *change my seat*? 通路席にいるのですが, 私は窓側席がほしかったのです. 座席

を交換してくださいますか.

《2》《乗物》乗り換える.

◇ **change planes 〈buses / trains〉** 飛行機〈バス, 列車〉を乗り換える. ☆目的語とする名詞は複数形になる. 「A から B へ」乗り換えるので, そこには2機以上の飛行機または2台以上の乗物がある.

車内 You should *change* trains at the next station. 次の駅で乗り換えてください.

◇ **change from A to B** A から B へ乗り換える.

交通 We *changed from* a train *to* a bus. 列車からバスに乗り換えた.

④《貨幣》両替する, 換金する.

☆次の《1》**change** と《2》**exchange** を区別しよう.

《1》**change**（**into**）（お金を）両替する.

銀行 I'd like to *change* twenty thousand yen *into* US dollars. アメリカドルに換金したい額は2万円です.

《2》**exchange**（**for**）（お金と）両替する.

両替所 Can I *exchange* Japanese yen *for* Korean won here? ここで日本円を韓国ウォンと両替できますか. ☆ Please *change* this Korean won back into Japanese yen.（このウォンを日本円に戻してください）とも言う.

⑤《紙幣》くずす (=break). ☆両替所などで, 紙幣を見せながら change を用いると「(紙幣を) くずす」という意味で用いることになる. ▶ *change* a 1,000-yen note into 100-yen coins 千円札を100円玉にくずす / *change* this dollar bill for ten dimes ドル紙幣を10セント銀貨10枚にくずす.

両替所 Can you *change* me this fifty-dollar bill? この50ドル紙幣をくずしてくださいませんか.（=Can you *change* this bill for me?）

⑥《衣服》着替える. ▶ *change* one's clothes 服を着替える / *change* the sweater for a shirt セーターをシャツに着替える / *change* into a new dress 新しいドレスに着替える.

---

channel 名 ① (ラジオ・テレビの)チャンネル. ▶ *channel* for music〈movie〉音楽〈映画〉用チャンネル /（watch）the baseball game on *Channel* 6 野球はチャンネル6（で見る）.

機内 What *channel* is this program〈a movie with Japanese audio〉on? この番組〈日本語放送の映画〉はどのチャンネルで放送されていますか.

② ルート, 通路, 経路. ☆税関で申告すべき品物を<u>保持していない</u>旅行者は **blue**〈**green**〉**channel**, そして申告すべき品物を<u>保持している</u>旅行者は **red channel** に行く. ☆ blue〈green〉counter, red counter とも言う.

【空港】 You will find two kinds of *channels* at Customs control. 税関審査では２種類の通路がある.
③ 海峡, 水道. ☆ strait よりも幅が大きい. ▶ the English *Channel* 英国海峡.

---

charge 名 ① 料金, 代金, 請求金額. ☆ **charge** (通例複数形)はサービス行為・労働に対して支払われる「料金・価格」, **price** はモノを販売する時の「品物の値段」, **fare** は乗物に対する「料金・金額」, **cost** は実際に支払われる金額の「原価・代価；かかった費用」, **expense** は支払いの「総額」を指す. charge, price は売り手が決める「価格」, cost, expense は支払う側からみた「費用」.
　【ホテル】 What is the *charge* for a single room? シングルルームの料金はいくらですか.
② 有料. ▶ *charge* for drinks 飲み物は有料である.
　【掲示】 No *Charge* for Admission.『入場無料』☆ No admission *charge*. とも言う.
　◇ **free of charge** 無料で (=without charge). ▶ goods delivered *free of charge* 無料で配達された商品 / enter the museum *free of charge* 博物館に無料で入館する.
③ (カードでの)ツケ. ▶ *charge* card〈plate〉(特定の店でだけ使える)クレジットカード.
　【買物】 Is this cash or *charge*? →(I'll pay in) Cash, please. 支払いは現金ですか, それともツケですか (=Will that be cash or *charge*?) →現金でお願いします.
　◇ **charge account** ツケ勘定, 掛け売り勘定 (=《英》credit account).
　　【買物】 She bought a dress on her *charge account*. 彼女はドレスを掛けで買った.
④ 責任, 管理, 委託.
　◇ **in charge of** 係の, 担当の.
　　【観光】 The tour conductor is *in charge of* the Japanese group. その添乗員は日本人団体を担当している.
　◇ **person〈staff〉in charge** 担当者, 責任者 (=attendant).
　　【空港】 My baggage is severely damaged. I'd like to talk with the *person in charge*. 私の荷物がひどく破損しています. 責任者と話したいのです.
⑤ (蓄電池の)充電. ⇔ discharge (放電). ☆ **charger**「充電器」.

― 動 ① (代金・料金を)請求する, 有料である.
　【機内】 Do you *charge* for the liquor? お酒は有料ですか.
② (クレジットカードなどで)ツケにする；(商品を)クレジットで買う.
　【買物】 I'd like to *charge* it to my credit card. → Okay. May I have your card number? それは僕のカードのツケにしてください. →はい, カード番号をお知ら

せください.
③ 充電する. ⇔ discharge (放電する). ☆ **charge** は元来製造工程で最初に「充電する」こと. その後利用者が充電する場合 **recharge** (再充電する) を用いる. しかしあまり区別はしない. ▶ *charge* the battery 電池を充電する.

携行品 This battery must be *charged*. この電池は充電する必要がある.

check in 動 ①《空港》(旅客機の)搭乗手続きをする.

空港 What time should I *check in* for AA flight 123 to Narita? → You must *check in* at least one hour before departure. 成田行きのAA123便は何時までにチェックインしなくてはいけないのですか. → 出発1時間前までにチェックインしてください.

② 《ホテル》宿泊手続きをする. ☆フロントで「宿泊登録カード」(registration card) に必要事項を記入, 「部屋の鍵」(room key / key card) を受け取る. この時「支払法」(how to pay) を聞かれる. ▶ *check in* at the hotel ホテルに宿泊手続きをする.

ホテル I'd like to *check in*, please. Here's my confirmation slip. チェックインをしたいのですが. 予約確認書です.

③ (レンタカーを)返す. ▶ *check in* the rental car レンタカーを返す.
④ (図書館に本を)返却する. ▶ *check in* books at the library 図書館に本を返却する.

check-in ⟨checkin, checking-in⟩ 名

①《空港》(航空機の)搭乗手続き. ☆旅客は「チェックイン・カウンター」(check-in counter) にて「旅券」(passport) や「航空券」(air ticket) を呈示し, 航空会社は「搭乗券」(boarding pass) を交付する. 手荷物を計量してもらい, 「受託手荷物」(checked baggage) がある場合には「手荷物合符」(baggage tag) の「引換用片」(claim tag) を受け取る. この一連の手続きを「搭乗手続き」(check-in ⟨boarding⟩ procedure) と言う. 国際線では出発時間の60分前, 国内線では少なくとも20分前には搭乗手続きをする. 出発前15分を過ぎると「キャンセル待ちの人」(standby passenger) に搭乗の権利が移ることがある.

空港 Where should I go after *check-in*? → Please go to the security inspection and then Immigration. チェックインの後どこへ行けばいいのですか. →保安検査 (security check) を済ませてから出国手続きへ行ってください.

◇ **check-in attendant ⟨clerk⟩** 搭乗手続き(をする)係員. ticket agent とも言う.

空港 A *check-in attendant* looks over the passport and the air ticket, and then checks in the baggage. 搭乗手続き係員は旅券と航空券を調べてから手荷物の手続きを行う.

◇ **check-in counter** チェックイン・カウンター. ☆搭乗手続きのために設けられ

た航空会社の受付カウンター (airline check-in counter). 業務には次のようなものがある. (1) passport (旅券) の有効性と Visa (査証) の有無のチェック, (2) boarding card (搭乗券) の手渡し, (3) baggage check (手荷物引換証) の交付.

空港 Is this the *check-in counter* for American Airlines flight 123 to New York? ニューヨーク行きのアメリカン航空123便の搭乗手続きカウンターはここですか.

◇ **check-in desk** 搭乗手続きデスク.

空港 The *check-in desk* has the name of the airline, and possibly your flight number over it. 搭乗手続きデスクには航空会社名, そしてその上の方に多分お客様の利用便名が掲げられています.

◇ **check-in time** 搭乗手続き時間. ☆空港に行き, 荷物を預け, そして搭乗手続きをすべき時間. 通常, 国際線では60分前, 国内線では20分前という設定をする航空会社が多い. 近年では自宅でオンラインチェックイン (online check-in) してから出かける傾向がある.

空港 What's the *check-in time* for AA flight 123 at the airport? 空港でのAA123便の搭乗手続き時間はいつですか. (=What time should I check in at the airport?)

◇ **check-in procedure** 搭乗手続き (=boarding procedures).

空港 A tour conductor gave an information of the latest itinerary to his group before the *check-in procedure*. 搭乗手続きの前に添乗員は団体に最新旅程を知らせた.

② 《ホテル》宿泊手続き. ☆フロントで必要な「宿泊の登録手続き」を行うこと. ホテルのロビーには, 通常は「フロント」(Front Desk / Registration / Reception), 「会計」(Cashier), 「両替」(Money Exchange), 「案内」(Information), 「ベルキャプテン」(Bell Captain Desk) または「コンシェルジェ」(Concierge Desk) などが設けられている.

ホテル What time is your *check-in*? チェックインは何時ですか.

◇ **check-in procedure** 宿泊手続き (=check-in process).

ホテル A guest must go directly to the front desk and follow the *check-in procedure*. 宿泊客はまずフロントへ行って, 宿泊の手続きをする.

◇ **check-in time** 宿泊手続き時間. ☆ホテルで手続きして部屋に入れる時間. ⇔ check-out time

ホテル What's the *check-in time*? チェックイン時間は何時ですか.

③ (レンタカーを) 返却すること. ⇔ check-out

---

check out 動 ① 《ホテル》(ホテルの出発時に) 勘定を済ませて出る. ☆フロントで「部屋

の鍵」を返却し，滞在中の「勘定」(bill/check)を清算する．ホテルによっては「会計」(cashier)で手続きする．大型ホテルでは部屋のテレビ画面で「勘定書の内訳」がチェックできる．

ホテル I'd like to *check out* now. My name is Aoki Noriko. Room 1234. ... How much is my bill? 今チェックアウトしたいのです．青木規子．1234号室です．勘定はおいくらですか．☆ I want to *check out* now. / I'm *checking out* now. / 単に Check-out, please. などとも言う．

② (レンタカーを)借り出す． ▶ *check out* a rental-car レンタカーを借り出す．

check-out ⟨checkout, checking-out⟩ 名

① (出発時の)ホテル退館手続き．☆フロントに「鍵」(room key / key card)を返し，「勘定」《米》check/《英》bill) を支払い，部屋を明け渡す．大きなホテルでは「会計係」(cashier)が設けられている．

ホテル *Check-out*, please. Room 1234. I'd like to pay my bill by credit card. チェックアウトお願いします．1234号室です．クレジットカードで勘定を支払います．

◇ **check-out time** チェックアウト時間．⇔ check-in time. ☆《1》宿泊者がホテルで勘定を払って出る時間．《2》ホテル側が定めた部屋の明け渡しの時間．通常は正午であるが，午前10時〈11時〉などホテルによって異なる．

ホテル What is the *check-out time*? チェックアウト時間は何時ですか．

② (飛行機・機械などの)点検，検査．
③ (レンタカーを)借り出すこと．⇔ check-in

checkroom 名 《米》(ホテル・劇場などの)携帯品一時預かり所(=《英》cloakroom)；(駅などの)手荷物 一時預かり所(=《英》left luggage office)．

ホテル/劇場 I'd like to leave my baggage at the *checkroom*. 荷物を一時手荷物預かり所に預けたいのです．

chef 名 《仏》シェフ，コック長． ▶ executive *chef* コック長．

◇ **chef's special** コック長のお勧め料理．☆季節の素材や仕入れの内からシェフが決定する自慢の料理．chef's daily specials, chef's suggestion ⟨recommendation⟩ などとも言う．

レストラン What is your *chef's special* tonight? → Bouillabaisse. 今晩のコック長のお勧め料理は何ですか．→ブイヤベースです．

cheque 名 《英》小切手．☆《米》check.

choice 名 ① 選択(=selection)；選択権.

> 〖レストラン〗 We have many kinds of juice. You can have any *choice* of juice. ジュースはいろいろございますので，どれでもお選びください．☆ This food is served with a *choice* of juice.「この食事にはお好きなジュースが選べます」．

◇ **have a choice of** 〜 〜から選べる(=choose).

> 〖レストラン〗 You *have a choice of* tea, coffee or milk. 紅茶，コーヒーまたはミルクから1つ選べます．☆ You have a choice among tea, coffee or milk. とは言わない．

◇ **have no choice** えり好みができない．☆ There is no choice. とも言う．

> 〖空港〗 If we *have no choice*, the aisle seat will be fine. 選択の余地がないなら通路側で結構です．

◇ **make a choice** 選択する(=choose, select, take a choice).

> 〖レストラン〗 You can *make a choice of* French, Italian, and Thousand Island dressing. フレンチ・イタリアン・サウザンドの各種ドレッシングのいずれかを選べます．

② 選択の種類，選択の範囲．

◇ **have a large 〈wide〉 choice of** 〜 〜の品揃えが豊富である．

> 〖買物〗 We *have a large choice of* the latest fashions. 当店には最新の流行品を豊富に取り揃えています．(=This store has〈offers〉 *a wide choice of* the latest fashions.)

③ 選ぶもの．☆機内食で洋食や和食または魚や肉の料理など「選ぶもの」を指すことがある．

> 〖機内〗 Which would you like? You have two *choices*, beef and fish. → I think I'll have fish, please. どちらを召し上がりますか(=What is your *choice*?)．ビーフと魚，2つのうちから選ぶことができます．→魚にしてください．

---

city 名 ①（田舎に対して）都市，都会．▶ multiple airport *city* 2か所以上の空港をもつ都市．

② （行政上の）市．▶ *city* hall 市庁舎 / *city* information counter 市内案内所．

◇ **city bus tour** 市内バス観光．

> 〖観光〗 What time does the next *city bus tour* leave? 次の市内バスツアーの出発は何時ですか．

◇ **City Code** 都市名の略語．☆普通3文字で航空機の予約や手配をする時に用いる．

主な City Code

[TYO] Tokyo　　[OSA] Osaka　　[NGO] Nagoya　　[NYC] New York
[LAX] Los Angeles　[ANC] Anchorage　[SYD] Sydney　[MEL] Melbourne
[ADL] Adelaide　[AMS] Amsterdam　[BKK] Bangkok　[CEB] Cebu
[DXB] Dubai　　[FRA] Frankfurt　[LON] London　　[MNL] Manila
[PAR] Paris　　[ROM] Rome　　　[SEL] Seoul

◇ **city sightseeing** 市内観光.
　【観光】 I'd like to do *city sightseeing* in Boston. ボストンを市内観光したいのです.

◇ **city sightseeing bus** 市内観光バス.
　【観光】 There are many kinds of *city sightseeing buses* in our company. 当社には多種多様な市内観光バスがございます.

◇ **city tour** 市内観光.
　【観光】 We recommend you take the Boston *City Tour*. お勧めはボストン市内観光です.

class 名 (航空・船舶・列車などの)等級, クラス.
　【空港】 What *class* do you fly when you go abroad? → I sometimes fly first *class*. 海外に行くときはどのクラスの飛行機で行きますか. →時々ファーストクラスを利用します. ☆ I always travel (in) first *class*.
　【空港】 Do you have any business-*class* seats available on AA flight 123? → There are very few vacant seats left. アメリカン航空123便のビジネスクラスの席は空いていますか. →ほとんど満席でございます.
　【空港】 What *class* do you want to fly? → I'd like to fly economy *class* on AA flight 005. 飛行機はどのクラスで行かれますか. → AA005便のエコノミーで行きます.

class の関連語

business class (航空機の)ビジネスクラス(= **C-class; executive class; club**); (船舶の) 1等・2等の中間クラス. ☆ **C-class passenger** は「ビジネスクラスの乗客」のこと
cabin class (船舶の)特別2等. ☆ 1等(first class)の下で普通2等(tourist class)の上である.
economy class (航空機の)エコノミークラス(= **Y-class; tourist class; coach class**); (船舶の)2等クラス

first class (航空機の)ファーストクラス (=F-class); (船舶・列車の) 1 等クラス

hard class 硬席. ☆中国の 2 等席

mono class 等級のない均一クラス (=one class). ☆客室の全席がエコノミークラスまたはファーストクラスの場合を言う.

premium class ビジネスクラスとエコノミークラスの中間にあたる上級クラス

soft class 軟席. ☆中国の 1 等席

tourist class (航空機の) 2 等; (船舶の) 3 等.

cloakroom 名 ① 《英》(ホテル・レストラン・劇場などの)携帯品預かり所 (=《米》checkroom); (空港・駅など) 手荷物預かり所 (=《英》left-luggage office). ☆ホテルなどで衣類や手荷物を預ける場所で, ロビー内にあるのは **main cloakroom**, 宴会場近くにあるのは **banquet cloakroom**, 飲食施設に付設するのは **restaurant cloakroom** と区別することがある. クロークルームの従業員〈係員〉は **cloak(room) attendant** と言う. ⇨ checkroom

　ホテル I'd like to leave〈check〉my coat. Is there a *cloakroom* near here? コートを預けたいのですが, このあたりに携帯品預かり所がありますか.

② 《英》(劇場・公共建物などの) 便所. ☆ lavatory の遠まわし語. ▶ the ladies' *cloakroom* 婦人用トイレ.

---

come (過去 came, 過去分詞 come) 動 (人が)来る; (乗物が)到着する. ⇨ go (行く).

☆ **come** と **go** の区別に注意しよう. **come** は相手を中心として「自分が相手の所へ行く」ことである (日本語では「行く」と表現する). **go** は話し手を中心として「自分が他の所へ行く」ことである.

　機内 Miss! Would you *come* here, please? → Yes, sir. (I'm) *Coming*. すみません. こちらへ来ていただけますか. →はい, すぐ参ります (=I'll be right there.) ☆ I'm *going*. と言えば「相手の所」ではなく「別の違った所」(例えば機内の調理室など) へ行くことになる.

　バス When is the next bus *coming*? → In ten minutes. 次のバスはいつ来ますか. (=What time does the next bus *come*?) → 10 分すれば来ます.

◇ **come down** 《1》下りて来る.▶ *come down* to breakfast 朝食を食べに下りて来る. 《2》(値段を) 割引する, まける (=lower the price); (価格・温度が) 下がる.

　買物 Can't you *come down* a bit more? → Sorry, we can't. This is our last price. もう少し割引できませんか. →申し訳ないですが無理です. これがぎりぎりの価格です.

◇ **come from** 出身である.

　機内 Where do you *come from*? → (I come) From Japan. 出身はどこですか.

(=Where are you from?) →日本です.

◇ **come in** 入る. ☆ come into (the room)(部屋の中に)入って来る(=enter).
ホテル May I *come in*? → Please *come in*. 入ってもよろしいですか. →どうぞお入りください. ☆中にいる人が外の人に言う場合の表現. Please go in. 「どうぞお入りください」は2人とも外にいる場合に用いる.

◇ **come out** 出てくる.
空港 My suitcase hasn't *come out* yet. 私のスーツケースがまだ出てきません.

◇ **come to ~** (合計)~に達する, (総額が)~となる(=amount to; total up to). ☆受身形にはできない.
買物 How much does it *come to* altogether? → It *comes to* fifty Euros. 全部でおいくらですか. → 50ユーロです.

◇ **come up** (すぐそばまで)やって来る, 上がる; (近くに)持って行く. ☆ "Coming up, sir." この表現は, レストランなどで注文を受けた時に「かしこまりました」, または「はい, ただいま」という意味でよく用いられる.
機内 Excuse me, miss. Can I see some other magazines? → Yes, sir. *Coming right up* (with the magazines). すみませんが, 何か他の雑誌を見せてくださいますか. →はい, すぐにお持ちします. ☆ I'll be right back (with the magazines). とも言う.

◇ **come with** 付いている; (順序に沿って)出てくる. ☆レストランなどでよく用いる.
レストラン All breakfast sets *come with* tea or coffee. すべての朝食セットに紅茶かコーヒーが付いています.

---

conduct 動 添乗する; 案内する(=guide). ▶ *conduct* the tour ツアーに添乗する.
場内 The usher *conducted* me to my seat. 案内係は私を席まで連れていってくれた.
館内 The guide *conducted* us through the art museum. ガイドは私たちに美術館を案内してくれた.

---

conducted tour 添乗員付きの観光旅行. ☆ **escorted tour**; **guided tour** とも言う.

---

conductor 名 ①《米》(列車の)車掌(英国では列車の車掌はguardと言う);《英》(バス・市街電車の)車掌.
② (旅行団の)添乗員, 案内者.
観光 He is a *conductor* of JALPAK and he is escorting a Japanese tour group. 彼はジャルパックの添乗員で, 日本人ツアーグループに添乗している.

---

confirm 動 ⇨ confirmation

① 《エアライン》(飛行機の予約を) 確認する, 確保する. ☆予約業務上の「**HK**」(**hold confirmed / holding confirmed**)は「予約が確認保持されている」の意味である. また航空券のstatus欄には「**OK**」が表示される.

　空港 I'd like to *confirm* my flight reservation to New York. 私が乗るニューヨーク行きの飛行機の予約を確認したいのです.

② 《ホテル》(ホテルの予約を) 確認する, 確保する. ☆ホテル宿泊予定者の「到着日時」と「宿泊日数」それに「部屋のタイプ」が決まれば, 最後に誤解のないように「宿泊予定の最終確認」が必要である. 宿泊予定者の方から確認の電話があった場合 Your room is *confirmed* for tonight 〈three nights〉. 「今晩〈3日分〉のお部屋の予約は確認されています」と返事する. またホテル側が宿泊予定者の電話番号などを確認したい場合, Could you tell us your telephone number for our *confirmation*? 「当ホテル側の確認としてお客さまの電話番号をお知らせ願えますか」と聞くことがある.

　ホテル I'd like to *confirm* my room reservation. 部屋の予約を確認したいのです.

③ 《レストラン》(予約を) 確認する, 確保する.

　レストラン I'd like to *confirm* the dinner menu for my family. 家族の夕食メニューを確認したいのです.

---

confirmation 名 (予約の)確認, 確認書.

◇ **confirmation letter** (ホテルの)予約確認通知書. ⇨ confirmation slip

　ホテル I asked for a twin but this room is a double. Here's my *confirmation letter*. 依頼したのはツインでダブルではありません. これが予約確認通知書です.

◇ **confirmation slip** 予約確認書;(ホテルの) 宿泊予約確認書(=confirmation sheet; hotel reservation slip). ☆ホテルの受付係や地上手配業者などを通して「ホテル客室の予約」について確認されていることが記載されている (例 予約確認番号, 予約客名, 予約客室のタイプや室料など). hotel coupon (宿泊料の支払証明書), hotel voucher (宿泊料の支払保証書)と区別すること.

　ホテル I'd like to check in, please. I have a reservation. Here's my *confirmation slip*. チェックインしたいのです. 予約しています. これが予約確認書です.

---

contact [kántækt] 名

① (人との) 接触 (=touch), 連絡. ▶ be in *contact* with ～ ～と連絡している / have personal *contact* with ～ ～とよく連絡し合っている / get in *contact* with ～ ～と連絡をとる / keep in *contact* with ～ ～と連絡を保つ.

◇ **contact address** 連絡先住所.

旅行 Please let me know your *contact address* while you travel. 旅行中の連絡先住所を教えてください.
　◇ **contact phone number** 連絡先電話番号.
　　電話 I'd like to have your *contact phone number*. 連絡先電話番号をください.（=May I have your *contact phone number*?）
② (飛行機からの)肉眼による地上視界. ▶ fly by *contact* 有視界飛行をする.
　◇ **contact flying**〈**flight**〉有視界飛行. ☆地上を視界の中に収めながら飛行する.
　　⇔ instrument flying〈flight〉(計器飛行). ☆ fly on instruments 計器飛行する.
― [kάntækt / kəntǽkt] **動** (電話・伝言などで)連絡する, 接触する (=get in touch with). ☆動詞のアクセントは《英》では後置.
　　旅行 I'll *contact* you by e-mail or cellular phone. あなたには E メールか携帯電話で連絡します.

continent [kάntənənt] **名** 大陸. ☆ the Continent で「ヨーロッパ大陸」, 特に英国・アイルランドに対して「欧州」を示す.
　　観光 There are seven *continents* on the earth: Asia, Africa, Antarctica, Australia, Europe, North American, and South America. 地球上には7つの大陸がある. アジア大陸, アフリカ大陸, 南極大陸, オーストラリア大陸, ヨーロッパ大陸, 北アメリカそして南アメリカである.

continental **形** ① 大陸の, 大陸性の.
② ヨーロッパ大陸の；(英国風に対して)ヨーロッパ風の.
　◇ **continental breakfast** コンチネンタル朝食, ヨーロッパ式朝食. ⇨ breakfast の種類
　　レストラン European hotels serve the traditional *continental breakfast*. It consists of coffee or tea, and rolls with butter, and jam or marmalade. This breakfast does not include any egg dishes. ヨーロッパのホテルではコンチネンタル式朝食が出される. コーヒーまたは紅茶, バターとジャム付きのパンが出される. たまご料理は含まれていない.
③ 北アメリカの；(米国独立戦争当時の)アメリカ植民地の.
― **名** ① (英国人から見た)ヨーロッパ大陸の人.
② アメリカ合衆国本土.

copter **名** ヘリコプター(=chopper). ☆正しくは **helicopter**. 日本で「ヘリ」(heli)と言うが海外では通じない. 口語英語では **copter** と言う.

cost 動 (費用・金額が)かかる,(物がいくら)要する.

　[買物] How much does it *cost*? いくらですか. ☆費用・価格などをたずねる基本表現である.

　[ホテル] How much does it *cost* for a single room? シングルの部屋はいくらですか. (=How much do you charge for a single room?)

　[買物] How much does this shirt *cost*? このシャツはおいくらですか. (=How much is this shirt?)

　[旅行代理店] How much does this air ticket *cost*? この航空券はいくらですか. (=What's the price of this air ticket?)

― 名 費用(=expense),値段(=price),代価. ▶ extra *cost* 追加費用 / travel *cost* 旅行代金.

　[買物] What's the *cost*⟨price⟩ of the watch? この時計はいくらですか.

---

customs 名 税関;関税.

　[空港] You have to pay *customs* on this watch. この時計には関税を払うべきです.

Customs (the ~) 名 税関;通関手続き.

　[空港] After landing, we'll first go through ⟨pass⟩ Immigration and *Customs*. 着陸後はまず入国管理と税関を通ります.

空港内の表示

空港内, 搭乗を待つ人々

D

date 名 日付，日取り． ▶ *date* of entry 入国月日 / *date* of expiration 失効期日 / *date* of issue 発券日，発行日 / *date* of mail〈mailing〉郵送日付（=《英》*date* of posting）．

☆日付の書き方・読み方　　例「5月3日」
　書き方　米国では May 3（または May 3rd）
　　　　　英国では 3 May（または 3rd May）
　読み方　英米ともに "May (the) third" または "(the) third of May"

☆年月日の書き方・読み方　　例「2013年5月10日」
　米国では「月・日・年」　　May 10, 2013　（簡略化：5/10/2013）
　　　　　読み方は "May (the) tenth, two thousand thirteen"
　英国では「日・月・年」　　10 (th) May, 2013　（簡略化：10/5/2013）
　　　　　読み方は "(the) tenth of May, two thousand thirteen"

☆「日付」を聞く場合：What date is it today? → It's May 3. 今日は何日ですか．（=What's the *date* today? / What day of the month is it today? / What's today?）→ 5月3日です．（=Today's *date* is May 3.）

☆「曜日」を聞く場合：What day (of the week) is it today? → It's Sunday. 今日は何曜日ですか．→日曜日です．

【ホテル】 I'd like to reserve a twin room for a week. → From what *date*, sir? → From May 5. 1週間ツインを予約したいのです．→何日からですか．→5月5日からです．

◇ **date of birth** 誕生日（=birthday），生年月日．
　【誕生日】 What's your *date of birth*? → (It's) May 3, 2001. 誕生日はいつですか．（=When were you born? / What day is your birthday?）→2001年5月3日です．（=I was born on May 3 in 2001.）

◇ **date of departure** 出発の日取り．
　【観光】 Did you set 〈fix〉 the *date of departure*? → No, not yet. 出発の日取りを決めましたか．→いいえ，まだです．

◇ **date of flight** 便の日付．
　【空港】 What's the *date of flight*? → On May 3. 便の日付はいつですか．→5月3日です．

◇ **date of reservation** 予約の日取り．
　【ホテル】 May I have the *date of your reservation*, please? → (It is) From the 13th to the 16th of this month, for three nights. 予約の日取りをいただけます

か．→今月の13日から16日の３泊です．

---

day 名 日；１日．▶ the soup of the *day* 日替わりスープ（=soup of today, today's soup）．

【観光】Have a nice *day*. ごきげんよう / いってらっしゃい．

【ホテル】How many *days* do you stay here? → For three *days*. 何日滞在しますか． → ３日間です．

◇ **day coach**（鉄道）普通客車．☆ sleeping car, parlor car と区別している客車．

◇ **day excursion** 日帰り旅行（=one-day trip）．▶ make a *day excursion* 日帰り旅行をする．

◇ **day return ticket**（当日限りの）往復切符（=《米》round-trip ticket,《英》return ticket）．

◇ **day-tripper** 日帰り行楽客．▶ spa〈hot spring〉for *day-tripper* 日帰り温泉旅行．

---

decide 動 決める（=make a decision），（よく考えた末）決心する（=resolve; determine）．

【買物】I've *decided* to buy a new dress. 新しい洋服を買うことに決めました．（=I've *decided* that I would buy a new dress. / I've *decided* on buying a new dress.）

【旅行】We haven't *decided* yet when we should start. いつ出発するかはまだ決めていません．（=We haven't *decided* yet when to start.）

【旅行】We *decided* not to go abroad. 海外へ行かないと決めた．（=We *decided* that we would not go abroad.）

◇ **decide on**（〜すること）に決める．▶ *decide on* a date for the picnic ピクニックに行く日を決める．

【レストラン】Have you *decided on* your order? → No, not yet. Please give me time to *decide*. 注文は決まりましたか．（=Have you *decided* to order? / Are you ready to order?）→ まだです．決める時間をください．（=Could we have a few more minutes to *decide*?）

---

decision 名 決定, 決心．▶ make a *decision* 決める．

【旅行】We made a *decision* which way to go. どの道を行くかを決めた．

---

deck 名 ①《船舶》デッキ, 甲板．▶ go up to the *deck* for some air 甲板に出て風にあたる．

②《飛行機》デッキ, 階席．☆ ジャンボ機の場合 **double deck** が多い．「１階席」は **lower deck**,「２階席」を **upper deck**（航空会社によっては First Class または Business Class は２階席）と言う．▶ a straight〈spiral〉staircase to the upper *deck* 2階へ通じる直線型〈らせん型〉階段.

③《バス・電車など》デッキ, 床, 階. ☆ **double-deck bus** 2階建てバス (=**double-decker**). 日本では「列車」の昇降口の床を「デッキ」というが英語では **platform** を用いる.

【車内】 Let's ride on the top *deck* of the double-deck bus. 2階建てバスの2階に乗りましょう. (=Let's go onto the top〈upper〉*deck*.)

— 動 飾る(=decorate). ▶ the festival float *decked* with flowers 花で飾られた山車.

-decker 名 ①(〜階付きの)バス. ▶ double-*decker* bus 2階建てバス.

② (〜層に)重なったもの. ▶ triple-*decker* sandwich 3段重ねのサンドイッチ.

---

declaration 名 ①(税関での)申告 (=《英》statement); 申請書. ☆税関では通常は **oral declaration**「口頭申告」(=verbal declaration) で済むが, 課税品がある場合は **written declaration**「書面申告」(=declaration in writing) となり, customs declaration form〈card〉「税関申告書」を提示する. ちなみに「課税対象」は **red** light inspection desk〈counter; stand〉(赤の検査台),「免税対象」は **green** light inspection desk〈counter; stand〉(緑の検査台)へ進む. ▶ *declaration* of personal effects and unaccompanied goods 携帯品と別送品の申告書 / currency *declaration* 通貨申告 / explicit〈false〉*declaration* 明確な〈虚偽の〉申告 / make an oral〈a written〉*declaration* 口頭〈書面〉で申告をする.

◇ **declaration form** 申告書. ▶ customs *declaration form*〈card〉税関申告書.

【郵便局】 You should fill out this customs *declaration form* when you want to send this parcel to Japan. 小包を日本に送りたい場合この税関申告書に記入してください.

② 宣言. ▶ the *Declaration* of Independence (米国の)独立宣言 (1776年7月4日, 英国からの独立を宣言する).

---

declare [dikléə] 動 (税関で課税品を)申告する. ▶ goods to *declare* 申告品 / *declare* item purchased abroad 海外で購入した品物を申告する / *declare* to the customs 税関に申告する.

【空港】 Do you have anything to *declare*? 申告するものがありますか. (=Is there anything to *declare*?)

《1》申告する物がある場合, Yes, I have something to *declare*. 日常会話では単に Yes, I do. と返答できる.

《2》申告する物がない場合, No, I don't have anything to *declare*. または No, I have nothing to *declare*. と言う. 日常会話では単に No, nothing. または No, nothing in particular. とも返答できる.

---

deep 形 ① 深い；奥行きのある. ⇔ shallow (浅い). ▶ lodge *deep* in the forest 森の奥にある小屋.
② 深さが〜の；奥行きが〜の. ⇨ depth
【観光】 How *deep* is the snow? → It is 3 meters *deep*. 雪の深さはどれくらいですか. (=What is the depth of the snow?) →雪は3メートルあります. (=The snow is 3 meters in depth. / The snow has a depth of 3 meters.)

---

deliver 動 (品物・手紙などを)配達する, (荷物などを)届ける.
【ホテル】 Newspapers are *delivered* to all rooms of this hotel. 新聞はこのホテルの全室に配布されます.

---

delivery 名 (手紙・品物などの) 配達；配達物〈品〉. ▶ baggage *delivery* 荷物の引き渡し / collection and *delivery* (of baggage) (荷物の) 集配 / collect〈cash〉on *delivery*〈C.O.D.〉代金引き換え払い / express *delivery*《英》速達便 / free *delivery* 無料配達 / complimentary *delivery* 無料配達 / special *delivery*《米》速達便.
【買物】 Do you charge for *delivery*? → Yes, sir. Please pay $5 for *delivery*. 配達してもらうと料金がかかりますか. →はい, 配達料として5ドルをいただきます.

---

depart 〈略 dep.〉動 (人・乗物が) 出発する (=leave, start). ⇔ arrive, reach (到着する). ☆時刻表では略語の dep. を用いる. 例 dep. New York 2:30 p.m.「午後2時30分ニューヨーク発」. ☆ **depart** は同じ意味の **start**「出発する」また **leave**「立ち去る」よりは形式的な表現である. 前置詞の用法に注意しよう. 例 The plane will **start** *from* Milan *for* Rome at 10 p.m. 飛行機は午後10時にミラノを立ってローマに向かう予定である. 例 They'll **leave** Milan *for* Rome tomorrow. 彼らは明日ローマに向けてミラノを立つ.
【駅舎】 The next train will *depart* from platform〈《米》track〉5 at 9:00 a.m. 次の列車は午前9時に5番線から発車する.

---

departing 形 出発する.
◇ **departing flight** 出発便.
【空港】 You can see the monitors with information about all *departing flights*. 全出発便に関する情報が表示されたモニターがご覧になれます.
◇ **departing passenger** 出発客. ⇔ arriving passenger
【空港】 All *departing passengers* of Japan Airlines flight 002, please proceed

to Gate 20. 日本航空 002 便にご搭乗の皆様, 20 番ゲートまでお進みください.
◇ **departing time** 出発時間 (=departure time).
　【空港】 What's the *departing time* of our flight? 私達の便の出発は何時ですか.

---

departure 〈略 DEP〉 名　出発；出国. ⇔ arrival (到着). ▶ actual time of *departure* 出発時刻 / arrivals and *departures* of trains〈flights〉列車〈飛行機〉の発着 / Estimated Time of *Departure*〈ETD〉出発〈出航〉予定時刻. ⇔ Estimated Time of Arrival〈ETA〉(到着予定時刻)/ expected date of *Departure* 出発〈出航〉予定日.
　【空港／駅舎】 The *departure* of the plane〈train〉was delayed because of the heavy snow. ひどい雪のため飛行機〈列車〉の出発が遅れた. (=The plane〈train〉was delayed in *departure* due to the heavy snow.)
◇ **departure formalities** 出国手続き, 出発手続き.
　【空港】 He assisted a group with the *departure formalities*. 彼は団体の出発手続きを手伝った.
◇ **departure gate** 搭乗ゲート, 搭乗口.
　【空港】 Please come to the *departure gate* counter at least 20 minutes before the departure time. 少なくとも出発時間 20 分前には出発ゲートのカウンターに来てください. (=You must be there 20 minutes before the departure time.)
◇ **departure level** 出発の階, 出発する階.
　【空港】 The post office is on the *departure level*. It's near the bank. 郵便局は出発の階にあります. 銀行の近くです.
◇ **departure lobby** 出発ロビー (=departure lounge), 搭乗待合室 (=gate lounge).
　【空港】 The duty-free shop is in the *departure lobby*. 免税店は出発ロビーにあります.
◇ **departure lounge** 出発ロビー, 搭乗待合室 (=gate lounge).
　【空港】 Please wait in the *departure lounge* after you've gone through Immigration. 出国手続きを済ませてから出発ロビーでお待ちください.
◇ **departure information center** 出発案内センター.
　【空港】 Could you tell me where the *departure information center* is? 出発案内所はどこかを教えてくださいますか.
◇ **departure procedures** 出国手続き (=departure formalities).
　【空港】 What should I do for the *departure procedures*? → You only have to give the officer your passport and the departure card. 出発手続きはどのようにすればよいですか. →係官に旅券と出国カードを提示するだけでいいのです.
◇ **departure time** 出発時間〈時刻〉(=departing time; the time〈hour〉of

departure).

[空港] Could you tell me the *departure time* of my connecting flight〈AA flight 002〉to Boston? 私が乗るボストン行きの乗換便〈アメリカン航空002便〉の出発時間を教えてくださいますか．（＝What's the *departure time* of my connecting flight to Boston?）

depth [dépθ]【名】深さ；奥行き． ⇨ deep

[関連語] **breadth** 横幅 / **height** 高さ / **length** 長さ / **width** 幅．

[観光] What is the *depth* of the lake? → The lake is about three feet in *depth*. この湖はどのくらいの深さですか．（＝How deep is the lake?）→この湖は約3フィートの深さです．（＝The lake is three feet deep.）

destination【名】① （旅行の最終）目的地，旅先．☆旅行者が訪れる「旅行訪問先」また「目的地」のこと． ▶ *destination* for a business trip 出張先 / *destination* of journey 旅行の目的地（＝travel destination）/ local time at *destination* 目的地の現地時間．

[観光] We'll arrive at our *destination* by Friday. 金曜日までには目的地に着きます．

[空港] What's your final *destination*? →（My *destination* is）Boston. 最終目的地はどこですか．☆ Where is 〜? ではない．→ボストンです．

② （最終）到着地，終着地，就航地．☆航空会社が運航している「行き先」のこと．⇔ origin（出発地）． ▶ *destination* board 行き先掲示板 / *destination* label 旅先ラベル（乗客の目的地を正確に把握するため，行き先を記して座席のヘッドレストの上に貼る）．

[空港] I'd like to have my baggage checked through to this *destination*. 私の荷物は終着地まで通しでチェックインしてもらいたい．

③ （荷物・手紙などの）送付先，届け先，宛先． ▶ *destination* address 宛先住所 / delivery *destination* 配達先 / forwarding *destination* 転送先 / final *destination* of an e-mail 電子メールの送付先．

difference【名】① 相違（点）．⇔ similarity（類似）．☆ **differ**（from）「（とは）異なる」．

[観光] What's the *difference* between the morning tour and the afternoon tour? 午前の観光と午後の観光とはどのように違うのですか．

◇ **difference in time** 時差（＝the time difference）．

[旅行] What's the *difference in time* between Japan and London? 日本とロンドンの時差はどのくらいですか．

57

② 差額. ▶ refund the *difference* 差額を返金する / settle the *difference* in cash 差額を現金で精算する.

　[観光] Would you like to travel business-class or economy? → What's the *difference* between the two? ビジネスそれともエコノミーで旅行されますか. → 2つの差額はどれくらいでしょうか.

　◇ **pay the difference** 差額を支払う.

　　[空港] How much do I *pay the difference* of the business-class flight? ビジネスクラスの差額の支払いはいくらですか.

---

different [形] 異なった. ⇔ same（同じ）. ▶ *different* opinion〈color〉違った意見〈色〉.

　[買物] I don't like this type of dress. Can you show me something *different*? このタイプのドレスは気に入りません. 何か違ったものを見せてください.

　◇ **(be) different from** …と違う (=differ from).

　　[ホテル] The charge for my room is *different from* the rate I reserved for it in Japan. この部屋の料金は日本で予約したものとは違います.

---

dine [dáin] [動] 食事をする, ディナー (dinner) を食べる (=eat〈have〉dinner).

　[レストラン] How many people will be *dining* with you, sir? ごいっしょにお食事される方は何人ですか.

　◇ **dine out** （レストランなどで）外食する. ⇔ dine in（自宅で食事をする）. ☆ファーストフードなどを含め一般に「外食する」ことは eat out と言うことが多い.

　　[レストラン] Would you like to join us for dinner tonight? Let's *dine out*. 今晩は食事をごいっしょしませんか. 外で食べましょう.

---

diner [dáinər] [名] ①《米》食堂車 (=dining car, buffet car;《英》restaurant car).

　[車内] Let's go to the *diner* to have a light meal. 軽食をとりに食堂車に行きましょう.

② 安食堂,（食堂車の車両を改造して作った）軽便食堂,（食堂車に似た道路沿いにある）簡易食堂.

---

dining [名] 食事 (をすること).

　◇ **dining car** （列車などの）食堂車 (=diner). ☆英国では restaurant car と言う.

　　[車内] Does this train have a *dining car*? この列車には食堂車はついていますか.

　◇ **dining hour** 食事時間.

　　[カフェ] What's the *dining hour*? 食事時間はいつですか.

　◇ **dining room** 食堂.

食堂 We had a wonderful breakfast in the *dining room*. 食堂ですばらしい朝食をいただきました.

◇ **dining room attendant** 食堂従業員. ☆ head waiter, waiter, waitress などの職員.

---

dinner 图 ① 食事;晩餐,正餐;夕食. ☆ 1日の中で最も主要な食事のことを指す.「昼食」に当たる場合もある. その場合の「夕食」は **supper** と言う.

食前 Junko, *dinner* is ready. → O.K. I'm coming. 順子さん, 食事の用意ができましたよ. →はい, すぐに行きます. ☆ I'm going (他の場所に行く). ではない.

食後 How was the *dinner*? → We enjoyed our *dinner* very much. 食事はいかがでしたか. →おいしかったです / ごちそうさまでした. ☆ Thank you for the wonderful *dinner*. / The *dinner* was very delicious. / It was really a delicious *dinner*. / That was the most wonderful *dinner* I've ever had.（私が今までいただいた中で一番すばらしい夕食でした.）

◇ **dinner cruise** 食事付きのクルーズ.

観光 The *dinner cruise* lasts for three hours. 食事付きのクルーズは3時間続きます.

◇ **dinner menu** 食事の献立表;夕食メニュー.

レストラン Would you like to see the *dinner menu*? 夕食メニューを御覧になりますか.

② 晩餐会, 夕食会. ☆ 席順に従っての着席形式のパーティー. ▶ give⟨hold⟩ a *dinner* 夕食会を催す.

◇ **dinner party**（公式の）晩餐会.

ホテル I'm having a *dinner party* at the hotel on Saturday. Would you like to come? 土曜日にホテルで夕食会を開きますが, いらっしゃいますか.

③ 定食. ▶ (order) five *dinners* at $ 6 a head　1人前6ドルの定食5人分（を注文する）.

---

direct [dərékt / dáirekt] 動（道・方向を）教える (=show the way). ☆ guide とは異なり同行しない. 「教える」という日本語に対する英語は, 教える内容によって異なる. **tell** (Please *tell* me the way to the station. 駅まで行く道を教えてください.) / **show** (Please *show* me how to fill out this card⟨form⟩. このカード⟨用紙⟩の記入法を教えてください.) / **recommend** (Please *recommend* a good Italian restaurant. 素敵なイタリアンレストランを教えてください.)

案内 He *directed* me to the subway station. 彼は地下鉄の駅までの道を教えてくれた.（=He *told* me the way to the station.）

— 形 ① (道路・線路などが) 一直線の, 直行の (=straight). ▶ *direct* bus 直行バス / *direct* transit 寄港地空港にて直ぐに接続便に乗り継ぐこと / *direct* line 直線 / the *direct* way〈road〉to the station 駅までまっすぐの道.

◇ **direct flight** 直行便 (=nonstop flight; through flight). ⇔ stopover flight
　空港 Is this a *direct flight* from Rome to Tokyo? これはローマから東京までの直行便ですか.

◇ **direct train** 直行列車.
　駅舎 There is a *direct train* from here to Boston. ここからボストンへの直行列車はあります.

② 直接的な (=immediate). ⇔ indirect (間接的な)

◇ **direct call** 直通電話. ▶ make a *direct call* to Tokyo 東京へ直接電話をする.

◇ **direct-dial call** ダイヤル通話. ▶ make a *direct-dial call* to Japan from this room この部屋から日本にダイヤル通話をする.

◇ **direct mail** 〈略〉DM《米》ダイレクトメール. ☆広告や宣伝のため個人宛に直接郵送する印刷物・カタログなど.

◇ **direct phone** 直通電話 (=direct telephone). ☆ダイヤルしなくても受話器をとれば直接相手に繋がる電話. direct line (直通電話線) とも言う. hotel reservation phone (空港や駅にあり, 市内のホテルに直接つながる電話), direct phones to hotels (ホテル予約用電話), courtesy phone (空港にあり航空会社の予約課・案内課につながる電話), valet parking phone (係員に駐車してもらう, また駐車場の車を持ってきてもらうための電話) などがある.

◇ **direct reservation** (現地ホテルなどへの) 直接予約.

— 副 直行して (=directly). ▶ fly *direct* to Chicago from Tokyo 東京からシカゴまで飛行機で直行する.

バス Does this bus run *direct* to Boston from New York? このバスはニューヨークからボストンへ直行しますか.

---

direction 名 ① (道路など) 方向 (=way), (東西南北の) 方角, 方面. ▶ (drive) in the *direction* of Boston ボストンの方向へ (運転する) / (come from) the wrong *direction* 間違った方向 (から来る) / have a good〈poor〉sense of *direction* 方向感覚がよい〈方向音痴だ〉.

観光 I want to get to the Central Station. Can you give me *directions*? 中央駅へ行きたいのです. どちらの方向ですか. (=Which *direction* must I go to the station? / In which *direction* is the station?)

② 指示 (=guidance). ▶ give a *direction* to start right away すぐに出発するように指示する.

③（複数形で）指導書，使用法．▶ the *directions* on the package パッケージの説明書 / follow the *directions* for use of the medicine 薬の使用法に従う（=read the *directions* before using the medicine）．

---

discount 名 割引（額）; 運賃割引．☆海外で経験するのは,「買い物」をする時の現金または即時払いに対する割引（**cash discount**），また「ホテル」に長期滞在する時の割引（**long-stay discount**）が多い．

【買物】 Can you give me a *discount* on this? → OK. We give you (a) 20% *discount* on all cash purchases. これを割り引いてくれますか． → いいよ，現金で全部買えば2割引します．☆ I'll take 10% off the price.（価格の1割をまけておきます）/ We are willing to offer a *discount*.（喜んで割引しますよ）

◇ **discount coupon** 割引券．▶ *discount coupon* for food 食品割引券．
【レストラン】 I found this *discount coupon* in this brochure. We can get 50% off. パンフレットの中にこの割引券を見つけたのです．50%割引です．

◇ **discount rate** 割引料金．☆ discount fare 割引運賃．
【ホテル】 Special *discount rates* are available for guests who stay for more than two weeks. 2週間以上滞在する宿泊客には特別割引料金が適用される．

◇ **discount service** 割引サービス．
【買物】 How much should I buy for the *discount service*? 割引してもらうにはいくらほど買えばいいのですか．

◇ **discount system** 割引制度．
【買物】 We have a *discount system* for tourists. 観光客のための割引制度があります．

◇ **discount ticket** 割引券；割引チケット．⇔ normal ticket（通常チケット）
【空港】 Can I change my flight to a different day? → No, you can't. This is a special *discount ticket*. この便を別の日に変更できますか．→いいえ，できません．これは特別割引チケットです．

◇ **at a discount** 割引で（=at a reduced price）．
【買物】 He bought a camera *at a* (30%) *discount*. 彼はカメラを（30%）割引で買いました．

― 動 割引する．▶ *discount* all goods at 10 percent 全商品を1割引する．
【買物】 How much can you *discount*? → We offer a 20% discount on cash payment. どのくらい割引しますか．→現金払いには20%割引します．(=We *discount* 20% for cash.)

---

distance 名 ① 距離．▶ *distance* measuring equipment〈DME〉距離測定装置．

旅行 What is the *distance* between Boston and New York? ボストンとニューヨークの距離はどのくらいですか. ☆ What is the *distance* from Boston to New York? / How far is it from Boston to New York? とも言う.
② 遠距離. ▶ a long-*distance* bus 長距離バス / a long-*distance* call 長距離電話.
　　道案内 Our hotel is quite a *distance* from the bus stop. 私たちの泊まるホテルはバス停からかなり遠い.
　　◇ **at a distance** 少し離れて. ▶ watch television *at a distance* テレビは少し離れて見る.
　　◇ **from a distance** 遠くから.
　　　　観光 Mt. Fuji is more beautiful when you see it *from a distance*. 富士山は遠くから見るほうが美しい.
　　◇ **in the distance** 遠くに. ▶ see several chartered buses *in the distance* 遠くにチャーターバス数台が見える.
　　◇ **within walking distance** 歩いて行ける距離以内で. ▶ be *within walking distance* of the airport 空港から歩いて行けるところにある.

distant 形 ① (距離的に) 遠い (=far), 遠隔の. ⇔ near (近い). ▶ *distant* view of the Alps アルプスの遠景 / *distant* country⟨city⟩ 遠い国⟨都市⟩ / *distant* journey 遠い旅 / *distant* voyage 遠洋航海.
　　道案内 The airport is just five miles *distant* from our hotel. 空港は私たちの泊まるホテルから５マイルかそこらの距離にある. ☆数字を伴わない場合は The airport is a long way from our hotel. とも言う.
② (時間的に) 遠い. ⇔ near (近い). ▶ *distant* past⟨memory⟩ 遠い過去⟨記憶⟩.

district 名 ① (ある特色・機能を持った) 地方, (都市などの特定の) 地域 (=region より広い). ▶ business *district* 商業地区 / lake *district* 湖水地方 / shopping *district* 商店地区.
　　交通機関 This bus doesn't go to the theater *district*. このバスは劇場街には行かない.
② 地区, 区域. ▶ residential *district* 住宅地域 / school *district* 学区.

disturb 動 (睡眠・休息などを) 妨害する. ☆ **disturbance** 名 妨害, 障害.
　　掲示 Do Not *Disturb*. 「起こさないでください」「入室ご遠慮ください」☆ホテルのドアの取っ手にかける表示.
　　機内 If you do not wish to be *disturbed*, simply affix the label "DO NOT DISTURB" on the top of the chair. 邪魔されたくない場合, 座席の上に「起こさ

ないでください」のラベルを貼るだけで結構です.

---

dollar 图 ドル(=100 cents). ☆米国・カナダ・オセアニアなどの貨幣単位. 記号は $.
  【買物】 How much is this? → (It's) Seven *dollars* fifty cents. / It's $7.50. これはいくらですか. → 7 ドル 50 セントです. ☆記述する場合は (It's) **$7.50** と書く. ちなみに a dollar and a half 〈thirty cents〉1 ドル半〈30 セント〉は **$1.50** 〈**$1.30**〉 と書く.
  ☆ Seventy *dollars* is a good large sum of money. 70 ドルはかなりの金額です. seventy dollars は一単位として処理するので動詞は「単数形」である.
  【買物】 How much are these dolls? → Those are $11.85. これらの人形はいくらですか. → 11 ドル 85 セントです. (=Those are eleven eighty-five.) ☆値段を言う場合通常は「ドル」また「セント」の言葉はあまり用いない.
  【両替】 How much is the *dollar* today? → Today's (exchange) rate is 102 yen to the US *dollar*. → Change 300 *dollars*, please. → How do you want to change 300 *dollars*? → Four fifties and five twenties, please. 今日のドル(の相場)はいくらですか. (=What is the exchange rate for the Japanese yen today?) →今日の交換率は米ドルに対して 102 円です. → 300 ドルを両替してください. → 300 ドルの両替はどのようになさりたいのですか. → 50 ドル 4 枚と 20 ドル 5 枚でください.
  ◇ **US dollar bill** 米ドル紙幣. ☆7 種類：$1, $2, $5, $10, $20, $50, $100. アメリカの「ドル札」に関する俗語:「1 ドル」a buck; a single.「5 ドル」a fin; a fiver.「100 ドル」a C-note.
  ◇ **US dollar coin** 米硬貨. ☆6 種類:「1 セント」penny,「5 セント」nickel,「10 セント」dime,「25 セント」quarter,「50 セント」half-dollar,「1 ドル」silver dollar.

---

domestic 〈略〉DOM 图 国内の, 自国の, 国産の. ⇔ international (国際の); foreign (外国の); overseas (海外の). ▶ *domestic* airline 国内線, 国内航空(路)/ *domestic* airport 国内線空港 / *domestic* arrival 国内線の到着 / *domestic* departure (lobby) 国内線の出発(ロビー)/ *domestic* passenger 国内線乗客 / *domestic* reservation 国内線予約 / *domestic* service 国内線運行；国内線(便)/ *domestic* shipping service 国内航路 / *domestic* timetable 国内線時刻表 / *domestic* tour 国内観光旅行(=inbound tour)/ *domestic* travel〈trip〉国内旅行.
  ◇ **domestic terminal** 国内線ターミナルビル.
    【空港】 This shuttle bus does not go to the *domestic terminal*. このシャトルバスは国内線ターミナルビルには行かない.
  ◇ **domestic flight** (飛行機の)国内便(=domestic airline〈line〉).
    【空港】 I took a direct flight from Tokyo to New York and then a *domestic flight* to Boston. 東京からニューヨークまで直行便に乗り, それからボストンま

で国内便を利用しました.

doormat 名 ドアマット,（玄関先の）靴ぬぐい. ☆米国ではホテル玄関口にあるマット上に書かれた **welcome** の単語をよく見かける. ▶ wipe (one's) shoes on the *doormat* ドアマットで靴をぬぐう.

door person ドア・パーソン. ☆ホテル・レストラン・ナイトクラブなどの出入り口にいて,客を世話する係員.男性であれば doorman, 女性であれば door girl である.男女共通として door person と言う.「ドアボーイ」は和製英語.
【ホテル】 The *door person* will escort you to the front desk. Please watch out for the revolving door. The inside door is automatic. ドア・パーソンがフロントまでご案内いたします.回転ドアにご注意ください.内側は自動ドアになっています.

double-book 動 (キャンセルの数を見越して)二重予約〈売り〉する. ☆航空機の1座席やホテルの1部屋について,ダブって2人の違った客に OK を与えた状態のこと.
【機内】 Excuse me, miss. That gentleman is sitting in my seat 25-A. I'm afraid this seat is *double-booked*. すみません.この方は私の席 25-A に座っています.この座席はダブルブッキングされています.

double-booked seat 二重に予約されている座席.
【機内】 I'm afraid I have a *double-booked seat*. 私の座席は二重予約になっているようです.

double-booking 名 二重予約;二重販売. ☆ホテルの客室,航空機(交通機関)の座席などで,キャンセルする宿泊予定者または旅客の数を見越して故意に行う二重予約〈販売〉,またはコンピューターのミス〈間違い〉で起こる二重予約などもある.

double-check 動 (慎重を期して)再点検する,再確認する. ☆搭乗チェックに加え航空会社が搭乗口で乗客を再点検すること,またホテルでの精算や買い物のときに会計を再確認することなどがある. ▶ *double-check* the bill 会計を再確認する.
— 名 再点検,再検査,再確認.

double-decker 名 ① 2階付きの乗物(車両・電車など),特にダブルデッカー(バス).
②《米》二重サンドイッチ. ▶ *double-decker* sandwich 2段重ねのサンド. ☆3枚のパンの間に2層の具を挟んだもの.

double-park 動 二重駐車させる. ☆路上ですでに駐車している車に並行して駐車する.

downtown 名 繁華街, 都市の中心街. ☆downtown を直訳して日本語で「(浅草のような) 下町」(lower town) と考えられがちであるが, 英語では「商業経済の中心地帯」の意味. 日本でいう「オフィス街, ビジネス街」(downtown center) に相当する. *Downtown* Manhattan in New York と言うと「ニューヨークのマンハッタン商業地区」を指し, 東京の丸の内や銀座のような所である.

[ホテル] Our hotel is located in *downtown*. 私たちが泊まるホテルは繁華街にあります.

— 副 街の中心部へ, 繁華街へ. ⇔ uptown (住宅地域へ)

[ホテル] I'd like to go *downtown* to do some shopping today by bus. Where can I catch one? 今日バスで街中へ買い物に行きたいのです. どこで乗れますか.

— 形 中心街の. ▶ *downtown* London ロンドンの中心街.

[空港] Can I take a taxi to *downtown* Chicago? シカゴ都心までタクシーを利用できますか.

drink (過去 drank, 過去分詞 drunk) 動 ① (液体を) 飲む. ▶ eat and *drink* 飲み食いする (日英語の語順に注意). ☆「飲む」対象によって「動詞」は異なる. **eat** soup「スープを飲む」(スプーンを用いて), **take** medicine「薬を飲む」, **have** coffee⟨tea⟩「コーヒー⟨紅茶⟩を飲む」.

[酒場] Here's menu, sir. What would you like to *drink*? はい, メニューをどうぞ. 何をお飲みになりますか.

② 乾杯する. ☆「乾杯」の発声は **cheers** を用いる.

[乾杯] Let's *drink* to Smith's health ⟨your success⟩. スミスさんの健康⟨君の成功⟩を祈って乾杯しよう.

— 名 ① (食物に対して) 飲み物, 飲料. ▶ after-dinner *drink* 食後の飲み物 / alcoholic *drink* アルコール性飲料 / carbonated *drink* 炭酸飲料 / food and *drinks* ⟨F&D⟩ 飲食物 (=eatables and drinks : 日英語の語順に注意).

☆日本語で「ドリンク」といえば栄養補給の「ドリンク剤」を指す場合がある. 英語では「栄養ドリンク」を health drink または nourishing drink や vitamin-fortified drink などと言う. 英語の drink は「アルコール類」(アルコールの入った飲み物) を指すことが多い. short drinks (カクテルのようにすぐに飲まないと味が落ちる飲み物) と long drinks (ゆっくりと味わう飲み物) がある. strong drink は「強い酒」, hard drinks は「アルコール分の強い飲料」を指す. ちなみに soft drinks は「ジュース, コーラなどアルコールの入っていない炭酸飲料, 清涼飲料」.

[酒場] What kind of *drinks* would you like? → A sherry wine, please. どのような飲み物を召し上がりますか. →シェリーワインをお願いします.
② (水・酒の)ひと飲み, (酒の)1杯.
[酒場] Let's go out for a *drink*. 一杯飲みに行こう. ☆ How about (having) a *drink*?「一杯どうでしょうか」, Would you like a *drink*?「一杯やろうか」とも言う. 返答は Let's have a *drink*.「(酒を)一杯やろう」.

drinkable [形] 飲める, 飲用に適する. ▶ *drinkable* water 飲料水.

drinker [名] 飲む人；酒飲み.
[酒場] 〈上戸・下戸〉Is he a heavy〈hard〉 *drinker*? → No. He is a light〈small〉 *drinker*. 彼はかなりの酒飲みですか. (=Does he drink quite a lot of alcohol?) → いいえ, 彼は酒は弱いです. (= No, he can't drink much liquor.)

drive (過去 drove, 過去分詞 driven) [動] ①《1》(車を) 運転する (=ride, lift). ☆ **drive** (自動車・馬車など) 腰かけて運転する. **ride** (自転車・オートバイなどを) またがって運転する. ▶ *drive* on the left 左側通行で運転する.
[交通] In the States, you must *drive* a car on the right-hand side of the road. 米国では自動車は道路の右側を運転しなければなりません.
《2》車で行く (to), ドライブする. ▶ *drive* to Boston 車でボストンまで行く / *drive* to the airport 空港まで車で行く / *drive* around the city 市内一周ドライブをする.
② (人を) 車に乗せて行く, 車で送る.
[乗車] I'll *drive* you to the airport. あなたを車で空港まで送りましょう. (=Let me *drive* you to the airport.)
[乗車] Shall I *drive* you to your hotel? ホテルまで車で送りましょうか. ☆ Shall I give you a drive to the hotel? / Shall I take you to your hotel in my car? などとも言う.
― [名] ① ドライブ, 自動車旅行. ☆「ドライブ・マップ」(和製英語) は 英語では **road map** と言う. ▶ drunken *drive* 飲酒運転 / safe *drive* 安全運転 / unlicensed *drive* 無免許運転 / go for a *drive* ドライブに出かける / take a (short) *drive*（ちょっと）ドライブする / take (her) for a *drive*（彼女を）ドライブに連れ出す.
[観光] We went for a *drive* to Niagara Falls. ナイアガラの滝までドライブした.
② (車で行く) 道のり, (自動車で行く) 距離.
[乗車] It's only a ten-minute *drive* to the hotel. ホテルまで車でほんの10分の道のりです. ☆ The hotel is only a ten-minute *drive* from here. / It takes ten

minutes to drive to the hotel. などとも言う.
③《英》私設車道. ⇨《米》driveway

drive-in 形 車で乗り入れのできる. ☆名詞の前に用いる. ▶ *drive-in* movie theater ドライブインの映画館.
　◇ **drive-in registration** ドライブイン宿泊手続き. ☆自動車に乗車した状態で宿泊手続きを行う. 米国のモーテルなどによく見られる. motel registration とも言う.
— 名 ドライブイン, 車に乗ったまま利用できる施設 (食堂, 映画館, 銀行など). ☆道路沿いにある自動車の旅客向けのレストランのことを日本では「ドライブイン」(車から降りる必要がある) というが, 英語では roadside restaurant と言う. drive-in restaurant は「自動車に乗ったまま利用できるレストラン」のこと. 米国では truck stop, 英国では pull-in, transport café などとも言う. ⇨ drive-through restaurant

driver 名 ドライバー, 運転手. ☆「自家用車のお抱え運転手」のことは **chauffeur** と言う. また, 日本語の「ドライバー」(ねじ回し)のことを英語では **screwdriver** と言う. ちなみに「(カー)レーサー」は **racing driver** と言い racer ではない.
　車中 I'll tell the bus *driver* to wait. バスの運転手に待つように言います.
　◇ **driver on paper only** ペーパー・ドライバー (=driver in name only). ☆ paper driver は和製英語. 英語では (He is) a person who has a driver's license but seldom drives〈but is inexperienced in driving〉. (運転免許証は持っていても滅多に運転しない〈運転経験のない〉人) などとも言う.
　◇ **driver's license** (車の) 運転免許証 (=《英》driving licence). ☆ driver's permit は《米》仮免許証.
　◇ **driver's seat** 運転席 (=《英》driving seat). ☆ passenger seat (助手席), backseat (後部座席). ⇨ seat (2)

drive-through 〈drive-thru〉 名 《米》ドライブスルー方式 (の店). ☆車に乗ったまま品物の注文や受け取りをする方式. 終始乗車したままで対処してもらえる方式のファーストフード店・クリーニング店など.
　◇ **drive-through restaurant** ドライブスルー食堂. ☆ drive-in restaurant では, 乗り入れた車をとめて受け取った食事をその場で食べるが, drive-through restaurant では車に乗ったまま入口の所で飲食物を注文し, 受け取ったら店を出てどこか他のところで食べる. ⇨ drive-in

drive-up 形 車に乗ったまま. ▶ *drive-up* window (商店や銀行など) 車に乗ったまま買い物などの用を済ませることができる窓口.

driveway 图《米》(車を乗り入れる)私設車道. ⇨《英》drive ③　☆日本で「ドライブウェイ」と言えば「ドライブを楽しむのに適した観光道路」または「景色がよくてドライブに格好の観光用道路」のことを指す. しかし景観の良い「自動車幹線道路」のことは英語では **scenic highway**, 見晴らしが良い道路は **scenic drive**〈**route**〉, 両側に並木などがある景色の良い観光道路は **parkway** などと言う. 英語の **driveway** は一般道路から私有地の家・車庫などに通じる「私有道路」であって公道は指さない.

driving 图 (車の)運転. ▶ drunken〈drunk〉 *driving* 飲酒運転 / careless *driving* 不注意な運転 / reckless *driving* 無謀運転 / safe *driving* 安全運転 / unlicensed *driving* 無免許運転.
　◇ **driving license** 運転免許証 (=《米》driver's license).
　◇ **driving mirror**《英》(車の) バックミラー (=rearview mirror). ☆バックミラー (back mirror)は和製英語. ⇨ car の関連語

dutiable 形 関税のかかる (=customable), 有税の, 課税の (=liable to duty). ⇔ duty-free (免税の). ▶ *dutiabl*e goods〈articles; items〉課税品. ⇔ duty-free goods (免税品).
　空港 What articles are *dutiable*? → These are duty-free. どのようなものに税金がかかりますか. →こちらの商品は免税です.

duty 图 (商品に対する) 関税, 課税 (=tax); (空港の税関で支払う) 税, 税金. ▶ *duty* exemption 免税 / *duty* rate 関税率 / customs *duty* rate 通関率 / impose〈lay〉(a) *duty* on foreign goods 外国商品に課税する.
　空港 That'll be $15.00 *duty*. Pay over there, please. 税金は15ドルです. あちらで払ってください.
　◇ **pay (a) duty on** (～に対して)関税を支払う.
　　免税店 Should I have to *pay (a) duty on* two bottles of whiskey when I get back to Japan? 日本へ帰国する時にはウイスキー2本は関税を支払うべきですか.
　◇ **on duty** 勤務中で, 当番で. ☆空港などで交代制の職員が勤務している状態. ⇔ off duty (非番中で). ▶ be *on duty* from 9:00 am to 5:00 pm 午前9時から午後5時まで勤務している.

duty-free 形 免税の (=tax-exempt, tax-free, duty-exempt). ⇔ dutiable (課税の)
　免税店 I'll take this *duty-free* watch, please. この免税の時計をください.
　◇ **duty-free allowance** 免税(基準の)範囲.
　　空港 The *duty-free allowance* for liquor into Australia is 2.25*l* per person.

So you'll need to make a customs declaration. オーストラリアへの酒類の免税範囲は 2.25*l* ですから税関申告してください.
◇ **duty-free articles** 免税(物)品(=articles free of duty).
　【機内】 Can I get *duty-free articles* in this flight? 当便では免税品が買えますか.
◇ **duty-free brochure** 免税品パンフレット.
　【機内】 In the seat pocket in front of you, you will find our *duty-free brochure*. お客様の前の座席ポケットに免税品パンフレットがございます.
◇ **duty-free catalog** 免税目録.
　【機内】 Could I have a *duty-free catalog*? 免税目録をいただけますか.
◇ **duty-free goods** 免税品(=duty-free articles).
　【機内】 When will you sell *duty-free goods* on board? 免税品の機内販売はいつですか.
◇ **duty-free items** 免税品(目)(=duty-free goods〈articles〉). ⇔ dutiable items(課税品)
　【機内】 I'd like to buy some *duty-free items*. 免税品を少し買いたいのですが.
◇ **duty-free limit** 免税制限.
　【免税店】 If you have wine or cigarettes in excess of the *duty-free limits*, you have to pay a tax. 免税限度を超えた酒類やタバコ類を所持していれば課税になります.
◇ **duty-free purchase** 免税購入品, 免税の買い物, 免税での購入.
　【空港】 You have to declare the *duty-free purchases* before checking in at the airport. 空港で搭乗手続きする前に免税購入品を申告しなくてはいけない.
◇ **duty-free shop** 免税(品売)店. ☆空港免税店と市内免税店がある. 購入時には旅券の提示が必要である.
　【ホテル】 I would like to buy the tax-free goods. Where is the *duty-free shop* in the city? 免税品を買いたいのです. 市内にある免税店はどこですか.
◇ **duty-free shopping** 免税ショッピング, 免税品販売. ▶ do some *duty-free shopping* 免税店でショッピングをする.
　【機内】 Excuse me, miss. Do you have *duty-free shopping* service on this flight? → Yes, sir. Here is an in-flight *duty-free shopping* guide. すみませんが, 機内では免税品の販売サービスがありますか. → はい, ございます. こちらに免税品販売案内書がございます.
― 副 免税で. ▶ buy perfume *duty-free* at the duty-free shop 免税店で香水を免税で買う.
　【免税店】 How many bottles of whiskey can I bring *duty-free* into Japan? 日本へは免税でウイスキーは何本持ち込めますか. ☆ How many bottles of whisky can

I take into Japan *duty-free*? / How much whiskey am I allowed to take back *duty-free* into Japan? などとも言う.

空港内, 出発ロビーの免税店

航空機内

待ち合い所の充電コーナー

E

early 形 ① (時間・時期が) 早い, 早期の. ⇔ late (遅い). ☆ **fast** は「(速度・運動が) 速い」.
　乗車 Let's take an *early* train. 早朝の電車に乗ろう. ☆ **fast train**「速い電車」.
② 早めの. ▶ keep *early* hours 早寝早起きをする / an *early* riser　早起きする人.
　郵送 We are looking forward to your *early* reply. 早めの返事をお待ちしています.
◇ **early arrival reservation**　チェックイン時間前に到着するための予約.
　ホテル An extra room charge is incurred for any *early arrival reservation* at the hotel. ホテルにチェックイン時間前に到着するためには特別超過部屋料金がかかります.
◇ **early check-in**　早期チェックイン. ⇔ late check-in. ☆ホテルで規定のチェックイン時間以前にチェックインすること. 高級ホテルでない場合は, 追加料金を請求されることがある. あるいは早朝ホテルに着いてチェックインすること.
◇ **early check-out**　早期チェックアウト. ⇔ late check-out. 《1》ホテルで宿泊客が出発予定日を繰り上げてチェックアウトすること. departure date change とも言う. 《2》早朝にチェックアウトすること. チェックアウト前夜に精算する場合もある.
— 副 (時刻・時期が) 早く, (普通より) 早めに. ⇔ late (遅く). ☆ **fast** (速度が) 速く.
▶ check out one day *earlier*　1日早くチェックアウトする / start *early* in the morning　朝早く出発する.
　◇ **early bird**　早起きの鳥：早起きの人：(何らかの利益を得るために他の人に先んじて) 定刻より早めに来る人.
　掲示 *Early Bird* Special $5.50「早朝割引 $5.50」. ☆アメリカの都市空港に行くと, カフェテリアまたレストランなどの掲示板によく見かける.

east 名　東, 東方, 東部. ⇔ the west (西). ☆「東西南北」は英語では通常 **north, south, east and west** と言う.
　観光 Tokyo is in the *east* of Japan. 東京は日本の東部にある.

eat (過去 ate, 過去分詞 eaten) 動　食べる；(スープを) 飲む. ☆ **eat soup** は皿からスプーンで飲む場合に用いる. カップからスプーンなしで飲む場合は **drink soup** と言う. eat and drink で「飲み食いする」(日本語との語順の違いに注意). ▶ *eat* soup without making any noise　スープは音を立てずに飲む.
◇ **eat in**　《1》家で食事する. 《2》ここで食べる (=eat here). ⇔ take away, take out (持ち帰り). ☆ファーストフード店で注文した飲食物を「当店で食べるか, 持ち帰

るか」聞く時に用いる慣用表現.
　ファーストフード店 Will you take out or *eat in*? → I'll eat here. 持ち帰りますか, ここで食べますか. →ここで食べます.

economy 名 ① 経済.
② 節約. ▶ *economy* car 省エネの車 (=an economical car).
　◇ **economy class** （旅客機の）エコノミークラス (=tourist class). ☆米国では coach class と言う. ▶ fly *economy class* エコノミークラスの飛行機で飛ぶ.
　◇ **economy-class** エコノミークラスの. ▶ *economy-class* seat エコノミークラスの座席.

egg 名 卵. ☆ *egg* yolk 〈yellow〉 黄身 / *egg* albumen 〈white〉 白身 / raw *egg* 生卵 / shell 卵の殻 / chalaza カラザ, 卵帯.
☆卵のランク付け《1》「重さ」の基準は「大」から「小」への種類：**extra jumbo, jumbo, extra large, large, medium, small**.《2》「等級」は鮮度の「高いもの」からの順序：**grade AAA, grade AA, grade A**.
☆卵の料理法に関しては下記のような種類がある. 海外のレストランでは細かく聞かれる.
レストラン How would you like your *egg*(s)? → I'd like it 〈them〉 (scrambled), please. 卵はどのように召し上がりますか (=How do you want your egg(s)? / How will you have your egg(s)?) → (スクランブル) をお願いします. ☆ (　　) の中には下記の (a) から (d) までの適語が入る.
(a) **boiled** (egg) ゆで卵. ☆ **hard**-boiled (egg) 完熟卵 (ゆで時間は約 10〜15 分)/ **soft**-boiled (egg) 半熟卵 (ゆで時間は約 3 分).
(b) **poached** (egg) 落とし玉子. ☆熱湯でさっとゆがいた卵で, 中身は半熟.
(c) **scrambled** (egg) 炒り玉子. ☆日本のようにポロポロになるまでは炒めない.
(d) **sunny-side up** (egg) 目玉焼き. ☆片面だけ焼いて黄味がまだ柔らかい.
　◇ **over** 両面焼き. (turned 〈tipped〉 over の略：fried completely on both sides)
　◇ **over-easy** 黄身の柔らい両面焼き. (fried lightly on both sides)
　◇ **over-hard** 黄身の堅い両面焼き. (fried hard on both sides)
料理 Boil an *egg* soft 〈hard〉, please. 卵を半熟 〈固ゆで〉 にしてください.
料理 Boiled *eggs* with ham, please. ハム付きのゆで卵をお願いします.
料理 Scrambled *eggs* with bacon, please. ベーコンと炒り卵をお願いします.
料理 Two *eggs*, over-easy 〈over-hard〉, please. 卵 2 個を両面を軽く 〈よく〉 焼いた目玉焼きにしてください.
レストラン 《卵の焼き方》Will you have your *eggs* boiled or scrambled? → Soft-

boiled *eggs* 〈Sunny-side up〉, please. ゆで卵、それとも炒り卵にしますか. →半熟のゆで卵〈目玉焼き〉にお願いします.

レストラン《卵の加熱時間》How long would you like to boil your *eggs*? → About three minutes, please. 卵はどのくらいゆでますか. →3分ほどでお願いします.

レストラン《アメリカ式朝食で卵を注文する》　A=客　B=接客係

B: What would you like for breakfast?
A: I'll take an American breakfast.
B: All right. What kind of juice would you like?
A: I'll have grapefruit juice, please.
B: How would you like your *eggs*?
A: I'll have them sunny-side up.
B: Would you like ham, bacon or sausage?
A: I'll have bacon. I like it well-done and crisp.
B: 朝食は何にいたしますか.
A: アメリカ式朝食をお願いします.
B: 承知しました. どのジュースになさいますか.
A: グレープフルーツジュースをお願いします.
B: 卵の調理法はどのようになさいますか.
A: 目玉焼きにしてください.
B: ハム, ベーコン, それともソーセージになさいますか.
A: ベーコンをください. よく焼き, カリカリにね.

---

elevator [éləvèitə]（アクセントに注意）名 エレベーター(=《英》lift). ☆エレベーターでも「急行」は **express**,「各階止まり」は **local** と言う. また, 日本語の「エレベーター・ガール」は欧米では通じない. 英語では通例 **elevator operator** (=《英》lift boy)と言う. ▶ take an *elevator* (to the 5th floor)（5階まで）エレベーターを利用する / get in 〈get out of〉 the *elevator* エレベーターに乗る〈から降りる〉.

ホテル Is this *elevator* going up or down? このエレベーターの行き先は上ですか, 下ですか. ☆単に "Going up or down?" とも言う. up は上げ調子, down は下げ調子.

---

e-mail〈**email**〉動 Eメール(で手紙)を送る.

郵送 I'll *e-mail* you. あなたにEメールを送ります.

― 名 電子メール, Eメール. ☆ electronic mail の略. ▶ *e-mail* reservation 電子〈E〉メールによる予約. ⇨ reservation

---

empty 形 ① （容器など）空の, 中身のない(=vacant, unoccupied). ⇔ full(いっぱいの)

車内 Don't throw *empty* cans out of a moving car. あき缶を走行中の自動車から捨ててはいけない.

② (家・部屋・乗物などに) 誰も入っていない. ▶ *empty* bus 乗客のいないバス / *empty* room 空室；人がいない部屋；家具のない部屋 (=room empty of furniture). ☆ **vacant room** は「(ホテルなどの一時的な) 空室」のみに用いる / *empty* limousine 乗客のいないリムジン / *empty* taxi 空車のタクシー / *empty* run 回送〈チャーター・バスの配車用語〉. ☆乗客を乗せないで空車で走ること.

　機内 There's an *empty* seat over there. I'd like to sit there, if possible. そこに空席があります. できればその場所に座りたいのです.

③ (道が) 人通りがない. ▶ *empty* street 人通りのない街路 (=a street *empty* of traffic).

— **動** (容器を) 空にする；(中身を) あける. ⇔ fill (満たす)

　ホテル She *emptied* the closet of everything when she went out of the hotel room. 彼女はホテルの部屋を出るときクローゼットの中の物を全部取り出した.

English **形** ① 英語の. ▶ *English* teacher 英語教師 (=a teacher of *English*) / the *English* language 英語.

② イングランドの, イングランド人の. ▶ *English* folk songs イングランドの民謡.

③ イギリスの, 英国の；イギリス人の, 英国人の. ▶ *English* people 英国民. ☆スコットランド人・ウェールズ人・北アイルランド人は好まない用語なので British people, the British を使うことが多い.

— **名** ① 英語 (=the English language). ☆通例は無冠詞であるが, 特定の語を指す時は定冠詞 (the) を用いる.

▶ British *English* イギリス英語 / American *English* アメリカ英語 / spoken〈written〉*English* 話し〈書き〉英語 / the King's〈Queen's〉*English* 純正イギリス英語. ☆これに対して「純正アメリカ英語」は the President *English* と言う / write a letter in *English* 英語で手紙を書く / be good at *English* 英語が上手である.

　観光 What is the *English* for (the Japanese) "sakura"? → "Cherry blossom" is the *English* for "sakura". (日本語の)「桜」にあたる英語は何ですか. → Cherry blossom は「桜」に相当する英語です.

② イングランド人 (the English; the British)；英国人 (全体). ☆複数として扱う. ただし「個人」の英国人, イングランド人は an Englishman, an Englishwoman と言う.

　◇ **English bar** イギリス式バー. ☆アルコール飲料や各種の食事 (限定メニューに限る) が提供されるバーの総称. 日本のスナック・バーに似ている.

⇨ American bar
◇ **English breakfast** イギリス式朝食. ⇨ breakfast の種類
　ホテル *English breakfast* and a complimentary morning paper are included in the hotel charge. イギリス式朝食と無料提供の新聞はホテル料金に含まれている.
◇ **English inn** 英国風の宿泊施設 (=country inn). ☆ 15〜16世紀頃に建造された伝統的・古典的な小規模な宿泊施設. 現在でも観光用として利用されている.
◇ **English Service** 英国式サービス.

English-speaking 形 英語を話す. ▶ *English-speaking* tour director 英語を話す添乗員. ☆ English の代わりに French や Japanese などの言語を入れて幅広く活用できる.

enjoy 動 ☆観光英語の定番としてよく用いる必須単語. 主な用法を整理してみよう.
① 楽しむ, 喜ぶ. ▶ *enjoy* a drive ドライブを楽しむ / *enjoy* music 音楽を楽しむ.
　空港/機内 Please *enjoy* your flight. 空の旅をお楽しみください. ☆飛行機の乗客・旅客に対する慣用的表現である. Have a pleasant flight. とも言う. 形式的ではあるが I hope you'll have a nice flight. / I wish you can *enjoy* your flight. などとも表現する. 状況によっては「行ってらっしゃい」という和訳も考えられる.
　ホテル If you need anything, just use the phone in your room to call us. Please *enjoy* your stay. 何かご用の際は, 部屋の電話を使ってお呼びください. どうぞ滞在をお楽しみください.
　観光 《過去》How did you *enjoy* your trip to Boston? → I *enjoyed* it very much. ボストン旅行はどうでしたか. →非常に楽しかったよ. (=I've enjoyed myself very much.)
　観光 《未来》This is my first trip to the States. → I hope you'll *enjoy* your stay in this country. アメリカ旅行ははじめてです. →この国で楽しく滞在されますように.
◇ **enjoy + doing** 〜して楽しむ. ☆ enjoy +〈動名詞〉であって, enjoy +〈不定詞〉ではない.
　ホテル Guests can *enjoy swimming* in this hotel. このホテルの宿泊客は水泳を楽しめます (動名詞). ☆ Guests can enjoy themselves by swimming in this hotel. とも表現できる. Guests can enjoy to swim in this hotel. (不定詞) とは言わない.
◇ **enjoy oneself** 楽しむ, 楽しく過ごす (=have a good time).
　観光 *Enjoy yourself*. 楽しんでください / 楽しんでいってらっしゃい.

買物 Did you *enjoy yourself* at the shopping in Paris? → I enjoyed shopping so much. パリでの買い物は楽しかったですか. →楽しく買い物をさせていただきました. (=We *enjoyed ourselves* very much at the shopping.)
② (食事を)楽しく味わう.
　　レストラン《食事前》We found this wine〈fish, meat〉very good. I hope you'll *enjoy* it. → Thank you. I'll have it, please. → *Enjoy* your dinner, please. そのワイン〈魚・肉〉はとてもおいしいです. 楽しんでいただけますよ (お気に召せばいいのですが). →ありがとう. それをいただきましょう. →どうぞごゆっくり召し上がってください.
　　レストラン《食事中》How do you *enjoy* your dinner?→It tastes good. ディナーはいかがですか. →おいしいです.
　　レストラン《食後》How did you *enjoy* your (lobster) dinner? → It was marvelous. We really *enjoyed* it very much. (伊勢エビの) ディナーはいかがでしたか. →素晴らしかったです. とてもおいしくいただきました. ☆ Thank you. I've *enjoyed* the meal.「とてもおいしかったです. ごちそうさまでした」または Thank you for your wonderful meal. / That was a delicious dinner, thank you. などとも言う.
③ (よいものを)持っている. ▶ *enjoy* good health 健康に恵まれている.
　　観光 Mexico City *enjoys* a spring-like climate all the year round. メキシコシティは年中春のような気候に恵まれている.

---

enjoyable 形 楽しい, 愉快な. ▶ have an *enjoyable* time 楽しい時を過ごす.
　　宴会 It was a very *enjoyable* party. Thank you so much. とても楽しいパーティーでした. 本当にありがとう.

---

enjoyment 名 楽しみ, 喜び. ▶ take great *enjoyment* in music 音楽が大の楽しみである.

---

enter 動 (場所に) 入る (=go into, come into), 入場する. ☆具体的な場所へ入る場合 enter into (the room) は用いない. enter〈go into〉the room. と表現する. **enter into** は「～を始める, 参加する」の意. 例 He *entered into* conversation with the hotel manager〈the flight attendant〉. (ホテル支配人〈客室乗務員〉と話し始めた) ▶ *enter* the zoo at 2 p.m. 午後 2 時に動物園に入る / *enter* the restaurant from the recreation hall 娯楽室からレストランに入る / *enter* a tunnel トンネルに入る.

---

entrance 名 ① 入り口 (=way in;《米》entry), 玄関, 戸口. ⇔ exit (出口). ▶ *entrance* hall 入口に続く広間（正面玄関から続く public space）/ the front〈back〉 *entrance* of a museum 博物館の正〈裏〉門.

ホテル You can get the limousine for the airport at the main *entrance*. 表玄関で空港行きリムジンバスに乗れます.

② 入場；入会；入場許可(=entry).　▶ short-time *entrance* permit（国立公園などの）短期入場許可.

◇ **掲示** *Entrance* Free for Children「子供は入場無料」

◇ **entrance charge** 入場料(=entrance fee; admission fee).　⇨ charge

博物館 What's the *entrance charge* for the museum? → It's free of charge today. 博物館の入場料はいくらですか. →本日は無料です.

equal 形 （数・量・価値などが）等しい(to, with)；相当する(=equivalent).

金額 One U.S. dollar is *equal* to 100 cents, and one British pound is *equal* to 100 pence. 米1ドルは100セントであり，英1ポンドは100ペンスに等しい.

距離 One mile is *equal* to 1.6 km. 1マイルは1.6キロメートルに相当する. (=One mile is equivalent to 1.6 km.) ☆ one point six kilometers と読む.

両替所 What's the exchange rate for one US dollar? → One dollar is *equal* to about 100 yen. 1ドルの交換率はいくらですか. → 1米ドルは約100円に相当します. (=One dollar equals 100 yen.)

— 動 等しい；相当する(=be equal to).

金額 One dollar *equals* 100 yen. 1ドルは100円に相当する. (=One dollar is *equal* to 100 yen.)

温度 Twenty-eight degrees centigrade roughly *equals* eighty-two degrees Fahrenheit. 摂氏28度は約華氏82度に相当する.

☆数式の基本的な読み方.

① 「4 + 4 = 8」Four plus four *equals* eight. 4足す4は8に等しい. ☆ Four and four is〈are〉eight.

② 「16 − 8 = 8」Sixteen minus eight *equals*〈is / are〉eight. 16引く8は8である.

③ 「16 ÷ 2 = 8」Sixteen divided by two *equals*〈is / are〉eight. 16を2で割ると8になる.

④ 「4 × 2 = 8」Four multiplied by two *equals* eight. 4に2を掛けると〈4の2倍は〉8になる. ☆ Twice four is〈are〉eight. ☆「8 × 7 = 56」ならば Seven times eight is〈are〉fifty-six. となる.

escalator [éskəlèitə] 名 エスカレーター. ☆英国では **moving staircase**〈**stairway**〉とも言う.　▶ down〈up〉*escalator* 下り〈上り〉エスカレーター / get off〈get on〉an *escalator* エスカレーターから降りる〈に乗る〉/ go up 〈go down〉 by *escalator* エスカレーターで上に〈下に〉行く / go up to the fifth floor on an 〈by〉 *escalator* エスカレーターで5階に上がる / go up and down on the *escalator* エスカレーターで上がったり下がったりする.

【買物】 Where can I find the book section? → Take the *escalator* to the fifth floor. 書籍の売場はどこですか. →エスカレーターで5階へいらしてください.

---

escort ☆名詞と動詞のアクセントの違いに注意.
— [éskɔːrt] 【名】 ① 係(員); 添乗員; 護送者〈団〉. ▶ tour *escort* 観光団の添乗員.
② (パーティーなどに行く女性の) 付き添い男性; デートの相手の男性.
— [iskɔ́ːrt] 【動】 ①添乗する. ▶ be *escorted* by the guide during our stay in Paris パリ滞在中はガイドに添乗してもらう.
② (男性が女性に) 付き添う; 護送する. ▶ *escort* Ms. Aoki to the party 青木さんをパーティーにエスコートして行く.
◇ **escorted tour** 添乗員付きの旅行. ☆ガイドや添乗員付きの観光旅行.
【観光】 *Escorted tours* include special meals, admission to national parks and transportation in chartered bus. 添乗員付きの観光旅行には, 特別な食事, 国立公園の入場料, 貸切りバスの運賃などが含まれている.

---

excuse ☆名詞と動詞の発音の違いに注意.
— [ikskjúːz] 【動】 (人や行為を)許す, 容赦する (=pardon, forgive); 弁解する, 弁明する.
【観光】 The guide *excused* us for being late for the bus. ガイドは私たちがバスに遅れてきたことを許してくれた.
◇ **Excuse me.** 「失礼します」「失礼ですが…」. ☆2人以上の場合は **Excuse us.** 下記の用法に慣れよう.
《1》「呼びかけるとき」
【機内】 *Excuse me*, miss 〈sir〉! Water, please. すみませんが, 水をください.
【空港】 *Excuse me*, sir, (but) could you tell me the way to the boarding gate C-10? すみませんが, 搭乗ゲートC-10はどこでしょうか. (=Could you tell me where the boarding gate C-10 is?)
《2》「謝罪するとき」. ☆ **I beg your pardon.** とも言う. 英国では **I'm sorry.** がよく用いられる. Excuse me. に対する返答は Never mind. 「大丈夫です」, That's all right. 「いいですよ」など.
【観光(単数)】 *Excuse me* for being late. 遅れてごめん.
【観光(複数)】 Please *excuse us* for coming late. 遅くなってごめんなさい. (=Please excuse our coming late.)

《3》「通してもらうとき」
[機内/車内] *Excuse me*! Let me through, please. すみません．通してください．
《4》「人に聞き返すとき」．☆イントネーションは上昇になる．**I beg your pardon?** とも言う．
[会話] *Excuse me*? I didn't hear what you said. 何と言いましたか．言ったことが聞こえなかったのです．
《5》「中座するとき」．☆食卓で食事をしているとき「席を立ってもいいですか」という表現である．
[カフェ] *Excuse me*, please. I have to call my friend. ちょっと失礼します．友人に電話をかけなくてはいけないのです．☆ May I be excused? とも言う．
《6》「パーティーなどから帰りたいとき」．☆ I⟨We⟩ must be going now.（そろそろおいとまします）とも言う．
[会合] I hope you'll *excuse me* ⟨*us*⟩. もう失礼したいと思いますが．
[会合] Would you *excuse us*? It's about time we went home. 失礼します．そろそろ帰る時間です．
— [ikskjúːs] 名 容赦；弁解；口実．
[観光] He made an *excuse* for being late. 彼は遅くなったことの言いわけをした．

exhibit 動 展示する，陳列する，出品する（=display）．
[美術館] Where do you *exhibit* the works of Picasso in this art museum? → At the annex building. ピカソの作品はこの美術館のどこに展示されていますか．→別館にあります．
— 名 ① 展示品，陳列品；《米》展示会（=show）．
[掲示] Do not touch the *exhibits*. 「展示物にお手を触れないでください」
② 展覧会，展示会．☆ exhibition より口語的．
◇ **exhibit hall** 展示会場．☆展示会や見本市などに用いるホテルの会場．

exhibition 名 ①展示．▶ international *exhibition* 万国博覧会．
[観光] The Museum of Fine Arts in Boston holds a special *exhibition* of Japanese pictures. ボストン美術館は日本の絵画の特別展示を開催している．
② 博覧会，展示会（=show）．☆大規模な博覧会は exposition.
[観光] Many art *exhibitions* are held in fall. 秋になると多くの美術展が開かれる．

exit 名 出口（=《英》way out）．⇔ entrance（入口）．▶ emergency *exit*（緊急時の）非常口／ fire *exit*（火災時の）非常口／ freeway *exit*（アメリカ西部の）高速道路出口／ get off the highway at *exit* 10 10番出口でハイウェイを降りる．

[標示] Exit.《米》『出口』. ☆英国では Way Out.
[空港] Please give this customs declaration form to the customs officer at the *exit*. 出口でこの税関申告書を税関係員に渡してください.
☆ヨーロッパでは空港によっては税関の通過出口は次のように分かれている.《1》EU(European Union)諸国からの旅行者は **BLUE EXIT**(青色の出口)を通過する. 携帯手荷物には green-edged baggage tag がついている.《2》EU 以外の国からの旅行者は「申告するものが無い」場合は **GREEN EXIT** (Nothing to declare),「申告するものが有る」場合は **RED EXIT** (Something to declare) を通過する. 携帯手荷物には white baggage tag がついている.

◇ **exit gate** 出口ゲート.
　[空港] Your travel agent is waiting outside the *exit gate*. 旅行業者の人が出口ゲートの外で待っています.
── [動] 出て行く, 退場する. ⇔ enter

---

expect [動] ① 期待する, 待ち受ける.
　[ホテル] We've been *expecting* you. お待ちしておりました. ☆ホテルなどで予約者を迎えることば.
② 予期〈予想〉する(=suppose). ☆良いことにも悪いことにも用いる. **hope** は「起こって欲しい」(希望)と思うこと.
　[空港] Will she be coming to the airport? → I *expect* so. / I *expect* not. 彼女は空港に来るでしょうか. →来ると思います / 来ないと思います. ☆ I *expect* her to come to the airport. / I *expect* that she'll come to the airport. 彼女は空港に来ると思います.

---

expectation [名] 期待, 期待されること〈もの〉; 予期, 予想.
　[演奏会] The concert didn't come up to our *expectations*. コンサートは私たちの期待どおりではなかった.

---

expected [形] 予定された (=estimated). ▶ *Expected*〈Estimated〉Time of Arrival〈[略] ETA〉到着予定時刻 / *Expected*〈Estimated〉Time of Departure〈[略] ETD〉出発予定時刻.
◇ **expected date of departure** 出発予定日. ⇔ expected date of arrival（到着予定日)
　[観光] When is the *expected date of* your *departure*? → It's next Tuesday. 出発予定日はいつですか. →次の火曜日です.

expensive 形 高価な, 値段が高い. ⇔ cheap, inexpensive (安い). ☆ **price**「価格」が高いときは high price を用い, expensive price とは言わない. 同じ「高い」でも **dear**「値段が法外に高い」(例 Beef is too dear.), **costly**「品質が良いので高い」(例 These jewels are costly.) などがある.

〖観光〗 It is *expensive* to make a trip to Europe by ship. 船でヨーロッパ旅行するのは高くつく.

---

extend 動 ① (期間を) 延ばす, (時間的に) 延長する (=stay longer). ▶ *extend* one's stay at the hotel for another three days〈for three days longer〉ホテルの滞在をあと3日延ばす / *extend* one's hotel reservation for another two days あと2日間ホテルの予約を延長する.

〖観光〗 Why don't you *extend* your stay in Boston? → I wish I could. ボストンの滞在を延長してはどうですか. →できればそうしたいのですが.

② (時間的に・空間的に) 延びる, 広がる, 続く.

〖交通〗 This road *extends* from the hotel to the airport. この道路はホテルから空港まで続いている.

---

extension 名 ① (期間などの) 延長, 延期. ▶ an *extension* of three days 3日間の延長 (=a three-day *extension*).

◇ **extension of stay** 延泊, 滞在期間の延長. ☆宿泊客が出発予定日を繰り下げて滞在期間を延長すること. departure date change の一種である. 同種の客室が確保できている場合は room change と言う.

② (道路・鉄道などの) 拡張, 延長. ▶ *extension* of a road〈railroad〉道路〈鉄道〉の延長.

③ (電話の) 内線 (=telephone extension). ▶ *extension* number 内線番号 / *extension* telephone 内線電話.

---

extra 形 ① 追加の; 割り増しの (=additional). ▶ *extra* bill 追加請求 / *extra* cost 追加費用.

〖ファーストフード店〗 Would you put some *extra* ketchup on it, please? ケチャップを多めにかけてください.

◇ **extra bed** 追加ベッド. ☆シングルルームをツインベッドで, またはツインルームをトリプルベッドで使用するとき, あるいは4人以上の客室に追加で搬入する「簡易〈予備〉ベッド」のこと.

〖ホテル〗 Is there an *extra bed* available? → Is it to be used for an adult or a child? 予備ベッドを利用できますか. →大人用ですか, それとも子供用ですか.

◇ **extra blanket** 毛布をもう1枚(=another blanket; one more blanket).
   機内 Excuse me, miss. It's very cold. Can I have an *extra blanket*, please? すみません. とても寒いので予備の毛布をお願いできますか(=I'd like to get an *extra blanket*, please).
◇ **extra charge** 追加料金, 割り増し料金; 超過料金(=additional charge, supplement charge). ☆《1》ホテルのチェックアウト・タイムが過ぎても客室に滞在していると請求される. チェックイン・タイム以前に客室を使用する場合にも請求される. 《2》ホテルでエキストラ・ベッド(extra bed)を使用した場合にも請求される.
   ホテル I'd like to pay the *extra charges* separately by credit card. 追加料金は別にクレジットカードで支払いたいのです.
◇ **extra fee** 別料金.
   観劇 If you pay an *extra fee*, you'll guarantee the provision of a reserved seat. 別料金を支払えば予約席の確保が保証されます.
◇ **extra weight** 重量超過. ☆航空会社によって多少異なるが, 通常エコノミークラスは20kg, ビジネスクラスは30kg, ファーストクラスは40kgである.
   空港 How much do I have to pay for the *extra weight*? 重量超過に対していくら払わなくてはいけませんか.
② 臨時の. ▶ *extra* key 予備鍵, 合い鍵 / *extra* liner 不定期船.
   ◇ **extra bus** 臨時バス.
   バス How often do the *extra buses* run? → (They run) Every thirty minutes. 臨時バスはどれくらいの間隔で運行していますか. → 30分おきです.
   ◇ **extra flight** 臨時便(=extra plane).
   空港 Are there many *extra flights* for vacationers in August? 8月には行楽客用に多数の臨時便が出ますか.
   ◇ **extra train** 臨時列車, 増発列車.
   駅舎 They operate the *extra trains*. 臨時列車を走らせている.
— 副 余分に, 特別に. ▶ pay *extra* for boxes 箱代は別料金である.
   ホテル Breakfast is excluded. You have to pay *extra* for it. 朝食は含まれておりません. 別払いになります.
— 名 余分のもの, 別勘定; 追加料金.
   ホテル Breakfast is an *extra* at this hotel. このホテルでは朝食は別料金をいただきます.

F

face 名 顔. ☆頭部の目鼻口のある部分だけを指す. 日本語で「窓から顔を出す」と言うが英語では put one's <u>head</u> out of the window と表現する. ⇨ head
— 動 〜に面する. ▶ a hotel room *facing* the ocean 海に面したホテルの部屋.

falls 名 滝(=waterfalls). ☆通常は「複数形」で表す. 固有名詞の場合動詞は「単数」扱いにする. **cascade**「小さい滝, (階段状に)分かれた滝」, **cataract**「大きい滝, 瀑布」.
◇ **Niagara Falls** ナイアガラ瀑布. ☆アメリカとカナダの国境にまたがるナイアガラ川 (the Niagara River) に架かる大滝. 英国では the を付ける. 通例は単数扱いであるが特に2つの部分から成ることを強調する場合は複数扱いとなる.
【観光】 *Niagara Falls* is famous for a honeymooner's destination in the States. 米国ではナイアガラの滝は新婚旅行先として有名である.

fare [féə] (fair と同音異義語) 名 (列車・電車・バス・船など乗物の) 運賃, 料金；バス代；電車賃(=《米》carfare). ☆「料金」に関して **charge**「(サービスなどの)使用料・手数料」(例 We pay the hotel *charge* by credit card.) と **fee**「(入場・入会などの)料金」(例 They pay admission *fee* in cash.) がある. ちなみに遊園地などでの「乗物の料金」については How much is one **ride**? などと言い, fare は用いない.
▶ *fare* chart〈table〉運賃表 / *fare* cheating 無賃乗車. ☆ fare cheater「無賃乗車する人」(=fare beater〈dodger〉)/ bus *fare* バス運賃〈料金〉. ⇨ bus. / taxi *fare* タクシー運賃〈料金〉. ⇨ taxi. / train *fare* 列車運賃. ⇨ train
【掲示】 EXACT *FARE* REQUIRED「釣り銭なきようお願いします」
【車内】 Exact *fare*, please. 釣り銭のいらないようにお願いします. ☆ Please have exact *fare*. とも言う.
【空港】 How much is the one-way *fare*? 片道の運賃はいくらですか. (=How much is the *fare*, one way?)
◇ **fare adjustment** (**office**) 運賃の精算(所). ▶ *fare* adjustment machine 運賃精算機.
◇ **fare box** (乗物の)運賃箱, 料金箱.
【バス車内】 You only have to put your money in the *fare box*. Take this piece of paper. That's your proof of payment and your transfer. お金を運賃箱に入ればよいのです. この紙片を取ってください. 支払いと乗換券の証明になります.
◇ **fare for travel** 旅行運賃.
【観光】 A surcharge is added to the *fare for travel* on weekends. 週末の旅行運

賃には追加料金が加算される.

---

fasten [fǽsn]（t は発音しない）**動**（ベルトなどを）締める；（ボタン・バッジなどを）留める. ☆ tie や bind よりも一般的な単語である. ⇔ unfasten（緩める）. ▶ *fasten* the buttons on the coat コートのボタンを留める / *fasten* the badge to the lapel 折り襟にバッジをつける.

掲示 *FASTEN* SEATBELT.《1》「座席ベルト着用」. ☆飛行機の離着陸時などに点滅するサイン.《2》「シートベルトを締めよ」. ☆交通標識に見られる掲示.

機内《離陸》Please check to see that your seatbelt is *fastened* and your seat is upright. 座席ベルトが締まっているか, 座席の背をまっすぐに戻したかどうかを確かめてください.

機内《着陸》We are going to land soon at Boston. Please take your seat and *fasten* your seatbelt securely. And put your seat back upright, please. まもなくボストンに着陸しますので, 着席し座席ベルトをしっかりとお締めください. 座席をまっすぐに直してください.

機内《乱気流》Whenever we are passing through air turbulence, you must *fasten* seatbelts. 乱気流を通るとき, シートベルトはいつもお締めください.

車内 Please keep your seatbelts *fastened* while you're driving. 運転中はシートベルトを締めていてください. ☆ Please *fasten* your seatbelt.「シートベルトをお締めください」.

---

fast food **名** ファーストフード. ☆ **road food / junk food** などとも言う.

---

fast-food **形** ファーストフード専門の. ☆名詞の前に用いる. ▶ *fast-food* joint 急いで食事をするための店.

◇ **fast-food restaurant** ファーストフード・レストラン.

ファーストフード店 A hamburger and a coke, please. → Take away or eat here? ハンバーガーとコーラをください. →お持ち帰りですか, それともここで召し上がりますか.（=For here or to go?）

---

favor〈《英》**favour**〉**名** 好意, 親切；親切な行為, 世話.

◇ **do**（**a person**）**a favor**（人に）親切にする,（人の）願いを聞き入れる（=do a *favor* for a person）. ☆ Would you *do me a favor*?「お願いがあるのですが」は相手に願い事をする時に用いる慣用表現である. 親しい間柄では *Do me a favor*!「お願い!」とも言う.

空港 I need your help. Would you *do me a favor*? → Well, it depends. What's up? → Would you *do me a favor* by putting my baggage on the cart? 手伝ってほしいのです．お願いできますか．→事の次第にもよります．どうかしたのですか．(=What happened to you?) →荷物をカートに載せていただけますか．

◇ **ask a favor of** (**a person**) (人)にお願いする．☆ **have a favor to ask of** (a person) とも言う．

【依頼】 I *have a favor of* you. → Sure. What can I do for you? ひとつお願いがあります．→はい．何かご用でしょうか．(=Is there anything I can do for you?)

favorite [féivərit] 名 大好物，特に好きなもの．☆ favorite は「最も気に入った（料理），いちばん好きな（料理）」(the favorite dish) という意味でそれ自体「最上級」なので the most favorite dish とは言わない．

【レストラン】 What would you like to have, cake or fruit? → This cake is my *favorite*. I'll have it. ケーキか果物，どちらになさいますか．→このケーキは私の大好物です．それをお願いします．

— 形 大好きな，お気に入りの．▶ *favorite* color 大好きな色．

【レストラン】 What's your *favorite* dish? → I love the Italian food, but my favorite is still French. 大好きな料理は何ですか．→イタリア料理は好きですが，やはり大好きなのはフランス料理です．

fee 名 ① (入場・入会・入学などの) 料金，費用．▶ admission *fee* ⟨charge⟩ (to the museum) (博物館の) 入場料．⇨ admission
② (専門職人に払う) 謝礼，心付け．▶ guide *fee* ガイド料 / porter's *fee* ポーターへの心付け．

【空港】 How much is the *porter's fee*? → Two dollars per piece (will be enough). ポーターへの心付け⟨代金⟩はいくらですか．→荷物1個につき2ドルです（1個につき2ドルで十分でしょう）．

fever 名 (平常の体温より高い) 熱，発熱．☆日本語で「彼は彼女の熱を計る」と言う場合 He checks⟨takes⟩ her temperature (to see if she has a fever). と表現し，fever は用いない．

【機内】 She seems to have a slight⟨high⟩ *fever*. 彼女は微熱⟨高熱⟩があるようです．

feverish 形 熱っぽい．▶ feel *feverish* 熱っぽい / get *feverish* 熱が出る / be a bit *feverish* 微熱がある．

【病気】 I'm *feverish* from a cold and have a terrible headache. 僕は風邪で熱っぽくて頭痛がひどい．

fill 動 ① (容器・場所などを)満たす, いっぱいにする.

　　レストラン　He *filled* me a glass. 彼は私にグラスいっぱいついでくれた.

② (空間・場所を)占める, 満たす. ☆ **be filled** いっぱいである.

　　ホテル　Many tourists *filled* the main lobby. 多数の観光客でメインロビーがいっぱいになった.

　　ホテル　I'd like to reserve a twin room for tonight. → I'm afraid we're *filled* to capacity tonight. 今晩ツインを予約したいのです.→あいにく今晩は満室です.

◇ **fill in** (書式に)書き込む, (書式・文書などの)空所を満たす (=《米》fill out). ☆用紙 (form) や空所 (blank) に「具体的な項目」(例 住所氏名・便名) の必要事項を記入する時によく用いる. ▶ *fill in* the registration card 宿泊登録カードに記入する.

　　空港・機内　Please *fill in* your name and address here in your arrival card. 入国カードのここに住所氏名(日英語の語順に注意)をご記入ください.

◇ **fill out** (必要事項を)記入する, (書類に)書き込む (=《英》fill in). ☆用紙や書式 (form) また空所 (blank) などに必要事項を記入する (例 出入国カード・再入国カード・税関申告書)時に用いる. **write down** (書き込む), **enter** (記入する) とも言う. ▶ *fill out* the entry form before proceeding to the Immigration Counter 入国管理カウンターに進む前に入国用紙に必要事項を記入する / *fill out* this application form with one's signature 署名をしたうえでこの申し込み用紙に記入する / *fill out* the currency exchange statement 通貨引換証明書に記入する.

　　機内　Could you tell me how to *fill out* this arrival and departure record? すみませんが出入国カードの記入の仕方を教えてくださいますか.

◇ **fill up** いっぱいにする : (ガソリンスタンドで車を)満タンにする (=《英》fill in). ☆日常的には **tank up** とも言う. ガソリンスタンドで Fill her up, please. (満タンにしてください) という言葉を聞く. 車を her で表している. ちなみに Fill it up, please. とも言う.

　　レストラン　Are there any vacant tables in this restaurant? → Sorry. Tonight this restaurant is *filled up*. こちらのレストランには席が空いていますか.→すみません. 今晩は満席です. (=All the seats are fully booked for tonight.)

---

filling station ガソリンスタンド (和製英語). ☆ gas station, 《英》petrol station, また給油の他に修理などをする所は service station と言う. 米国では **SELF-SERVE** (セルフサービス) の表示をよく見かける.

---

finish 動 ① 終える. ⇔ begin. ▶ *finish* (reading) the magazine 雑誌を(読み)終える.

② (飲食物を残さずに)食べ終える. ▶ *finish* (eating) the dinner 食事を済ます.
◇ **finish + (do)ing** 〜し終える. ☆ finish の後には「動名詞」を用いる.
【空港】 I've *finished filling out* this customs declaration form. この税関申告書に記入し終えました.
◇ **finish with + 名詞** 使い終わる, 用済みにする. ☆通常は「完了形」を用いる.
【機内】 Have you *finished with* your meal〈dinner〉? 食事はお済みになりましたか.

fit 動 ①(寸法・形が)ぴったり合う,(衣服・靴などが用途に)合う.
② (色・柄などが)人に似合う. ☆ become, suit を用いる場合もある.
【買物】 How does this white dress *fit* me? → I think this red dress *fits* you quite well. この白いドレスはどうですか, 似合いますか. →この赤いドレスのほうがよく似合います.
③ (色・柄などが)他の部分の色・柄に合う. ☆ match, go with を用いる場合もある.
【買物】 This blouse *fits* this red skirt. このブラウスはこの赤いスカートにぴったりです.
— 名 (衣服・靴などの)合い具合.
【買物】 This jacket is a bad〈poor〉 *fit*. この上着は体に合わない.(=This jacket doesn't fit me.)

fitting 名 試着, 仮縫い; 取り付け.
◇ **fitting room** (衣服の)試着室 (=changing room; dressing room).
【買物】 I like this. May I try it on just to make sure of the size? → Go ahead and try it on, please. The *fitting room* is over there. これが気に入りました. サイズが合うかどうか確かめるのに試着してもよろしいでしょうか. →はい, どうぞ. 試着なさってください. 試着室は向こうです.

fix 動 ① 修理する (=repair; mend). ▶ *fix* the watch 時計を直す.
【ホテル】 Could you *fix* the TV which doesn't work? → Sure. We'll have it *fixed* by the time you get back to the hotel. 作動しないテレビを修理してくださいますか. →はい, お客様がホテルにお戻りになるまでには修理させておきます.
② 手配する(with);用意する(for).
【酒場】 I'll have some beer, please. And could you *fix* me a snack? 何本かビールをください. それにおつまみも適当によろしく.
② 決める.
【観光】 The tour director *fixed* the date and place for the orientation of the

tour. 添乗員は旅行の説明会の日取りと場所を決めた.

fixed 形 決まった. ▶ *fixed* meal 定食 / *fixed* price 定価 (=sticker price).
レストラン They offer a wide variety of *fixed* meals in this restaurant. このレストランではいろいろな定食が用意されています.

flight 〈略〉FLT〉 名 飛行；飛行便；飛行機；空の旅.
空港・機内 **Have a pleasant flight.**「いってらっしゃい」. ☆飛行機での旅客に対して「空の旅を楽しんでください」という慣用表現である. **Have a nice flight.** また **Please enjoy your flight.** とも言う. 形式的ではあるが I hope you'll have a nice flight. また I wish you can enjoy your flight. とも表現できる. 飛行機に限らず旅行について述べたい場合 Have a nice〈pleasant〉 trip. とも言う. ちなみに, 別れる時の英語表現としては, 一般的には Have a good day〈time〉. / Have a nice weekend. など, 親密な表現としては Good-bye. / See you. / Take it easy. などがある.
◇ **flight attendant** 客室乗務員, 機内の接客乗務員. ☆ flight crew, cabin attendant とも言う. 男女の区別を明示する stewardess や steward を避けるために用いる表現である.
機内 *Flight attendants* are responsible for the safety and comfort of the passengers in an airplane. 客室乗務員は飛行中の乗客の安全と快適さに対する責任がある.
◇ **flight/class** 便名/座席のクラス. ☆座席クラスを表す記号は次の通り. **F**(FIRST) ファースト / **C**(BUSINESS) ビジネス / **Y**(ECONOMY) エコノミー.
◇ **flight charge** 航空料金.
空港 Sometimes *flight charges* are lower than train fares. 航空運賃は列車運賃より安いときがある.
◇ **flight coupon** 航空券の搭乗用片. ☆国際航空券の一部. 未使用のフライトクーポンは旅行終了後に払い戻しの対象になる.
◇ **flight crew** 運航乗務員 (=cockpit crew). ☆航空機の操縦や機器の操作を行う乗員. 一般的に乗員は captain (機長), co-pilot (副操縦士), flight engineer (航空機関士), navigator (航空士) などである.
◇ **flight departure** 飛行機の出発, 出発便.
空港 You had better reconfirm your flight at least 24 hours prior to *flight departure*. 飛行機の出発の遅くとも24時間前に飛行機の予約の再確認が必要である.
◇ **flight information board** 出発便案内板〈告知板〉.
空港 A *flight information board* shows flight departure times and gate

numbers, and flight cancellations. 飛行機の発着案内板には，出発時刻や搭乗口番号，それに欠航のお知らせなどが表示されます．

◇ **flight number** （飛行便の）便名番号．☆民間航空会社の航空便の番号．
　【空港】 Let's meet at the airport. What's your *flight number*? 空港で会いましょう．飛行便番号は何番ですか．

◇ **flight recorder** フライトレコーダー，飛行データ記録装置．☆正式名は **flight data recorder** と言う．飛行機の上昇下降や速度などの情況が記録されている．**voice recorder**（ボイスレコーダー）とともに重要な装置である．

◇ **flight reservation** 飛行機の（座席）予約．
　【空港】 I'd like to reconfirm my *flight reservation*. → What's your flight number? 飛行機の予約を再確認したいのです．→便名は何番ですか．

◇ **flight schedule** 飛行予定，運航計画．
　【空港】 You had better check your *flight schedule* at the airline counter. 航空会社のカウンターであなたの便の飛行予定を調べるほうがよいでしょう．

◇ **flight time** （離陸から着陸までの）飛行時間，飛行所用時間．⇨ flying time. ☆飛行機が実際に滑走路を離れて空中に飛んでから，再び車輪が接地するまでの時間．例えば Timetable では羽田空港―関西空港間は1時間となっている．しかし実際の「飛行時間」(flight time) は50分前後である．
　【空港】 How long is the *flight time* between Narita and Hong Kong? 成田と香港の間の飛行時間はどのくらいですか．

floor 图 ① 床，床板．▶ floor lamp 床上ランプ．
　【機内】 You can put your cabin baggage under your seat on the *floor*. 機内手荷物は座席下の床に置いてください．

② （建物の）階 (=story). ☆米国のホテルや空港などで **level** という単語もよく見かける．米語と英語の表現が違うので注意する必要がある．「1階」《米》the first floor;《英》the ground floor /「2階」《米》the second floor;《英》the first floor /「3階」《米》the third floor;《英》the second floor / the top floor 最上階 (=the uppermost floor).
　【買物】 On which *floor* are handbags sold? → On the fifth *floor*. ハンドバッグを売っている階はどこですか．→5階です．

fly （過去 flew, 過去分詞 flown）動 ① 飛行機で行く (=fly in a plane; go by plane). ▶ *fly* from Paris to Rome via Milan 飛行機でパリからミラノ経由でローマへ飛ぶ．
　【機内】 Please tell me where we are now. → We are now *flying* over the

Alps. 現在地はどこですか. (=Where are we *flying* now?) →目下アルプス山脈の上を飛行中です.

◇ **fly back to (X)** (X へ) 飛行機で帰る, 空路で帰る.
　【空港】 Do you return home by sea? → No. I'll *fly back to* Japan. 海路で帰国しますか. →いいえ. 空路で日本へ戻ります. (=I'll go back to Japan by air.)

◇ **fly from (X)** (X から) 飛行機で行く, 空路で行く.
　【空港】 Where are you *flying from*? → (I'm *flying*) *From* Japan. 飛行機でどちらからいらっしゃったのですか. →日本からです.

◇ **fly to (X)** (X まで〈へ〉) 飛行機で飛ぶ
　【空港】 Where are you *flying to*? → (I'm *flying*) *To* Boston. 飛行機でどちらまでいらっしゃるのですか. →ボストンまで(飛ぶところ)です.

② 飛行機を利用する (with).
　【機内放送】 Ladies and gentlemen, thank you for *flying* with Japan Airlines today. 皆様, 本日は日本航空をご利用いただきありがとうございます.

---

flying 形 飛行の. ▶ *flying* range 航続距離 (満タンの燃料で飛行できる最大限の距離).

◇ **flying time** 飛行時間. ⇨ flight time
　【機内】 What's the actual *flying time* from here to Boston? ここからボストンまでの実際の飛行時間はどのくらいですか.

◇ **flying mum** 空の保母. ☆ unaccompanied minor (飛行機に付き添いなしで搭乗する子供) の世話役の女性. 航空会社が手配する.

---

foldaway table 折り畳み式テーブル (=folding table). ☆機内の座席についているテーブル.
　【機内】 Dinner is ready. Please pull out the *foldaway table*. お食事の準備ができました. 折り畳み式テーブルを引き出してください.

---

food 名 食べ物 (=dish). ☆ **food** は広く一般に用いる言葉で食べ物全般を, **dish** は通常調理された食べ物を指す.
　【機内】 Which do you prefer, Japanese *food* or Western *food*? 和食それとも洋食のどちらをお好みでしょうか.

◇ **food and beverage** 飲食物. ☆ホテル用語としては「**F&B / FB**」と略す.
◇ **food, clothing and shelter** 衣食住. ☆日本語との語順の違いに注意.
◇ **food poisoning** 食あたり, 食中毒.
　【病気】 I'm afraid I've got *food poisoning*. I threw up twice 〈three times〉 in the

last two hours. 食中毒だと思います．この2時間で2回〈3回〉も嘔吐しました．

form 名 （書き込み）用紙，（必要事項を記入する）書式． ▶ application *form* 申請用紙．
　【機内】 Would you fill in this *form*, I mean the arrival card, please? この用紙つまり入国カードにご記入願えますか．
　【空港】 Please sign your name on this customs declaration *form*. この税関申告書に署名してください．

formal 形 正式の，儀礼的な；形式的な． ⇔ informal（普段の）
　◇ **formal dress** 正装（=formal clothes〈wear〉）． ☆ **proper dress** 正装（例 Should I wear *proper dress*? 正装すべきですか）とも言う．また，正装をすべきかを聞くには **dress code**「服装のきまり」という言葉を用いて Do you have a *dress code*?（服装のきまりがあるのですか），あるいは **dress up** は「正装する」という意味なので Is it formal? Do I have to *dress up*?（正装しますか）のように表現できる．
　【ホテル】 You are requested to wear *formal dress* at the party. パーティーでは正装着用です．

formality 名 形式，正式；（複数形で）正式の手続き，書式に記入し手続きすること．
　▶ *formality* at borders 国境諸手続き / *formality* for going abroad 渡航手続き / customs *formalities* 税関手続き / departure *formalities* 出国〈出発〉手続き．
　【空港】 You are requested to go through due *formalities* in order to leave the country. 出国のためには正規の手続きを終える必要がある．

free 形 ① 自由な；暇な． ▶ have three〈two〉hours of *free* time 3〈2〉時間は暇である．
　【観光】 If you have a lot of *free* time, a one-day tour would be good. 自由時間が多ければ1日観光に行くと良いでしょう．
　◇ **be free to (do)** 自由に～できる；自由に～する．
　　【ホテル】 You *are free to* use the computer anytime in the VIP lounge. VIPラウンジではコンピューターをいつでも自由にお使いいただけます．
② （座席などが）空いた；空いている．
　【機内】 Is this seat *free*? → I'm afraid someone's sitting there. この席は空いていますか．（=Is this seat taken?）→誰かが座っていると思います．
③ 無料の． ▶ *free* hotel courtesy phone （空港からかける）ホテルへの予約専用無料直通電話． ☆単に **courtesy phone** とも言う / *free* parking 無料駐車 / free pick-up service （ホテルからの）無料出迎えサービス．

ホテル They can get a *free* drink in the VIP lounge. VIPラウンジでの飲み物は無料です. ☆Coffee is *for free* in the VIP lounge.「VIPラウンジではコーヒーは無料です」

◇ **free allowance** 無料宿泊料. ☆ホテルでは団体の通常15～20名に付き1名の宿泊料が無料になる.

◇ **free baggage allowance**〈略 **ALLOW**〉 無料手荷物許容量. ⇔ excess baggage charge. ☆航空機を利用する際設けられている荷物の重量または個数・容積に関する規定. 受託手荷物または機内持ち込み手荷物が許容重量以内であれば追加料金はとられない. 国際線の場合, 例えばJALやBAなどではeconomy classは1つ23キロまでの荷物を2つまで, business classとfirst classは1つ32キロまでの荷物を3つまでは無料でチェックインできる. 実際の許容量は航空会社によって異なる.

　空港 The *free baggage allowance* is 20 kilograms for an economy-class passenger, and 30 kilograms for a business-class passenger. 無料手荷物許容量はエコノミークラスの乗客は20キロ, ビジネスクラスの乗客は30キロです. ☆ *Free baggage allowance* is limited to 20 kilograms per person.（無料手荷物許容量は1人につき20キロに制限されている）.

◇ **free ticket** 無料チケット.

　鑑賞 He gave me a *free ticket* to the concert. 彼はコンサートの無料チケットをくれた.

◇ **free ticket for transportation** 交通機関の無料チケット.

　ホテル This is a *free ticket for transportation* to your hotel. ホテルまでの交通機関に無料で乗れるチケットです.

◇ **free of** （税金などを）免れている.

　免税店 These articles are *free of* taxes〈duties〉. この品物は免税です.

◇ **free of charge** （料金を）免れて, 無料で (=for free; for nothing).

　機内 Is there a charge for wine? → It's *free of charge*. ワインは有料ですか. →無料です. (=There is no charge for wine.)

④ 無税の. ▶ *free* imports 免税輸入品.

― 副 無料で (=for free; for nothing).

　劇場 Children under 12 are admitted *free*. 12歳未満の子供は入場無料です.

(名詞)-free ☆名詞に付けて「～がない；無料の」の意味の形容詞をつくる.

① （～の）ない. ▶ smoke-*free* 煙のない, 禁煙の / vehicle-*free* 車両通行止めの.

　表示 This is a smoke-*free* building.「この建物内では禁煙」

② 支払い無料の, 支払免除の. ▶ tax-*free* 免税の (=duty-free).

front desk (the ～)(ホテルの)フロント, 受付 (=《英》reception desk). ⇨ reception.
☆日本でホテルの正面玄関にある受付を「フロント」(和製英語)と言うが, 英語では **the front desk** または **the reception desk** と言う. ホテルによっては **Reception/Registration/Room**(s) などとも呼ばれる. 通常受付は **registration** (客室予約受付, 到着客の登録とカード記入, 客室の鍵の受け取りと管理), **information** (郵便や伝言の取扱いなど), **cashier** (会計, 料金の支払い, 両替, 貸し金庫の管理) に分かれている. 英語では **front** だけでは「建物の正面玄関の入口」の意味しかない. 「フロントで待つ」(wait at the front) と言えば「受付」ではなく「正面玄関口」で待つ (wait at the front door〈entrance〉) と解釈される場合が多い. ただし日常のホテル内では相互に理解しあっているので, チェックインを済ませた宿泊客を客室に案内するためにベルボーイをフロントに呼ぶ時, 係員が Front, please! (フロントに来てください) と言うのをよく耳にする.

 ホテル Please leave your valuables with the cashier at the *front desk*. フロントの会計係に貴重品をお預けください.

---

full 形 ① 満ちた；満員の. ⇔ empty (からの). ▶ *full* booking 満席.

 掲示 House *Full*. 「大入り満員」. ☆ a full house は「満員の劇場」のこと.

 バス車内 You had better take the next bus because this one is *full*. このバスは満員ですので, 次のバスに乗るほうがいいですよ.

◇ **be full** (**of**) いっぱい入っている, 満員である (=be packed〈jam-packed〉(with)).

 観戦 The stadium *is full of* spectators. スタジアムは観客で満員です.

② 満腹の. ⇔ hungry (空腹の)

 機内 Won't you have some more fruit? → No, thank you. I'm *full*. I can't eat any more. I'll skip fruit. もっと果物を召し上がりませんか. →もう結構です. 満腹です. もうこれ以上食べられません. 果物は結構です. ☆ I've had (quite) enough. / I've had plenty. / I have a full stomach. などとも言う.

③ 完全な, 全部そろった正規の. ▶ *full* dress 正装, 礼装 / *full* fare (割引のない) 普通運賃 / *full* hour まる1時間 / *full* meal 3食 (朝昼晩).

◇ **full breakfast** ⇨ breakfast の種類 (American〈English〉 breakfast)

◇ **full day** まる1日. ⇨ full-day

 観光 We have a *full day* at leisure in Paris. パリでは1日中自由行動です.

◇ **full name** (略さない)氏名. ☆ write one's name in full 略さずに名前を書く.

 ホテル You must give your *full name*, address, and phone number. フルネーム, 住所と電話番号をください.

◇ **full rate** 全額 (=full price).

[ホテル] The *full rate* will be charged after 6:00 p.m. if you use the room beyond check-out time. チェックアウト時間を超えると，6時以降は全額支払いとなります.
◇ **full payment** 全額払い.
[ホテル] *Full payment* is required in advance. 前金で全額お支払いいただきます.
◇ **full pension**〈略〉**FP**〉3食込み宿泊料金制度. ☆ American plan とも言う.
[ホテル] The traditional continental breakfast is served under *full pension* in France. フランスでは1泊3食込みの宿泊料金方式で伝統的なコンチネンタル式朝食が出される.

full-day 形 終日の. ▶ *full-day* excursion 終日〈周遊〉旅行 / *full-day* trip 1日旅行.
◇ **full-day tour** 1日観光, 終日観光. ☆ half-day tour（半日観光）.
[観光] I want to make a reservation for a *full-day tour*. Could you tell me more about it? 終日観光を予約したいのですが，もう少しご説明いただけますか.

搭乗口

G

gas 名 ① (空気以外の) ガス；気体；(燃料用の) ガス. ☆ solid 固体, liquid 液体.
② ガソリン. ☆米国では gas で, **gasoline** の略. 英国では **petrol** と言う.
　交通 On the way to the airport we ran out of *gas*. 空港へ行く途中ガソリンが切れた.

◇ **gas station** ガソリンスタンド, 給油所. ☆「ガソリンスタンド」は和製英語, アメリカでは gas station / filling station / service station, イギリスでは petrol station と言う. ちなみに,「ガソリンスタンドの係員」は英語で男女の区別なく gas station attendant, 略して attendant とも言う. 最近では電気自動車のための electric automobile charging〈recharging〉station（電気自動車充電スタンド）がある.
　ガソリンスタンド How far is the nearest *gas station*? → Not so far. It takes about ten minutes by car. 最寄のガススタンドまでどれくらいですか. →それほど遠くないです. 車で 10 分ほどです.

◇ **gas mask** ガスマスク, 防毒マスク.
　ホテル There is a *gas mask* in your closet. Put it on and exit the room. Don't use the elevator. Use the stairs. 衣服棚にガスマスクがあります. 装着して部屋を出てください. エレベーターは使用せず階段をご利用ください.

gate 名 ① 門；(門の) 扉；出入り口；改札口. ▶ toll *gate*（有料道路の）通行料金徴収所.
② (空港の) ゲート；搭乗口. ▶ *gate* change ゲート変更 / *gate* lounge（空港内）旅客〈搭乗者〉待合室 (=departure lounge) / boarding *gate*（飛行機の）搭乗口 (=departure gate).
　空港 Where does AA flight 123 depart from? → Terminal A, Concourse B, *Gate* 20. AA123 便はどこから出発しますか.（=From which *gate* do we get on board AA flight 123? どのゲートから AA123 便の飛行機に乗るのですか.）→ターミナル A のコンコース B にある搭乗口 20 番です. ☆ Please proceed to *Gate* 20 for AA flight 007.「AA007 便ご利用の方は 20 番ゲートにお進みください」

◇ **gate number** 搭乗口番号.
　空港 What's the *gate number* for AA flight 123 to New York? Can you tell me where to go? ニューヨーク行きの AA123 便の搭乗口番号は何番ですか. どちらの方へ行けばいいのか教えていただけますか.（=I'd like to take AA flight 123 for New York. Please tell me the *gate number*.）

◇ **gate pass** 搭乗券 (=**boarding pass**)；入場券；通行証．
　【機内】Show me your *gate pass*, please. 搭乗券を見せてください．
　【空港】Please show your *gate pass* to the attendant. 入場券は係員に見せてください．

---

get (過去 got, 過去分詞 gotten) 【動】
① 得る (=receive), 入手する；買う (=buy)．▶ *get* some advance tickets　前売り券を数枚買う．
　【交通】Where can I *get* ⟨buy⟩ a ticket? 切符はどこで買えますか．☆特定のものを入手したい時, 入手する場所を尋ねる基本表現である．
　【交通】How can I *get* ⟨receive⟩ a token? トークンはどのようにして買いますか．☆特定のものを入手したい時, 入手する方法を尋ねる基本表現である．token は地下鉄やバスなどで運賃の支払いに用いる代用硬貨．
② (物を)持って⟨取って⟩くる (=bring)；(人・車を)呼んで⟨連れて⟩くる．⇔ **take** (持って行く, 連れて行く)
　【機内】What can I *get* for you? → A cup of coffee to start, please. 何を持って⟨お持ちし⟩ましょうか．→まずはコーヒーをお願いします．
　【ホテル】Could you *get* me a taxi? → I will ask the doorman to call one. タクシーを呼んでくださいますか．（=Could you call a taxi for me?) →タクシーを呼ぶようドアマンに頼みます．
③ (乗物に)乗る；間に合う．
　【ホテル】You can *get* the bus to the museum in front of this hotel. 博物館行きのバスにはこのホテル前で乗れます．
　【乗車】You'll be able to *get* the 6:30 train if you leave right now. いますぐ出れば6時30分の列車に間に合うでしょう．
④ (に)着く, 到着する．⇨ get to
　【車内】I'll try to *get* to the airport by nine. 9時までには空港へ着くようにします．
⑤ (電話を部屋などに)つなぐ．
　【電話】Please *get* me extension ⟨room⟩ 123. 内線123⟨123号室⟩につないでください．
◇ **get in**《1》(飛行機・列車・バス・船などの乗物が)到着する (=arrive)．
　【駅舎】What time does the train *get in*? 列車はいつ到着しますか．
　《2》(飛行機・列車・バス・船などの乗物に) 乗り込む (=get on)．
　【バス停】Let's *get in* a bus in a hurry. バスに急いで乗ろう．
　《3》中へ入る (=get into)．
　【空港】Can I *get in* here? I saw my baggage on the carousel. 通してくださいま

すか．ターンテーブルに僕の荷物が見えたのです．

◇ **get into** （タクシー・乗用車・エレベーター・ボートなどに）乗り込む．☆小型の乗物に乗る場合に用いる．⇔ **get out of**（降りる）
   [乗車] I *got into* the taxi at the airport. 空港でタクシーに乗った．

◇ **get off** （飛行機・列車・バスなどの乗物から）降りる（=get out of）．⇔ **get on**（乗る）
   [降車] I'm *getting off* at the next station. 次の駅で降ります．

◇ **get on** （飛行機・列車・バスなどの乗物に）乗る．☆大型の乗物に乗る場合に用いる．⇔ **get off**（降りる）
   [乗車] Please watch your step, when you *get on* the bus⟨train⟩. バス⟨列車⟩に乗る際は足もとに気をつけてください．

◇ **get out of** （タクシー・乗用車・エレベーター・ボートなどから）降りる（=get off）．☆小型の乗物から降りる場合に用いる．⇔ **get in**⟨**into**⟩（乗る）．
   [降車] I'll *get out of* the taxi at the hotel. ホテルでタクシーから降ります．

◇ **get over** （病気などが）治る（=recover from; get well）．
   [空港] Did you *get over* the jet lag? → No. Not yet. 時差ボケは治ったのですか．→いいえ，まだなんです．

◇ **get to** （場所に）着く（=arrive at, reach）．
   [機内] What time will this flight *get to* Boston? この便はボストンへは何時に着きますか．

gift [名] 贈り物（=present）．☆ gift は present より形式的で上品な単語で，価値のある贈り物のこと．日本語の贈答用の商品券や景品（引替）券を表す「ギフト・カード」は英語では gift certificate, gift coupon, 英国では gift voucher と言う．▶ a 5,000-yen *gift* certificate　5千円の商品券．
   [土産] Here is a *gift* for you. → Thank you. May I open it? → Sure. I hope you like it. はい，これはあなたへの贈り物です．→ありがとう．開けてもいいですか．→もちろん．気に入るといいのですが．

   ◇ **gift shop** 土産物店（=souvenir shop）．
      [空港] Can I use Japanese money at the *gift shop*? 土産物店では日本円が使えますか．

gift-wrap [動] （リボンを用いて）進物用に包装する（=wrap a thing as a gift）．
   [買物] Would you *gift-wrap* this doll, please? この人形を贈り物用に包んでくださいますか．（=Would you wrap it up as a gift?）☆箱詰めにする場合は Would you put⟨pack⟩ it *in a box* as a gift? または Can you *box* it in⟨up⟩ as a gift? と表現する．

   ◇ **gift-wrap charge** 贈り物用包装料．

◇ **gift-wrap department** 贈り物用包装部．☆デパートの中で贈り物を包装する場所．いろいろな箱，包装紙，リボン，カードなどが用意されている．gift-wrapping service department とも言う．

【買物】 If you want a gift wrapped, you must take it at the *gift-wrap department*. お土産を包んでほしいなら，贈り物用包装部に持っていってください．

---

give（過去 gave, 過去分詞 given）動 ① 与える，渡す．⇨ have

【機内】 *Give* me one more blanket, please. 毛布をもう1枚ください．（=Could I have another blanket?）

◇ **give away**（贈り物として）与える，譲る．⇨ give-away

【機内】 A useful cosmetic kit is *given away* to the first and business class passengers. ファーストクラスとビジネスクラスの乗客には便利な化粧セットが無料で提供される．

② (人)に(電話)をつなぐ（=connect）．☆交換手に電話をつないでほしいと頼む時に用いる．

【電話】 *Give* me extension 10, please. 内線10番につないでください．（=Connect me to extension 10.）

【電話】 Can〈Could〉you *give* me Mr. Kato, please? 加藤さんにつないでくださいますか．（=Will you put this call through to Mr. Kato?）

---

give-away 〈略 G/A〉名（販売促進用の）景品；（客寄せのための）サービス品．⇨ give away. ☆旅行会社のツアー参加者に対して贈呈される「無料提供品」や「サービス品」，または販売促進のために配られる「景品，目玉商品」のこと．ツアー参加者へ旅行社や航空会社の社マーク入りの景品やガイドブックなどを贈呈する．

【旅行代理店】 The travel agent offers *give-aways* to customers. 旅行代理店は顧客にサービス品を提供する．

---

go（過去 went, 過去分詞 gone）動 ① 行く．⇔ come（来る）．▶ *go* home 帰宅する．☆ go to home とは言わない．

【交通】 Does this train *go* to Boston? この列車はボストンに行きますか．

　goとcomeの区別

【go を用いて】 go は話し手を中心にしてその場所から離れて他の場所に行くこと．It's late. We must be *going* now. I enjoyed the dance very much. → So did I. Let's *go* back home. もう遅いです．そろそろ行かなくては．ダンスをとても楽しめました．→私も楽しかったですよ．帰りましょう．

【come を用いて】 come は相手を中心にして相手の方へ行くこと．

Dinner is ready. → (I'm) *Coming.* 夕食ができました. →すぐに行きます. ☆ I'm going. とは言わない. そこへ行くどころか「他の場所に行く」という意味になる.

② (～しに)行く. ☆ **go** (**do**)**ing** の形になる.
娯楽 Let's *go* fish*ing* in the river. 川に釣りに行こう. ☆ go to fish in the river とは言わない.

③ (乗物が)運航する.
空港 This flight *goes* between Tokyo and Chicago. この便は東京とシカゴ間を運航しています.

④ (道が)通じる(to), 至る, 達する.
交通 This route *goes* to the East. このルートは東へ伸びています.

⑤ (事態が)運ぶ, 進行する. ▶ *go* well〈wrong〉(with ～)(～が)うまくいく〈いかない〉.
景気 Everything is *going* well with our plan. 私達の計画は万事うまくいきます. ☆ How's everything *going*? / How is it *going*? / How are things *going*? (どんな具合ですか〈調子はどうですか〉)などに対する返答.

⑥ 過ぎ去る；消える.
ホテル What should I do? My key's *gone*. どうしようか. 鍵がなくなった.

⑦ ～になる. ▶ *go* bad (食べ物が)腐る.

◇ **go abroad** 海外へ行く. ⇨ abroad
観光 I'm planning to *go abroad* next month. 来月海外へ行く予定です.

◇ **go back** 戻る, 帰る (=get back, return). ▶ *go back* home 帰宅する.
機内 Please *go back* to your seat. 席へお戻りください.

◇ **go backward** 後戻りする.
機内 I can't get this seat to *go backward*. 座席が後ろに動きません.

◇ **go down** 《1》下へ行く.
道案内 *Go down* by this route and turn to the right at the second corner. この道を通っており, 2番目の角を右折してください.
《2》(エレベーターで)下がる. ⇔ go up (上がる)
ホテル (Are you) *Going down*? → No. I'm going up. 下に行きますか. →いいえ, 上に行きます.

◇ **go for** 《1》～しに行く.
散策 Let's *go for* a walk in the park. 公園を散歩しましょう. (=Let's go to the park for a walk.)
《2》～を好む；選ぶ.
レストラン I'm *going for* the steak. How about you? 僕はステーキにします. 君はどうしますか.

◇ **go in** 中へ入る．⇔ go out（外へ出る）
　【会場】 Please *go in* first. どうぞお先にお入りください．
◇ **go off** （電気などが）消える．⇔ go on（つける）
　【機内】 Please refrain from smoking until the "No Smoking" sign *goes off*. 禁煙のサインが消えるまでたばこはご遠慮ください．
◇ **go on** 《1》（旅に）出かける．
　【観光】 How about *going on* a trip for a change? 気分転換の旅行に出かけてはいかがですか．
　《2》（電灯が）つく．⇔ go off（消す）
　【機内】 The light will *go on* automatically when you lock the door tightly. ドアをきちんと閉めれば自動的に電気がつきます．
　《3》続ける；続く．
　【散策】 We *went on* walking for three hours. 3時間歩き続けました．
◇ **go out** 《1》外出する．⇔ go in（中に入る）
　【外食】 Shall we *go out* to eat something? 何か外で食べましょうか．
　《2》（電灯・火などが）消える．⇔ go on（つく）
　【機内】 You can't smoke until that light *goes out*. ライトが消えるまで禁煙です．
◇ **go out of** 〜から出る．⇔ go into（〜へ入る）
　【ホテル】 They *went out of* the hotel room. 彼らはホテルの部屋を出て行った．
◇ **go through** 《1》通過する．▶ *go through* the ticket barrier 改札口を通過する
　【空港】 After landing, you must go ⟨*pass*⟩ through Immigration and Customs. 着陸後まずは入国管理と税関を通過します．
　《2》（電話が）つながる．
　【通話】 I deposited a quarter, but my call didn't *go through*. 25セント入れたのに電話がつながらなかったのです．
◇ **go up** 《1》（エレベーターで）上がる，登る．⇔ go down
　【ホテル】 (Are you) *Going up*? → No. I'm going down. 上に上がりますか．→いいえ，下ります．
　《2》（温度・値段が）上がる．
　【気温】 The temperature *went up* to thirty degrees. 温度は30度まで上がった．
◇ **go (well) with 〜** （ものが）〜と（よく）合う，（よく）調和する (=match; be good for, be suitable with) ☆食べ物や衣服などが適合する時や，似合う時に用いる．
　【買物】 These red shoes *go* (*well*) *with* your dress. この赤い靴は貴女のドレスに（よく）合います． ☆ These red shoes *go with* you. とは言わない．
　【レストラン】 A Medoc wine would *go well with* the sirloin steak. メドックワインはサーロインステーキの味とよく合います．

◇ **to go**（ファーストフード店などで食べ物が）持ち帰り用の. ⇨ **take out**〈**away**〉. ⇔ **for here**（店内で）. ☆名詞の後で用いる. ▶ food *to go* 持ち帰り用の食べ物.

ファーストフード店

A: I'd like a bacon and cheeseburger, a small fries, and a small coke.
B: (Is that) For here or *to go*?
A: Excuse me?
B: Are you going to eat your order here, or take it out?
A: Oh, *to go*, please.
A: ベーコンチーズバーガー，フライドポテトのスモールサイズとコーラのスモールサイズをください．
B: ここで召し上がりますか，それともお持ち帰りですか．
A: どういうことですか．
B: 注文したものをここで食べますか，それとも持ち帰るようにしますか．
A: ああ，そうか，持ち帰ります．
☆ to go の意味が最初から分かれば A bacon and cheeseburger, a small fries and a small coke *to go,* please. と言う．

---

ground 名 地上，地面；場所． ▶ *ground* fare 地上費・地上運賃． ⇨ fare / *ground* floor《英》1 階 (=《米》first floor) / *ground* transfer 空港と市街地の間の交通．

◇ **ground arrangement** 地上手配．☆旅行業者が行う訪問先での宿泊・食事・観光などの手配．

◇ **ground crew**《米》(空港の) 地上勤務員 (=《英》ground staff). ☆事務職員，整備員など．
　空港 The *ground crew* are now loading the baggage. 地上勤務員が荷物を今積んでいるところです．

◇ **ground hostess**〈略〉G/H〉グラウンドホステス．☆空港内で旅客の誘導や世話にあたる職務を担当する地上勤務の旅客サービス係．通常は **ground staff** と呼ぶ．

◇ **ground service(s)** グラウンドサービス．☆旅客の搭乗手続きから手荷物・貨物の積み下ろし，さらには航空整備にいたるまでの空港の地上サービス業務全般．

◇ **ground staff** (空港の) 地上職員，(航空会社の) 地上勤務員 (=ground crew), (飛行機の) 地上整備員 (=ground personnel). ☆語法上のポイント：構成要素を考える時は複数形扱い，集合体を考える時は単数形扱いとなる．また英語の staff は職員全体を指し，日本語の「スタッフ」のように各人を指す時は **a staff member** と言う．☆職務上のポイント：航空機が空港に到着すると地上職員が待機しており，客室乗務員から航空機入国書類などを受け取るとともに到着旅客を世話する．また出発する時には旅客が無事に飛行機に乗れるように業務を担当する．

【空港】 *Ground staff* help passengers to board the aircraft. 地上職員は旅客の搭乗を手伝います.

---

group 图 グループ, 団体；一行, 一団. ⇨ party. ▶ *group* check-in 団体のチェックイン手続き. ⇔ separate check-in（個別のチェックイン手続き）/ *group* fare 団体運賃（団体の旅行に提供される特別割引運賃）/ *group* ticket 団体乗車券 / *group* traveler 団体客 / tourist *group* 観光団体, 旅行団.
　【観光】 The guide accompanied this *group* to the concert. ガイドはコンサートまでこの団体に同行した.
　◇ **a group of** +（複数名詞） 一団の〜, 一行の〜（=a party of 〜）. ☆動詞は単数形または複数形のいずれでも使用できる. まとまりの意味合いでは「単数形」, 個々の人々を強調するときは「複数形」を用いる.
　　【観光】 *A group of* tourists are ⟨is⟩ waiting for a guide in the airport. 観光客の団体が空港でガイドを待っている.
　◇ **group check-in counter** 団体客専用の搭乗手続きカウンター.
　　【空港】 Is this the *group check-in counter* for Paris? ここはパリ行きの団体客専用の搭乗手続きカウンターですか.
　◇ **group discount** 団体割引.
　　【交通】 They don't have enough people for a *group discount*. 団体割引を適用するには人が少ない.
　◇ **group rate** 団体料金；団体均一料金；団体割引料金. ☆一定人数（例 20 名）以上の団体に適用される料金のこと. 旅行代理店や航空会社などが呈示している. ホテルの場合は通常朝食（continental breakfast）が付く.
　　【観光】 How many people do we need to get the *group rate*? 団体料金の適用には何人が必要ですか.
　◇ **group tour** 団体旅行.
　　【空港】 Are you on a *group tour* or are you traveling alone? → We're on a *group tour*. 団体旅行ですか, それとも個人旅行ですか. →私たちは団体旅行です. (= We're traveling in a group.)
　— 動 グループに分ける.
　　【観光】 The tour guide *grouped* the tourists according to the optional tour. ガイドは観光客をオプション観光ごとに分けた.

---

guide 图 ① ガイド(=tour guide). ▶ *guide* business 観光案内業 / *guide* fee ガイド料.
　【観光】 Do you have any tours with Japanese-speaking *guides*? → Yes, we do. → What is the daily charge for a *guide*? → (It's)Three hundred dollars

per day. 日本語が話せるガイド付きのツアーはありますか. →はい，ございます. →ガイドの1日の料金はいくらですか. →1日300ドルです.

② ガイド書，案内書 (=guidebook). ▶ *guide* board 案内版 / *guide* map 案内地図，名所ガイド地図.

【買物】 Where can I get a *guide* to Paris? パリ旅行案内書はどこで手に入りますか.

— 動 案内する. ▶ *guide* around ガイドしながら回る.

【空港】 Can you *guide* me through this big airport? → I'll ask someone to *guide* you. この大きな空港を案内していただけますか. →案内できる人をだれか頼みます.

◇ **guided tour** ガイド付き観光旅行. ☆出発から帰国までガイド付きの旅行のこと. 別名 **conducted tour**, または **escorted tour** (添乗員付き観光旅行). ▶ two-hour *guided tour* of the museum ガイド付き2時間の館内ツアー.

【旅行代理店】 Does this half-day tour go to Boston? → Yes. It does. → Is it a *guided tour*? この半日観光はボストンに行きますか. →はい，行きます. →ガイド付きのツアーですか.

ガイドの関連語

bilingual guide 2か国語を話すガイド
courier guide 旅行添乗員 (いくつかの都市を回るツアーに同行し，全行程を付き添うガイド)
driver guide 運転手兼ガイド
free-lance guide フリーのガイド (特定の旅行社の専属にならず，自由契約で働くガイド)
illegal guide 無免許ガイド
guide-interpreter 通訳ガイド，通訳案内士
licensed guide 免許を持ったガイド
local guide 現地のガイド (各都市にいて，その地域を案内する)
tourist guide (現地の)観光ガイド (=tour conductor)
through guide 全行程を同行するガイド
well-trained guide 熟練のガイド

リムジン，ラスベガス

H

half-day 形 半日の. ▶ *half-day* sightseeing to Windsor Castle ウインザー城への半日観光.
　◇ **half-day tour** 半日観光. ⇔ full-day〈whole day〉tour（終日観光）
　　観光 Which *half-day tour* do you recommend in Paris? → There are many kinds of places of interest, such as Notre-Dame Cathedral and the Eiffel Tower. パリでの半日観光のお勧めはどこですか. →ノートルダム大聖堂やエッフェル塔のようにいろいろな観光地がありますよ.

hand 名 手（手首から先の部分）. ▶ shake *hands* with 〜と握手をする. ☆複数形に注意.
　案内 Where can I wash my *hands*? お手洗いはどこですか. ☆丁寧に尋ねる表現.
　◇ **hand baggage**〈**luggage**〉機内持ち込み手荷物, 携帯手荷物. ☆正式には unchecked baggage, 通常は carry-on baggage, accompanied baggage などと言う.
　　空港 Can I take this briefcase as *hand baggage*? このブリーフケースを機内持ち込み手荷物として持っていってよろしいでしょうか.（=I want to carry this with me as *hand baggage*.）
— 動 手渡す. ▶ *hand* in〈on / over〉手渡す / *hand* the air ticket 航空券を渡す.
　◇ **hand out** 配る, 分け与える.
　　空港 May I *hand out* these landing cards to your members? メンバーの皆さまに入国カードをお配りしてよろしいですか.

harbor〈(英)**habour**〉名 港, 停泊所(=port). ☆ **harbor** は地形, 岸壁, 防波堤などで船が強風や大波を防いで安全に停泊できる港. **port** は商船などが荷物を乗せたり降ろしたりできる港.
　レストラン We've made a reservation for lunch at a seafood restaurant on Picton *harbor*. ピクトン港のシーフードレストランに昼食を予約しました.

head 名 頭；頭数；1人前. ☆「窓から顔を出す」というときは, put one's head out of the window のように head を使う.「顔」は英語で face であるが, face は頭部（head）の前面だけを指す単語なので, バスなどで「顔を出す」とき face だけを出すことはできない. ⇨ face. ちなみに「吉良上野介の首を頂戴する」の「首」は neck ではなく head である. 英語の head は「顔を含んで首から上全部」を指す. ▶ count *heads* 人数を数える / shake one's *head* 首を横に振る（否定・不安などを表す）. ⇔ nod one's head（首を縦に振る）

車内 You shouldn't put your *head* out of the window. 窓から顔を出さないでください.

◇ **per head** 1人前（=per person, for each person）.
レストラン How much is it for each person? → (This is) 50 dollars *per head*. 1人前ではいくらですか. →1人分では50ドルです.

— 形 主要な, 首位の. ▶ *head* office 本店；本社 / *head* cook コック長 / *head* waiter ヘッドウェイター, 給仕長.

— 動 先頭にたつ, 率いる.
◇ **head for**（〜の方向へ）向かう. ▶ *head for* the last spot of interest 最後の観光地に向かう.

height [háit] 名 ① 高さ；高度；身長.
関連語 **breadth** 横幅 / **depth** 深さ / **width** 幅.
観光 Mount Everest is 8,848 meters in *height* above sea level. エベレスト山の高さは海抜8,848m です.
観光 What is〈What's〉the *height* of Tokyo Skytree? → It's 634 meters in *height*. 東京スカイツリーの高さはどのくらいですか.（=How high is Tokyo Skytree?）→タワーの高さは634メートル（2,080ft）です.（=Tokyo Skytree is 634 meters high.）☆ six hundred and thirty-four と読む. ちなみに634mは「ムサシ」（武蔵：東京都・埼玉県・神奈川県東部が一望できる）とかけてある.

② (heights で) 高原, 高台.

helicopter [hélikàptə]（アクセントに注意）名 ヘリコプター. ☆日本語では「ヘリ」と略すが, 英語では **copter** と略す.
◇ **helicopter tour** ヘリコプター観光.
観光 I'd like to book this *helicopter tour* for tomorrow. This is my first time in a helicopter. 明日のヘリコプター観光を予約したいのです. ヘリコプターは初めてです.

help 動 ☆観光の中でひんぱんに用いる慣用表現に慣れること.
① 助ける, 手伝う.
☆「(人) が〜するのを手伝う」. help の後に来る動詞は米国では通例 to 不定詞ではなく, 原形不定詞を用いる. 英国では to 不定詞を用いることがある.
空港・ホテル Shall I *help* you (to) carry your heavy baggage? 重い手荷物を運ぶのを手伝いましょうか.

☆「(人)の〜を手伝う」．help の後に来る手伝う対象事物には with〈in〉を用いる．
機内・ホテル May I *help* you with your bags? お荷物をお持ちしましょうか．(=Can I *help* you (to) carry your bags? / Let me give you a hand with those bags. / Let me *help* you, sir.)

◇ **May I help you?**「ご用でしょうか」．

　☆ **Can I help you?** または **What can I do for you?** などとも言う．help は本来「役に立つ」の意味である．接客する時の代表的な基本表現である．What can I do for you? よりは丁寧である．状況によっていろいろな「和訳」が考えられる．

1. 【空港・機内】旅客に対して気楽に「お手伝いしましょうか」
2. 【ホテル】受付係が宿泊客に対して「いらっしゃいませ」「ご用件をお伺いしましょうか」
3. 【レストラン】給仕が来店客に対して「何にいたしましょうか」「ご注文をどうぞ」
4. 【ファーストフード店】店員が来店客に対して「何になさいますか」
5. 【売店】店員が買い物客に対して「いらっしゃいませ」，「何かさしあげましょうか」，「何にいたしましょうか」，「何かお探しでしょうか」，「お呼びでございますか」，「ご用をお伺いしましょうか」
6. 【路上】道に迷っている人また困っている人に対して「(お困りのようですが)どうなさいましたか」
7. 【電話】オペレーターが通話者に対して「何かご用でしょうか」

◇ **Can you help me?**「お尋ねしてもよいですか」．☆相手に手伝ってほしい場合に用いる．

買物 Excuse me. *Can you help me*, please? → Is there anything I can do for you? すみませんが，お尋ねしたいのですが．→ご用件をお伺いいたします．

◇ **Are you being helped?**「誰かご用を承っておりますか」．☆店先などで顧客に対して係員に接客されているかどうかを聞く場合に用いる．**Is anyone helping (you)?** とも言う．

買物 *Are you being helped*? → Someone's already helping me, thank you. 誰かご用を承っていますか．→すでに用件を伝えました〈大丈夫です〉．ありがとう．☆否定の場合は No, nobody helps me.（いいえ．誰にも頼んでいません）

② (料理を)給仕する；(食べ物を人に)取り分ける〈よそう〉．

レストラン Let me *help* you to some more cake. もう少しケーキを取ってあげましょう．

◇ **Help yourself.** どうぞご自由に．

レストラン *Help yourself*, please. どうぞ, ご自由に召し上がってください.
◇ **help oneself to ~**（飲食物などを）自分で自由に取って食べる〈飲む〉.
　　　レストラン The salad bar is over there. Please *help yourself to* the salad. サラダバーはそちらです. サラダをご自由に召し上がってください.
― 图 助け, 手伝い.
　　　空港 Do you need any *help*? → Yes, please. Will you help me with my baggage? 何かお手伝いいたしましょうか.（=Can I help you?）→はい. お願いします. 私の荷物を運ぶのを手伝ってくれますか.

---

here 副 ここに, こちらへ. ⇔ there（そこに）. ☆観光英語の定番である. 相手に望みの物・捜し物を「差し出す」時に用いる. 文頭に用いて相手の注意を引き, 物や人を示す.
◇ 状況によっていろいろな表現がある.
　1. Here it is. ほら, ここにあります. どうぞ. ☆「差し出す物」に重点を置く.
　2. Here you are. はい, ここにあります. どうぞ. ☆「差し出す相手」に重点を置く.
　3. Here we are. さあ, ここにあります. ☆我々が欲しかったものを指し示す.「（目的地に）さあ, 着きました」の意味でも用いる.
　4. Here you go. はい, どうぞ. ☆頼まれた物を人に渡す時に用いる.
　5. Here's something for you. これをあなたにあげます. ☆土産物などを渡す時に用いる.
　6. Here's the air ticket for you. はい, お客様の航空券です.
　　　空港（単数の物）Show me your boarding card, please. → Certainly. *Here it is*. 搭乗券を拝見します. →はい. どうぞ.
　　　空港（複数の物）May I see your passport and arrival card? → Sure. *Here they are*. 旅券と入国カードを拝見できますか. →はい, どうぞ. ☆複数の物に対しては, 複数形の表現になる.
　　　機内 Can I see your boarding pass, please? → *Here you are*. 搭乗券を拝見できますか. →はい, どうぞ.
◇ **Here come tourists.** ほら, 観光客らがやって来ますよ. ☆相手の注意を引く時に用い,「Here +動詞+主語」の語順になる. ただし主語が代名詞のときは倒置できない. **Here he comes.**「ほら, 彼がやって来ましたよ」（複数のときは **Here they come.**）となる.
◇ **Here I am.** さあ, 着いたぞ; ただ今（帰りました）. ☆複数形は **Here we are.**（さあ, 着いたぞ）/ **Here we are at** the airport〈hotel〉. さあ, 空港〈ホテル〉に着きました. / **Here we are in** the States. さあ, 米国に着きました.
◇ **We are here.** 私達がいるのはここです. ☆居場所を指し示す.
　　　観光 I'm looking for the Hilton Hotel. → Do you have a map? → Yes, *here*

107

it is. → It is here. And *we are here* now. After you cross the bridge, you have to turn left. ヒルトンホテルを探しています．→地図を持っていますか．→はい，どうぞ，これです．→ホテルはここです．そして私達の現在地はここです．橋を渡って左に曲がればいいのです．

◇ **for here** ここで食べます．⇔ **to go** (持ち帰り)．⇨ take away〈out〉《2》

（ファーストフード店）

A: I'd like two double cheeseburgers, two large fries and two cokes.
B: (Is that) *For here* or to go?
A: For here, please.
A: ダブルチーズバーガー 2 個，フライドポテトのラージサイズ 2 個それにコーラを 2 つください．
B: ここで召し上がりますか，それとも持ち帰りますか．（=Are you going to eat your order here, or take it out? / Do you want to eat here or take it with you?）
A: ここで食べます．☆最初からまとめて注文する場合は Two double cheeseburgers, two large fries and two cokes *for here*, please. とも言う．

high 形 ① 高い (=tall)．⇔ low (低い)．⇨ height (高さ)．☆ **high** は山や建物が高い．**tall** は人や木が細長く高い．ただし建物でも細長い場合は tall を用いる．▶ *high* altitude 高度 / *high* latitude 高緯度．

（観光）How *high* is the tower of this church? → It's ten meters *high*. この教会の塔の高さはどのくらいですか．（=What is the height of the tower of this church?）→高さは 10 メートルです．（=It's ten meters in height.）

② (値段・程度・地位・品質などが) 高い．▶ *high* price 高価 / *high* quality 高品質．
— 副 高く．▶ fly〈jump〉 *high* 高く飛ぶ〈跳ぶ〉．

highway 名 ① 公道；街道，道路．▶ Koshu *highway* 甲州街道．
② (都市と都市を結ぶ主要) 幹線道路 (=high road)；高速自動車道路；(日本の) 国道・県道．▶ *highway* information center 幹線道路情報センター (米国の国道沿いにある自動車運転手のための案内所) / *highway* junction ハイウェイの分岐点．

（道案内）Please tell me how to get to the *highway*. どうすれば幹線道路に出られるか教えてください．

hijack 動 ハイジャックする，(飛行機・船などを) 乗っ取る (=aerial piracy)．☆ hijacker「乗っ取り犯人」．hijacking「ハイジャック」．▶ *hijack* inspection ハイジャック防止検査．☆ anti-hijacking metal detect とも言う．

[空港] An airplane was *hijacked* last night. Luckily everyone was all right. 昨晩旅客機がハイジャックに遭いました. 幸い全員無事でした.

hiking 名 ハイキング, 歩行旅行. ☆日本語では, 自然を楽しむ散歩道また野山を歩く道筋のことを「ハイキング・コース」と言うが, 英語では **hiking trail** または **hiking path** と言う. 英語の hiking course は「ハイキング講座」の意味になる.

hire 動 ①（有料で）借りる, 賃貸する. ⇨ rent. ▶ *hire* hotel cars on an hourly basis 時間単位でホテルの車を借りる.

[タクシーの表示] For Hire.《英》「空車」. ☆ Vacant とも言う.
[タクシーの表示] Hired.《英》「実車」「賃走中」.
[乗車] In England they say "*hire* a car", not "rent a car". 英国では車を借りるときは hire を使い, rent を用いない.
[交通] Let's *hire* a car with a chauffeur tomorrow to pick up our guests. 客を迎えるため明日はハイヤーを借りましょう.

◇ **hired car** ハイヤー. ☆運転手付きの高級な貸切乗用車. a car with a chauffeur for hire とも言う. ちなみに「大型のハイヤー」は chauffeur-driven limousine と言う.

② 雇う. ☆短期間または特別な目的のために雇う. ⇔ fire（解雇する）
[旅行代理店] Would it be possible to *hire* a guide who speaks Japanese? → Yes, sir. Which guide would you pefer, female or male? 日本語の分かるガイドを雇うことができますか. →はい, 大丈夫です. 男性それとも女性になさいますか.

— 名 賃貸；雇用. ▶ bicycles for *hire* 賃貸用自転車.

hold （過去 held, 過去分詞 held）動 ① 保つ（=keep）. ▶ *hold* a driving license 運転免許証を持っている.

◇ **hold on**《1》つかまる. ▶ *hold on* to a strap (in the train)（電車の中で）つり革につかまる.
《2》（電話を切らずに）そのまま待つ（=hang on; hold the line）. ⇔ hang up（電話を切って待つ）

[電話] May I speak to Mr. Smith? → Who's calling, please? → This is Aoki Noriko. → *Hold on*, please. I'll call him to the phone. スミスさんをお願いします. →どちらさまですか. →青木規子です. →そのままお待ちください. 電話口までお呼びします.

② （部屋・物などを）取っておく, 確保する.
[ホテル] We'll *hold* the room for you until 10:00 p.m. 午後 10 時まで部屋を確保

しておきます.
③ (飛行機の出発時間を)遅らせる.
　空港 They *held* the plane for her. 彼女が搭乗する飛行機の出発を繰り下げた.
④ (上空で)待機する. ☆本来ある位置・状態を「保つこと」である.
　機内放送 Ladies and gentlemen. We are now *holding* over Chicago in response to the control tower's instructions. 皆様, 当機は管制塔の指示に従って, シカゴ上空で待機中です.
⑤ 収容する, 入れる. ⇨ accommodate
　乗車 The taxi can *hold* (up to) six people. タクシーには6人(まで)乗れます.
⑥ (会などを)開く. ▶ *hold* the party パーティーを開く / *hold* a concert コンサートを開く.
⑦ つかむ. ☆人の衣服・身体の一部(手・腕など)をつかむ場合は, 通常名詞の前に the をつける. 例 He *held* me by the arm. 彼は私の腕をつかまえた.
— 名 つかむこと; 把握. ▶ take ⟨catch⟩ *hold* of (one's arm) (腕を)つかまえる.

holiday-maker 名 行楽旅行者, 休日の行楽客 (=holidayer); 休暇日の人 (=《米》vacationer).

観光 *Holiday-makers* spend a full day in the British Museum in London. 行楽客はロンドンの大英博物館で終日過ごした.

housekeeper 名 ハウスキーパー, (ホテルの)客室係. ☆ホテル客室の清掃整備の責任者またメイドの責任者. 大きなホテルでは executive housekeeper の下に assistant housekeeper, room maid, houseman がいる.

ホテル What do you call people who do bed-making in the hotel? → We call them *housekeepers* who provide rooms with various toiletries and towels, and clean rooms for guests. ホテルのベッドを準備する人をどのように呼んでいますか. →ハウスキーパーと呼び, 彼らは部屋にいろいろな化粧用品やタオルを用意したり, 客室を掃除したりします.

housekeeping 名 ハウスキーピング. ☆主な業務内容は客室の清掃・修繕・整備・管理など. またアメニティー類やリンネル類の管理.

ホテル Please call *housekeeping* for your special requirements, such as towels and extra amenities. タオル・化粧品など特別にご希望の用品についてはハウスキーピングにお問い合わせください.

I

immigration 图 出入国管理；移住（民）. ▶ *immigration* control 出入国審査.
　空港 Where should we go next? → Please proceed to *immigration*. 次はどこへ行くべきですか. → 入国管理へ進んでください.

inbound 形 国内向けの；(飛行機・船などが)本国行きの；(列車・バスなどが)上りの. ☆外国から本国へ入ること. ⇔ outbound. ⇨ bound. ▶ *inbound* business 外国人旅行業務（外国人が国内に入ってきて行う旅行〈国内旅行〉とそれにかかわる業務）/ *inbound* flight 復路便, 帰国便. ⇔ outbound flight（出国便）/ *inbound* ship 帰航船 / *inbound* track （駅の）到着線 / *inbound* train 到着列車 / *inbound* tour インバウンド・ツアー（外国人のための国内旅行）/ *inbound* tourism to the country その国を訪れる観光 / *inbound* travel〈trip〉国内旅行.
　航空 American Airlines flight 007 was *inbound* from Narita to Chicago. アメリカン航空007便は成田からシカゴへ向かっていた.

include 動 含む (=contain). ⇔ exclude（除く）. ☆ **include** は「中身の一部として含む」を指す. 例 The box *includes* apples「この箱にはリンゴも入っている」. **contain** は「中身の全体」を指す. 例 The box *contains* apples. 「この箱にはリンゴが入っている」.
　観光 The charge *includes* everything, such as a sightseeing tour and the admission fees. 料金には観光ツアー料金や入場料などすべての代金が含まれている.

including 前 ～を含めて. ⇔ excluding（除いて）
　レストラン The lunch buffet is $10.00 *including* tax. 昼食のビュッフェは税込み10ドルである.

incoming 形 入って来る；到着する. ⇔ outgoing（出て行く）. ▶ *incoming* aircraft 到着機 / *incoming* passenger 入国客（=arriving passenger）/ *incoming* tourist（ある国から見て）訪問外国人客.

in-flight〈**inflight**〉图 形 機内（の）.
　◇ **In-flight Amusement Service** 機内娯楽サービス.
　機内放送 Ladies and gentlemen. Thank you for choosing American Airlines

flight 007 today. I'd like to inform you of our *In-flight Amusement Service.*
ご搭乗の皆様, 本日はアメリカン航空007便にご搭乗いただき誠にありがとうございます. ただいまより, 機内の娯楽サービスについてご案内させていただきます.
◇ **in-flight cabin** 機内.
【機内】 In *in-flight cabin,* liquor is available for purchase by economy-class passengers and is complimentary for first-class passengers. 機内では, 酒類はエコノミークラスの乗客には有料で, ファーストクラスの乗客には無料です.
◇ **in-flight entertainment** 機内娯楽サービス. ☆長時間の空の旅を快適にするため機内映画 (in-flight movie) や音楽番組 (in-flight music) などの娯楽を提供すること.
◇ **in-flight magazine〈newspaper〉** 機内雑誌〈新聞〉.
【機内雑誌】 You will find *in-flight magazines* in the seat pocket in front of you. 機内雑誌はお客様の前の座席ポケットにございます.
◇ **in-flight meal** 機内食. ☆朝食, 昼食, 夕食, 軽食など. また飛行時間が短い場合は「茶菓」(refreshments), 「飲み物」(beverage) などがある.
◇ **in-flight movie** 機内映画.
【機内】 We'll be showing an *in-flight movie* in a few minutes. 機内映画はまもなく上映されます.
◇ **in-flight sales** 機内販売 (=**in-flight shopping; in-flight tax-free shopping**).
【機内】 Do you have any *in-flight sales* on this plane? → Yes, we do. *In-flight shopping* can be made soon after the aircraft takes off. 機内販売はありますか. →はい, ございます. 機内販売は航空機が離陸すればまもなく始まります.
◇ **in-flight service** 機内サービス (=cabin service). ☆飛行中乗客のために行われるサービス. 例えば in-flight entertainment (機内映画や音楽番組などの機内娯楽サービス), in-flight magazine (機内雑誌), in-flight paper (機内新聞), in-flight sales (機内販売), in-flight tax-free〈duty-free〉 shopping (免税品の機内販売) などがある.

---

information 名 ① 情報. ☆「1つの情報」「2つの情報」と数える場合 a piece〈bit〉of information また two pieces〈bits〉of information と言う. また information は通常冠詞は伴わない.

② 案内;(電話交換局の)案内係. ▶ *information* clerk 案内係 / *information* for customs 税関からのお知らせ / *information* on unaccompanied baggage 航空別送便のご案内.

◇ **information booth** 案内所.
【買物】 I'd like to do some shopping in this department store. Where is the

information booth? このデパートで少し買い物をしたいのです. 案内所はどこですか.

◇ **information center** 〈略〉IC〉案内センター, 案内所. ☆**information office**〈**counter**〉などとも言う. ▶ departure〈arrival〉*information center* 出発〈到着〉案内センター.

空港 I would suggest you ask at the *Information Center* in the arrival lobby for the additional information. Travel information is available at the *Information Center*. 詳しいことは到着ロビーの案内所でお尋ねになるとよろしいでしょう. 旅行情報は案内センターで入手できます.

◇ **information desk** (空港・駅舎などの)受付, 案内所(=information booth;《英》inquiry office). ▶ *information desk* clerk 案内係. ☆(劇場などの)案内係は**usher**, (ホテルなどの)案内係は**hospitality clerk**, **reception clerk** などとも言う.

空港 Is it easy to find the JAL check-in counter? → Yes, it is. You can ask at that *information desk* over there, if you get lost. JAL の手続きカウンターは簡単に見つかりますか. →簡単です. 迷うようなことがあれば向こうの案内所で尋ねてください.

---

international 形 国際的な. ⇔ national, domestic (国内の)

▶ *international* airport 国際空港 / *international* arrival 国際線の到着 / *international* departure 国際線の出発 / *international* passenger 国際線旅客.

◇ **international (telephone) call** 国際電話. ☆ **oversea (phone) call** とも言う.

電話 I'd like to make an *international call* to my friend in Tokyo. 東京の友人に国際電話をかけたいのです.

① **station-to-station call** 番号通話. ☆電話を取る人が確実にいる場合, または誰が出てもよい場合の通話のこと. 先方の電話番号のみ指定する. 料金は電話がつながった時点から計算される. **station call** とも言う.

② **person-to-person call** 指名通話. ☆特定の人を指名し, 電話口まで呼び出して話す通話のこと. 先方の電話番号と氏名を指定する. 料金は指定した相手が出てから計算される. **personal call** とも言う.

③ **collect call** 料金受信人払い通話. ☆電話の受け手が通話料金を支払うことを了解して始めて通話できる. 英国では **reversed charge call** とも言う.

◇ **international departure lobby** 国際線出発ロビー.

◇ **international direct dialing** 〈略〉IDD〉国際直通ダイヤル通話. ☆海外(のホテルの客室など)からオペレーターを通さずにかける直接のダイヤル通話のこと. 海外から日本へダイヤルする時の国コードは「81」である. 日本国内の市外局番は最初

の「0」を省いてダイヤルする. IDD でかける通話そのものを international direct dialing call と言う.

◇ **international flight** 国際線 (=international airline).

空港 If you are planning to transfer from an *international flight* to a domestic flight, be sure to allow yourself enough time between the flights. もし国際線から国内線に乗り換えるおつもりならば，必ずその間に十分な時間的余裕をみておいてください.

◇ **international operator** 国際電話の交換手〈交換台〉. ☆アメリカでは「0」を回すと交換手が出る. 電話料金に関しては，交換手を通して電話をするとダイヤル直通よりは高くない.

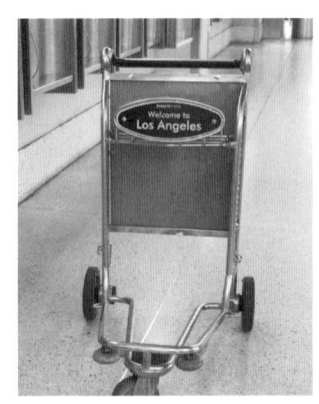

空港の公衆電話

空港内のカート

J

jam 名 渋滞, 混雑. ▶ traffic *jam* 交通渋滞 (=traffic congestion).
  - 交通 Many cars are caught in a traffic *jam*. 多数の車が交通渋滞に巻き込まれている.
— 動 混雑する, 詰め込む.
  - 交通 The street is *jammed* with many cars. 街路は多くの車でいっぱいです.

jam-packed 形 すし詰め状態の. ▶ *jam-packed* train すし詰め状態〈満員〉の電車.
  - 交通 The train is *jam-packed* with many passengers today. 今日列車は多数の乗客ですし詰め状態です.

Japanese 形 日本の; 日本人の; 日本語の. ▶ *Japanese* nationality 日本国籍 / *Japanese* nationals 日本国民 / *Japanese* tourist 日本人観光客 / *Japanese* yen exchange 円為替.
  - 空港 I am *Japanese*. 私は日本人です. ☆ I am a Japanese. よりも普通の言い方.
— 名 ① 日本人. ▶ a *Japanese* 1人の日本人 / two *Japanese* 2人の日本人 / the *Japanese* 日本人(全体).
  - 観光 Many *Japanese* travel abroad every year. 毎年多くの日本人が海外旅行をする.
  ② 日本語. ▶ make a speech in *Japanese* 日本語で演説する.

Japanese-speaking 形 日本語が話せる. ▶ *Japanese-speaking* tour guide 日本語が話せる観光ガイド. ☆ Japanese の箇所に他の外国語を入れて (例 Chinese-speaking) 用いることができる / *Japanese-speaking* flight attendant 日本語の話せる客室乗務員 (=flight attendant who speaks Japanese) / *Japanese-speaking* doctor 日本語の話せる医者.

Japanese-style 形 日本式の. ▶ *Japanese-style* hotel 日本旅館 / *Japanese-style* restaurant 和食堂, 和風レストラン / *Japanese-style* room 和室 / *Japanese-style* dish 和食.

jet 名 ① (液体の)噴射, 噴出. ▶ *jet* fuel 航空用ジェット燃料 / *jet* stream ジェット気流.
  ② ジェット(旅客)機. ☆ **jet plane** とも言う. ▶ jumbo *jet* ジャンボジェット機.
  - 空港 We fly to Hawaii by *jet* for the weekend. 週末を過ごしにハワイにジェッ

ト機で行きます.
- ◇ **jet lag** ジェット機疲れ, 時差ぼけ (=jet fatigue / jet exhaustion / jet syndrome). ☆ジェット機での長距離移動で生活のリズムが狂うために生じる心身の疲労や不調.

  (機内) How is your *jet lag*? Did you recover from your *jet lag*? → I'm afraid I've still a bit of *jet lag*. 時差ぼけはどうですか. 時差ぼけは治りましたか. →まだ少々時差ぼけです. ☆ I'm still suffering from my *jet lag*. とも言う. 回復した場合は I've got over my *jet lag*. 「時差ぼけは治りました」.

- ◇ **jetliner** ジェット旅客機. ☆ **jet airliner** 定期ジェット旅客機.

  (空港) We flew to Hawaii in a JAL *jetliner*. ハワイに JAL のジェット旅客機で飛んだ.

- ◇ **jetport** ジェット空港. ☆ジェット機専用の空港.
- ◇ **jet**(**-powered**) **travel** ジェット機で飛び回る旅行.

  (空港) I've made a *jet-powered travel* through the world. ジェット機で世界中を飛び回った.

- ◇ **jet set** ジェット族. ☆ジェット機で世界中を飛び回る金持ちの有閑階級. ☆ **jet setter** ジェット族の人.

---

join 動 ① 加わる, 同席する.

(レストラン) Do you mind if some guests *join* this table? → I don't mind if some guests *join* this table. 他のお客様と相席でもよろしいでしょうか. →他の方との相席でも結構です.

② 参加する, 行動を共にする. ☆スポーツ競技に参加する場合は通常 **take part in**, **participate in** を用いる.

(機内) Thank you for your *joining* our flight. ご搭乗ありがとうございます.

(観光) I'd like to *join* a full-day tour 〈half-day tour〉. 終日ツアー〈半日ツアー〉に参加したい.

③ 〜といっしょになる, 落ち合う.

(ホテル) Are you free tonight? How about *joining* us for dinner? → Good idea. I'd love to. → See you then. I'll *join* you at the hotel later. 今晩は暇なの? 私達のディナーに加わらない? (=Would you like to *join* us for dinner tonight?) →いい考えね. 喜んで. →それじゃまた. あとでホテルで落ち合いましょう.

---

journey 名 旅行 (=trip). ▶ be on a *journey* 旅行中である / break a *journey* 旅行を中断する / go on a *journey* 旅行に出かける / start on 〈set out on〉 a *journey* 旅行に出る / make 〈take〉 a *journey* 旅行をする.

◇ **A happy journey to you!** 楽しいご旅行を. ☆ Have a pleasant *journey*! / I wish you a pleasant *journey*. などとも言う.

[観光] How was the *journey* to Boston? → We enjoyed it very much. ボストン旅行はどうでしたか. →とても楽しかったです.

> **journey の種類**

airline journey 空〈飛行機〉の旅
backward journey 帰路の旅(=homeward journey)
cosmic journey 宇宙旅行(=space journey)
onward journey さらに先への旅
outward journey 往路の旅(行きの移動)
pedestrian journey 徒歩旅行
personal journey 個人旅行
return journey 復路の旅(帰りの移動)
train〈car〉journey 列車〈自動車〉旅行
a ten-day journey to Europe 10日間のヨーロッパ旅行

路面電車, サンフランシスコ

街路の表示

K

key 名 鍵. ☆日本で「かぎ」と言えば「鍵」も「錠」も一緒に示すことがある. 英語では **key**（鍵）と **lock**（錠）は区別する. また日本語の「キーホルダー」は英語では **key ring / key chain** と言う. ▶ put the key in ⟨into⟩ the lock of the door ドアの錠（鍵孔）に鍵を差し込む / lock the door with the key ドアに鍵をかける.

◇ **key card** カード式鍵. ⇨ room key. ☆ホテルなどの部屋のドアを開けるときに用いる磁気カード. 宿泊者が変わるごとにデータを入れ替える. 日本語では「カードキー」という場合があるが海外では通常 **key card** と呼ぶ. ちなみに「客用の鍵」は **guest room key** と言う.

[ホテル] To use a *key card* at a hotel, first insert the card, then pull it out and open the door when the green light comes on. ホテルでカード式鍵を使用するためには，先ずカードを挿入し，それから引き抜き，緑色のランプがついたらドアを開けます. ☆ Turn lever when green light flashes. / Open the door after the green light turns on. とも言う.

◇ **key drop** （フロントにある）鍵箱. 鍵の預け口. ☆ホテルから一時外出するときに room key を入れる箱.

[ホテル] You should put the key in the *key drop* when you go out of ⟨leave⟩ the hotel. ホテルを出るときは，鍵の預け口に鍵を入れてください.

◇ **key deposit** 部屋鍵の保証金. ☆ホテルでチェックイン時に預かる保証金のことで，チェックアウト時に返金される.

ホテルの合鍵の種類

部屋鍵（room key）には，ホテルの職務上 1 本で複数の部屋が開けられる合鍵がある. 合鍵は機能の上位から下位まで順に，次のような種類がある.
grand master key ⟨general master key; emergency key⟩（総支配人が管理する）
master key（支配人が管理する）
sub-master key（当該部署の長が管理する）
floor key（各階の責任者が管理する）
maid key（部屋の世話人が管理する）
ちなみに「合鍵」のことを duplicate key, extra key, passkey, skeleton key,「予備鍵」を spare key などとも言う.

L

last 形 ① (順序・場所などが)最後の. ⇔ first (最初の)

　列車 He got in the third from the *last* car. 彼は最後から3番目の車両に乗った.

　◇ **last call** (空港での)最終搭乗案内. ☆通常は **final call** と言う.

　　空港 This is the *last call* for passengers boarding flight 123 to London. ロンドン行き123便にご搭乗されるお客様, これは最後のご案内となります.

　◇ **last flight** 最終便. ⇔ the first flight (最初の便)

　　空港 I was lucky enough to catch the *last flight* to Rome. 幸いローマ行きの最終便に間に合った.

　◇ **last price** ギリギリの値段.

　　買物 Can't you reduce〈lower〉the price a bit more? → Sorry, we can't. This is our *last price*. もう少しまけてもらえませんか. →申し訳ございませんが無理です. これはギリギリの値段です.

　◇ **last order** 最後の注文. ☆レストランで営業時間的に最後の注文を取ること.

　　掲示 *Last Order* at 11:00 p.m. 「ご注文は午後11時までです」

　◇ **last show** 最後のショー.

　　劇場 There are some tickets for the *last show* left. 最後のショーの切符は残っている.

　◇ **last train** 終電.

　　駅舎 Could you tell me what time the *last train* leaves? 終電は何時に出るか教えてください.

② (時間的に)この前の. ⇔ next (次の). ☆ last Monday の last は「現在にいちばん近い過去」を示す. 従って「今週の月曜日」を指す場合もある.「先週の月曜日」を明確に表現するため on Monday last week, また「今週の月曜日」を on Monday this week とも言う.

　観光 They went to the art museum *last* Monday. 彼らはこの前の月曜日に美術館へ行った.

③ 最新の, 最新型の (= the latest).

　買物 This is the *last*〈latest〉thing in skirts. これは最新流行のスカートです.

― 副 ① 最後に, 最近. ⇔ first (最初に). ▶ come〈arrive〉*last* 最後に来る〈到着する〉.

② この前, 前回.

　再会 How many years have passed since I saw you *last*? → It's been a long

time since I saw you *last*. 前回お会いしてから何年経つでしょうか. →この前お会いしてから久しいですね.
— 動 続く.
　[観光] This city sightseeing tour *lasts* from 9:00 a.m. to 3:00 p.m. この市内観光ツアーは午前9時から午後3時までである.

late（時間で用いるときの比較級 later, 最上級 latest；順序で用いるときの比較級 latter, 最上級 last）

　形 （時間・時期が）遅い, （時間に）遅れた. ⇔ early. ☆ **slow**「速度が遅い」. ▶ *late* cancellation （航空会社設定の期限より）遅い予約取り消し / have a *late* breakfast 朝食を遅くとる.
　◇ **late check-in** レイト〈遅い〉チェックイン. ⇔ early check-in（早期チェックイン）. ☆ホテルで宿泊客が予約した時間以降にチェックインすること. あるいは所定のチェックインタイム以降にチェックインすること.
　◇ **late check-out** レイト〈遅い〉チェックアウト. ⇔ early check-out（早期チェックアウト）. ☆ホテルで通常の規定チェックアウト時間を過ぎて部屋を遅くまで使用すること. その場合追加料金（extra room charge）が請求される. 通常は午後6時までは客室料の半額, 6時以降は全額を請求されることがある. 最近の高級ホテルでは一定時間内なら規定チェックアウト時間以降でも無料で利用できる時もある.
　◇ **late serving** 給仕が遅い. ☆米国のレストランではテーブルによって給仕が決まっている場合が多い. そのため注文が多い場合, 給仕が遅くなることがある.
　◇ **late show** （テレビの）深夜映画番組. ☆深夜から早朝までに放送される映画番組は **late late show** と言う.
— 副 遅く, 遅くまで. ⇔ early（早く）
　[機内] The plane will arrive about one hour *late* because of bad weather. 悪天候のために飛行機は1時間ほど延着します.

later 副 ① 後で, 後ほど. ▶ three weeks *later* 3週間後 / pay *later* 後払いする. ⇔ pay in advance

　[空港] See you *later*. → I'll call you *later*. ではまた. さようなら. （＝I'll see you *later*.）→後で電話します.
② より遅く, もっと遅く.
　[空港] The plane arrived *later* than usual. 飛行機はいつもより遅れて到着した.
　◇ **later on** 後ほど. ☆レストランまたは機内などで「後で注文する」ときによく用いられる. 実際の会話では単に **Later, please.** と言うことも多い.
　　[レストラン] Would you like your coffee now or *later*? → (I'll have it) *Later*

on, please. コーヒーは今お持ちしますか，それとも後にしますか．(=Will you have your coffee now or *later*?)→後でお願いします．(=I want to have coffee *later*. / I'll order coffee *later*.)

— 形 もっと遅い；遅刻して；その後の． ▶ *later* news その後のニュース．
　乗車 Let's take a *later* bus⟨train⟩. もっと後のバス⟨列車⟩に乗ろう．

latest 形 最も遅い；最新の, 最近の． ▶ the *latest* fashion 最新の流行．
　空港 What's the *latest* check-in time at the airport of this flight? この便の空港での最終チェックインタイムは何時ですか．

leave (過去 left, 過去分詞 left) 動 ① (場所を) 去る (=go away from), 出発する (=start, depart). ⇔ arrive (到着する). ☆「ニューヨークに向けてボストンを出発する」という場合 leave と start の語法に注意すること．《1》**leave** (他動詞：前置詞は不要)．
　例 *leave* Boston for New York 《2》**start** (自動詞：前置詞が必要)．例 *start* from Boston for New York.
　出発 I'm afraid I must be *leaving* now. そろそろ失礼しなくてはいけない．(=I must be going now.)
　バス What time does the bus *leave*? → At quarter to ten. バスは何時に出発しますか．→ 10 時 15 分前です．
② (ある場所に物を) 置き忘れる． ▶ *leave* one's key in the room 鍵を部屋に置き忘れる．
　ホテル I have *left* my passport in the hotel. ホテルに旅券を置き忘れました．
③ 預ける． ▶ *leave* valuables in the baggage checkroom 貴重品を荷物保管所に預ける．
　ホテル Why don't you *leave* your coat at the entrance? 上着は入口に預けてください．
④ (物を) 置いていく，置いたままにする．
　カフェ *Leave* the menu here, please. We'll order later. メニューはここに置いてください．後で注文します．
⑤ (物を) 残す；残る．☆「10 − 6 = 4」(10 引く 6 は 4) を英語で言うと 6 from 10 *leaves* 4. である．6 out of 10 is 4. または 10 minus 6 equals 4. とも表現できる．
　空港 There are some vacant seats *left* on this flight. この便にはまだ空席がございます．(=There are some seats available on this flight.)

left-luggage office 《英》手荷物預かり所． ⇨《米》checkroom/《英》cloakroom

length [léŋkθ] 名 ① 長さ, 縦.
> 関連語 **breadth** 横幅 / **depth** 深さ / **height** 高さ / **width** 幅.
> 観光 What is the *length* of the river? → It's about 90 kilometers in *length*. その川の長さはどのくらいですか. (=How long is the river?) → 90 キロほどです. (=It's 90 kilometers long.)

② (時間の)長さ. ▶ *length* of (my) stay （私の）滞在期間.

---

level 名 ① 高さ, 高度；水平, (ある高さの)水平面.
> 観光 How high is Mount Everest? → It's 8,848 meters in height above sea *level*. エベレスト山の高さはどれくらいですか. (=What is the height of Mount Everest?) →海抜 8,848 メートルです.

② (建物の)階；階上. ☆米国のホテル・空港・駅舎などでよく見かける用語である. ⇨ floor
> ホテル There's a health club on the basement *level* of the hotel. ホテルのヘルスクラブは地下にあります.

— 動 (飛行機が)水平飛行にある；(物価が)横ばいとなる. ☆日本語では水準を単に上げたり下げたりすることを「レベルアップ」または「レベルダウン」と言う. しかし英語の **level up** または **level down** は水準を上げたり下げたりして「他と同じ水準に合わせること」, つまり「均一化すること」である.
> 機内 The plane *leveled* off at 6000 meters. その飛行機は高度 6000 メートルで水平飛行に移った.

— 形 水平の. ▶ *level* flight 水平飛行 / *level* crossing 踏切, 平面交差 (=grade crossing).

---

license 名 免許；免許証〈状〉(《英》licence). ▶ driver's *license* 自動車運転免許証 (=《英》driving *licence*).
> 銀行 Do you have any identification if you want to cash your traveler's checks? → Will my international *driver's license* do? トラベラーズチェックを換金されるのでしたら, 何か身分を証明するものをお持ちですか. →国際免許証でいいですか.

— 動 許可する, 認可する. ☆動詞の場合はイギリス英語でも license の綴りが一般的である.

---

licensed 形 免許をうけた. ▶ *licensed* travel agent 政府登録旅行業者；政府登録旅行会社〈代理店〉 / *licensed* guide-interpreter 有資格通訳ガイド, 免許保有の通訳ガイド / *licensed* tour guide 免許保有の観光ガイド.

life 名 ① 生命, 命. ⇔ death (死). ▶ save one's *life* 命を救う / lose one's *life* 命を失う.
② 救命. ▶ *life* belt《英》救命ベルト (=*life* buoy),《米》安全ベルト (水中に沈むのを防ぐ) / *life* boat 救命ボート, 救助艇 / *life* raft 救命いかだ; 救命ゴムボート / *life* ring 救命浮き輪 (=life buoy).
  ◇ **life vest** 救命胴衣 (=《米》**life jacket**;《英》**air jacket**). ☆航空機が不時着水した場合に着用する救命具.
  【掲示】*Life Vest* Under Your Seat「救命胴衣は座席の下にあります」

limit 名 ① 制限; 限界, 限度. ▶ age *limit* 年齢制限 / speed *limit*（自動車の）速度制限.
  【空港】What's the luggage *limit*? → It's 20 kilograms for the economy class. 手荷物制限は何キロまでですか.（=Is there a weight limit of the baggage?）→ エコノミークラスは 20 キロです.
  ◇ **limit regulation** 制限規定.
    【空港】Are there any *limit regulations* about carry-on baggage? 機内持ち込み手荷物には何か制限規定がありますか.
② 境界（線），（限られた）範囲, 区域.
  【掲示】Off *limits*.「立入禁止」⇔【掲示】On *limits*.「立入自由」
— 動 制限する, 限定する (to).
  【掲示】Please *limit* hand-carried baggage to one piece.「機内持ち込み手荷物は 1 個までです」

limited 形 ① 限られた; 有限の. ▶ *limited* company〈略 Co., Ltd.〉株式（有限）会社.
② 特別の; 急行の. ☆列車・バスなど乗客数や停車駅に制限があるという意味.
  ▶ *limited* express (train)《米》特別急行（列車）, 急行（列車）/ *limited* express bus 急行バス.

limo 名 リムジン. ☆ **limousine** の略式語.
  【空港】Do I have to buy a ticket before boarding the *limo*? リムジンに乗る前に切符を買わなければなりませんか.

limousine 名 ① リムジン (バス), 旅客送迎用バス (=airport limousine). ☆空港と都市間を往復して結ぶ旅客送迎用の大型バス. 口語では短縮して **limo** とも言う. ☆ limousine bus とは言わない.
  【ホテル】Where can I take a *limousine*? → You can take one in front of the hotel. リムジンはどこで乗れますか. →ホテルの前から乗れます.
  ◇ **limousine service** リムジンサービス. ☆空港送迎用のバスサービス. 空港とホ

テル(または最寄の駅舎)間のリムジンバスによる旅客輸送サービス.

ホテル Do you have a *limousine service* from this hotel to the airport? このホテルから空港までのリムジンサービスがありますか.

◇ **limousine ticket** リムジン切符. ▶ *limousine ticket* counter リムジンバス切符売場.

ホテル Do I have to buy a *limousine ticket* before getting on? リムジンバスに乗る前に切符を買うのですか.

② ホテルの運転手付きの乗用車(=chauffeured〈chauffeur-driven〉limousine). ☆主として空港とホテルの間を送迎する自動車または小型バス(=《英》airport bus service).

交通 Passengers who travel first class can use the complimentary *limousine transfer service*. ファーストクラスの旅客は無料リムジン送迎サービスが利用できる.

③ リムジン. ☆運転手と後部客席がガラスの隔壁で仕切られた箱型の(黒色)大型高級乗用車.

---

line 名 ① (列車などの)列;行列(=《英》**queue**). ☆順番を待つひと続きの「縦の列」.

駅構内 Follow the *line*, please. 列に並んでください. ☆割り込む人に対する言葉.

駅構内 Please take your place in this *line* to get tickets. 切符を買うためにはこの列に並んでください. (=Please stand in this queue to get tickets.)

◇ **in line** 並んで, 一列になって.

レストラン Please wait *in line* here until a table is free. テーブルが空くまで一列でお待ちください.

② (電車・バスなどの)路線;(飛行機の)航空路, 定期航路. ▶ (the Yamanote) Loop Line (山手)環状線 / branch *line* 支線 / trunk *line* 本線, 幹線(鉄道) (=《英》main line).

駅舎 Which *line* do I have to take for Paris? パリに行くにはどの線に乗ればよいのですか.

③ 電話線(=telephone line), 電話の接続. ▶ local *line* (電話の)市内線 / outside *line* 外線.

旅行会社 Hello. This is Aoki Noriko. May I speak to Mr. Smith, please? → I'm sorry. His *line* is busy right now. Can you hold the *line*? もしもし, こちら青木規子です. スミスさんをお願いできますか. (=Would you put him on the *line*?) →申し訳ございません. ただ今話し中です. (=《英》The number is engaged.) お待ちになりますか.

◇ **hold the line** 電話を切らずに待つ(=hang on; hold on). ⇔ hang up (電話を

切る)

[ホテル] Mr. Smith is not here at present, but he'll be back soon. Could you hold on a moment, or shall he call you back? → I'll *hold the line*. スミスは今席をはずしておりますが, すぐに戻ります. 電話を切らずにお待ちになりますか, それともこちらからかけ直しましょうか. →電話を切らないで待ちます.

④ 線, 筋, 網. ▶ the horizontal *line* 地平線 / the International Date *Line* 国際日付変更線.

— 動 沿って並ぶ;沿って並べる.

[観光] Many people *lined* the street to see the Prince go by. 皇太子がそばを通るのを見ようとして多くの人が沿道に並んだ.

◇ **line up** 整列する;〜が1列に並ぶ.

[空港] The suitcases are all *lined up* for check-in procedures. 搭乗手続きのため荷物はすべて1列に並べられている.

liner 名 ① (太洋航路などの) 定期船. ▶ ocean *liner* 大洋航路客船.
② 定期旅客機 (=scheduled airliner).

list 名 リスト, (一覧) 表;名簿, 目録. ▶ *list* price 定価, 表示価格 (=sticker price) / boarding *list* 搭乗名簿 / free *list*《英》無料入場者名簿;優待者名簿;《米》免税品名簿 / passenger *list* 乗客名簿 / rooming *list* 部屋割り表.

[空港] Is my name on the waiting *list* for a seat? 私の名前は座席順番〈キャンセル〉待ちリストに載っていますか? (=Is my name listed on the waiting *list* for a seat?)

— 動 一覧表にする. ☆日本語で「リストアップ」と言うが英語では単に **list** を用いる.

[ホテル] There is a notebook *listing* the phone numbers for various kinds of service in the drawer of the desk. 机の引き出しにはいろいろなサービスの(電話)番号がリストアップされたノートがあります.

local 形 ① (ある地域の) 地方の, その土地の;現地の, 地元の. ☆日本語で「田舎」のことを「ローカル」と言ったりするが, 英語の local にはそのような意味はない. 首都 (capital) に対する「地方」は **provincial**, 都会 (urban) に対する「田舎」は **rural** と言う.

◇ **local agent** 現地旅行業者, 旅先の旅行業者 (=sub-agent; contractor). ☆ツアーオペレーター (旅行業者) が, その組織したツアーの運営のために仕事を依頼する旅先の現地旅行業者.

◇ **local currency** 現地通貨. ☆現地で流通・使用されている通貨.
　空港 I didn't have time to get *local currency* in Japan. 日本では現地通貨に換金する時間がなかったのです.
◇ **local dishes** 郷土料理. ☆ **local specialty, traditional dishes** とも言う.
　ホテル Where can I have the *local dishes*? この地方の郷土料理はどこで食べられるでしょうか.
◇ **local food** その土地の食べ物, 地元料理.
　ホテル I'd like to try some *local food*. Where can I enjoy the best *local food*? 地元料理を食べたいのですが, どこに行けば地元の美味しい物が食べられますか.
◇ **local guide** 現地ガイド. ☆訪問地を案内するガイド. 現地で旅行運営を下請けする. 全行程に同行して案内するガイドは courier guide と言う. ⇨ guide
◇ **local products** 地元産物.
　観光 What *local products* are sold here? → Mostly wines. 当地ではどのような地元産物が販売されていますか. →大部分はワインです.
◇ **local tax charge** 地方税料金.
　ホテル The *local tax charge* is added to everyone's bill in the hotel. 地方税料金はホテルのどの勘定書にも加えられます.
◇ **local time** 〈略〉LT 現地時間；地方(標準)時間.
　機内・空港 What's the *local time* in London now? → It's now 2:00 p.m. ロンドンの現地時間は今何時ですか. →今午後2時です.
◇ **local (tour) operator** 現地(ツアー)手配業者.
　観光 Our reservations were made by our *local operator*. 予約は現地の旅行業者を通じて行いました.
② (列車など乗物が) 短区間の；各駅停車の. ⇔ express (急行の). ▶ *local* bus 市内バス (=city bus). ⇔ long-distance bus (長距離バス)/ *local* bus route 近距離バス路線/ *local* express (train) 《米》準急(列車) (=semi-express)/ *local* line ローカル線 (特定の短い区間を走る路線). ☆日本の「ローカル線」とは異なる.
◇ **local train** 各駅停車の普通列車. ☆ **accommodation train** または **all stations train** とも言う. 日常会話でのくだけた表現では **slow train** と呼ぶこともある. ⇔ express (train)
　駅構内 Is this an express or a *local train*? → An express train. これは急行ですか, 普通列車ですか. →急行列車です.
③ (電話が) 市内の, 近距離通話の. ▶ *local* call 市内電話 (=city call). ⇔ long-distance call (長距離電話)/ *local* calling area 区域内通話のできる地域/ *local* No. code 現地コード (その国の先方の番号).

【電話】 I'd like to make a *local call*. 市内電話をかけたいのです.

---

lock 【動】 ① 錠をおろす, 鍵をかける. ⇔ unlock (鍵〈錠〉をあける)
　【ホテル】 Please *lock* your door when you leave the room. 部屋を出る時はドアに鍵をかけてください.（=You shouldn't forget to *lock* the door when you go out of your room.）
② 錠がかかる.
　【ホテル】 Does the door *lock* by itself 〈automatically〉? ドアは閉めると自動的に錠がかかりますか.
　◇ **lock oneself out** 締め出される,（鍵を失って）中に入れない (=lock out; shut out).
　【ホテル】 I've left my key in the hotel room. I've *locked myself out*. Could you unlock the door? 部屋に鍵を忘れて, 閉め出されました.（=I'm locked out of my room.）ドアの鍵を開けていただけますか.
— 【名】（鍵で開閉する）錠（前）. ▶ combination *lock* 文字組み合わせ錠 / open the *lock* with the key 錠前を鍵で開ける.
　【ホテル】 The *lock* is very stiff. I can't turn the key. この錠は堅くて鍵が回せません.

---

locomotive 【名】 機関車. ▶ diesel *locomotive* ディーゼル機関車（現在アメリカ大陸を横断する長距離コンテナ列車用などとして使用されている）/ electric *locomotive* 〈略 **EL**〉電気機関車 / steam *locomotive* 〈略 **SL**〉蒸気機関車.
　【列車】 There is a steam *locomotive* departing from the platform《《米》track》. 蒸気機関車が駅のホームから出発する.

---

long 【形】 ①（物・距離・時間などが）長い, 長期に. ⇔ short（短い）
　【観光】 Does it take a *long* time to drive from the airport to the hotel? → Yes, it does. You had better take a train. 空港からホテルまでは自動車で行くと時間はずいぶんかかりますか. →はい, かかります. 電車で行くほうがいいですよ.
② 〜の長さがある. ⇨ length（長さ）
　【観光】 How *long* is this bridge? → It's about 300 meters *long*. この橋の長さはどのくらいですか.（=What is the length of this bridge?）→約 300 メートルです.（=It's about 300 meters in length.）

---

long-distance 【形】 長距離の. ▶ *long-distance* bus 長距離バス (=《英》coach). ⇔ local bus. / *long-distance* flight 長距離飛行 / *long-distance* train 長距離列車 / *long-distance* transport 長距離輸送.

◇ **long-distance call** 長距離電話，長距離電話の通話 (=《英》trunk call)，市外電話. ⇔ city call（市内電話）

【電話】I want to make a *long-distance call* to Japan. 日本に長距離電話をかけたいのです.

---

look 【動】① (人・物を) 見る. ☆ **look** at は視線を向けて意図的に見ること. **see** は自然に目に入るものを見ること. ▶ *look* back 振り返る / *look* up⟨down⟩ at 見上げる⟨見下ろす⟩.

【買物】Can I help you find something? → No. Thanks. I'm just *looking*. 何かお探しでしょうか.（=Can I help you?) →いいえ，結構です. ただ見ているだけです.（=I'm just browsing.)

② (ある状態に) 見える. ▶ *look* best in jeans ジーンズ姿が最高である.

【買物】You *look* very good in that dress. そのドレスはあなたによく似合います. ☆ This dress *looks* good on you. / This dress suits ⟨is becoming on⟩ you very well. とも言う.

◇ **look after** 世話する.

【機内】Thank you for choosing Japan Airlines today. We have all enjoyed *looking after* you and hope that you will soon fly with Japan Airlines again. 本日は日本航空をご利用いただきありがとうございました. 私ども一同はお客様のお世話ができたことを喜びとし，いつの日かまた日本航空で空の旅をされることを心よりお待ちしております.

◇ **look for** 探す，求める.

【買物】Can I help you? What are you *looking for*? → I'm *looking for* a scarf for my mother. This is just what I'm *looking for*. いらっしゃいませ. 何をお探しですか. →母のためにスカーフを探しています. これが探しているものにぴったりです.（=This is just what I have been wanting to buy.)

◇ **look forward to ～** ～を楽しみに待つ. ☆前置詞 (to) の後には「名詞・代名詞」または「動名詞」を伴う. 通常進行形で用いる.

【空港】〔動名詞〕I'm *looking forward to* seeing you again. → So am I. またお会いできる日を楽しみにしています.（=I hope to see you again.) →私も楽しみです.

【観光】〔名詞〕Is this your first visit to Boston? → Yes, it is. I'm *looking forward to* the trip to Boston. ボストンははじめてですか. →はい. そうです. ボストン旅行を楽しみにしています.

【娯楽】〔代名詞〕How about joining me for a cocktail party tonight? → Sounds wonderful. I'm *looking forward* to it. 今晩カクテル・パーティーに参加しませ

んか．→いいですね．楽しみにしています．
◇ **look like ～** ～に似ている；～のように見える．
　天気 It *looks like* rain. 雨が降りそうである．
　空港 Could you check on the missing baggage for me? → Sure. We'll check it right now. What does it *look like*? 紛失荷物を調べてくださいますか．→はい，すぐお調べいたします．どのような物ですか．
◇ **look out（of）** 外を見る．☆look out（of）the window「窓から外を見る」．米国では of は略す．
　観光 If you *look out* the right hand side window, you will be able to see the Alps. 右側の窓からはアルプス山脈がご覧になれます．
◇ **look over ～** ～にざっと目を通す；調べる（=examine; inspect）．
　レストラン I'd like to *look over* the menu before I order. 注文する前にメニューにざっと目を通したいのです．
◇ **look up** 調べる．☆辞書で単語を，時刻表で出発時間などを調べること．
　旅行代理店 How much does it cost to take the optional trip? → Let me *look up* the cost in the brochure. オプショナル観光の費用はどれくらいですか．→パンフレットで費用をお調べいたします．
― 名 ① 一見，ひと目．▶ have〈take〉a *look* at（one's）itinerary 旅程を見る．
② 様子；目つき，顔つき．▶ *look* of surprise 驚いた顔つき．
③（複数形で）外観；美貌．▶ have both talent and good *looks* 才色兼備である．

lose（過去 lost, 過去分詞 lost）動 ①（一時的に）なくす，失う．▶ *lose* the room key 部屋の鍵をなくす．
　空港 I *lost* my air ticket somewhere. 私は航空券をどこかで紛失した．
②（方向を）見失う；（道に）迷う．
　観光 I seem to be *lost*. I can't find the way back to my hotel. 道に迷ったようです．ホテルに戻れないのです．
　◇ **lose one's way** 道に迷う（=lose oneself）．☆ **get lost** のほうが口語的である．
　　空港 I *lost my way* to my boarding gate in the airport. 空港で搭乗ゲートへ行く順路がわからなくなりました．
③（時間が）遅れる．⇔ gain（進む）
　観光 When we return from the States, we'll *lose* a day. アメリカから帰国する場合1日分時間が遅れます．☆到着の日付が翌日となります．
④（試合に）負ける．⇔ win（勝つ）．▶ *lose* a final game 決勝戦で負ける．

loss 名 ① 紛失．▶ the certificate of *loss* 紛失証明書 / the report of the *loss* 紛失届．

② 損失, 損害(額). ▶ *loss* of health 健康を損なうこと.
　空港 In the event of damage or *loss* of baggage, please notify us immediately. 万一荷物が損傷または紛失した場合には直ちに当社に通知してください.

lost 形 ① 紛失した.
　◇ **lost article** 遺失物 (=《英》lost property).
　　空港 *Lost articles* are kept here. 遺失物はここで保管されています.
　◇ **lost baggage** 紛失手荷物 (=missing〈mishandled〉baggage). ▶ *lost baggage* form 紛失手荷物届書.
　　空港 We'll let you know and deliver your *lost baggage* as soon as we find it. 紛失荷物を見つければすぐにお知らせし, お届けいたします.
　◇ **lost property** 遺失物 (=《米》lost article).
　　ホテル The housekeeper will offer assistance in tracing *lost property*. ハウスキーパーは紛失物を探すお手伝いをします.
　◇ **lost property form** 遺失物届書.
　　空港 You are requested to fill out the *lost property form*. 遺失物届書に記入する必要がある.
　◇ **lost property office** 遺失物取扱所. ⇨ lost and found office
② 道に迷った. ▶ *lost* child 迷子. ☆ Lost Children Center「迷子センター」(ディズニーランドでの表示).
　◇ **be lost** 道に迷っている (状態).
　　観光 We *are* completely *lost*. Where are we now? 完全に迷ってしまいました. 私達は今どこでしょうか.
　◇ **get lost** 道に迷う (動作). ☆ **lose one's way** と同じ意味だが get lost のほうが口語的.
　　空港 I *got lost*. Could you show me the way to the Japan Airlines check-in counter? 迷ってしまったのですが JAL 搭乗手続きカウンターはどこでしょうか.

lost and found (the ～)《米》遺失物取扱い (=《英》lost property). ▶ *lost and found* attendant 遺失物係 / *lost and found* counter 遺失物取扱所 / *lost and found* list 遺失物リスト / *lost and found* item(s) 遺失物, 拾得物.
　掲示 LOST AND FOUND《米》「遺失物案内所」「落し物預かり所」「お忘れ物預かり所」
　ホテル I noticed that I'm missing my bag. → Would you describe it, please? I'll

check with the *Lost and Found*. バッグがないのに気が付いたのです。→どのようなものか説明してくださいますか。遺失物取扱所に問い合わせます。
◇ **lost and found office** 紛失物取扱所 (=《英》**lost property office**).
　空港 I lost my bag in the airport. → You had better go to the *lost and found office* to get it back. 空港でバッグをなくしました。→取り戻すために遺失物取扱所へ行くほうがいいですよ。

luggage 名 (旅行用)手荷物. ⇨ baggage. ▶ *luggage* claim ticket 手荷物預り証.
　空港 How many pieces of *luggage* can I take on the plane? → It depends on its size and quantity, but you can usually bring one piece of *luggage* onto the plane. 機内には荷物はいくつまで持ち込めますか。→荷物の大きさと量にもよりますが、通常は手荷物1個を機内に持ち込むことができます。

空港内で使用できるカート

手荷物受け取り所

M

make(過去 made, 過去分詞 made)動 作る. ▶ *make* a plan 計画を立てる. ☆用法について:《1》**make A (out) of B**「BからAを作る」. Bの質的な変化はない. 例 This flower is made of paper. この花は紙で作られている.《2》**make A from B**「BからAを作る」. Bは質的に変化する. 例 Wine is made from grapes. ワインはブドウから作る.

◇ **make out**(書類などを)作成する.
　ホテル I want to check out tomorrow morning. Please *make out* my check by tonight. 明朝チェックアウトしたいのです. 今晩までには勘定書を作ってください.

◇ **make up**(ベッドを)用意する;(部屋を)清掃〈掃除〉する(=clean);化粧する.
　ホテル〔表示〕Make Up Room.「部屋の掃除をお願いします」☆ Please Make Up My Room Now. などの表示もある.

◇ **Make-Up〈Makeup〉Room card** 客室清掃を依頼するカード.
　ホテル Please put the *Make-Up Room card* on the door knob outside if you wish to have the room cleaned. 部屋を掃除してもらいたい場合「掃除をしてください」と書いたカードをドアノブにかけてください.

meal 名 食事(=dinner). ☆ meal の中には snack(軽食)や tea(午後のお茶)なども含まれている. 通常は breakfast(朝食), lunch(昼食), dinner〈supper〉(夕食)などの総称である. brunch(朝食兼用の昼食)も一般化している. ちなみに昼に dinner(その日のメインの食事)を済ませる場合, その夜の軽い食事(light meal)は supper と言う.
▶ big *meal* 十分な食事(=substantial meal)/ complimentary *meal* 無料の食事 / full *meal* 十分な食事 / full-course *meal* フルコースの食事 / light *meal* 軽食(=snack)/ in-flight *meal* 機内食 / special kids' *meal* お子さまランチ / special *meal* 特別食 / vegetarian *meal* ベジタリアン用の食事.
　日常会話 ☆英語・日本語の表現の違いに注意しよう.
　Thank you for a wonderful *meal*. → You're welcome. I'm glad you enjoyed it. ごちそうさまでした. →お粗末さまでした.
　Here is your *meal*. I hope you enjoy your *meal*. はい, お食事です. どうぞごゆっくりとお召し上がりください.

◇ **meal coupon** 食事クーポン(=meal ticket; food card).
　ホテル You can get the *meal coupon* for breakfast at the front desk. 朝食の食事クーポンはフロントでもらえます.

◇ **meal hour** 食事時間 (=meal time).
　ホテル What are the *meal hours*? → Breakfast is from six to eight, lunch is from eleven to one, and dinner is from six to eight. 食事時間は何時ですか. (=What are the hours for meals? / When are meals served?) →朝食は6時から8時, 昼食は11時から1時, 夕食は6時から8時です.
◇ **meal pack** パッケージ食品. ☆料理された食事が冷凍されて皿に盛られており, 暖めてすぐに食べられる.
◇ **meal plan** 食事タイプ.
◇ **meal service** (機内の) 食事サービス.
　機内 We have no *meal service* on this flight. この便では食事は出されません. (=I'm sorry we don't serve meals on this flight.)
◇ **meal stop** 食事のための休憩. ☆長距離バス旅行の時の, 食事を取るためのバス停車のこと. lunch stop, rest stop, comfort stop などとも言う.
◇ **meal ticket** 食券 (=meal coupon; food ticket);《米》(店が出す) 食事 (割引) 券. ☆ luncheon voucher《英》昼食券. ▶ *meal ticket* vender〈vending machine〉自動食券販売機.
　レストラン You should get a *meal ticket* at the entrance before entering the restaurant. レストランに入る前に入り口で食券を買ってください.
　飲み物の注文 タイミングをたずねるいろいろな表現.
　　① 【**before the meal**】 食前に
　　　Would you care for sherry *before the meal*? 食前にシェリーはいかがですか.
　　② 【**with the meal**】 食事をしながら
　　　Will you have some wine *with your meal*? 食事をしながら何かワインをお飲みになりますか.
　　③ 【**during the meal**】 食事中に
　　　Let's have wine *during the meal*. 食事中にワインをいただきましょう. (=Let's have wine while we are eating.)
　　④ 【**after the meal**】 食後に
　　　How do you like coffee, before or *after the meal*? コーヒーは食前, それとも食後になさいますか.

---

measure 動 (大きさ・長さ・量を) 測る, 量る; 寸法を取る.
　買物 What size do you wear? → I'm not familiar with American sizes. Could you *measure* me? 着用サイズはどのくらいですか. (=What size dress do you take?) →アメリカのサイズはあまりよく知りません. 寸法を測っていただけますか.
― 名 ① (測定) 寸法; 計量.

② 処置, 装置. ▶ emergency *measures* 緊急処置 / safety〈security〉 *measures* 安全装置.

---

measurements 名 (通常は複数形) 身体のサイズ, 寸法. ☆体型を表す「スリーサイズ」(bust, waist, and hip)(バスト・ウエスト・ヒップ)のこと.
　[買物] What are your *measurements*? → My *measurements* are 85-63-85cm. お客様のスリーサイズはいくつですか. →私のサイズはそれぞれ85-63-85cmです.

---

medicine 名 薬, 常備薬. ☆特に「内服薬」を指し, 病気の治療や予防のために用いる. ちなみに **drug** は medicine のもとになる材料で「健康のための薬」と「毒薬；麻薬」の意味がある. ☆日本語では「薬〈錠剤(tablet)・液剤(liquid)・粉末(powder)〉を飲む」と言うが, 英語では **take**〈**have**〉 medicine と言う. drink medicine とは言わない. ただし「液体の薬(liquid medicine 水薬)を飲む」場合は **drink**,「(錠剤などを)飲み込む」場合は **swallow** を用いることもある.
　[旅行] You had better bring your own *medicine* when you go to a foreign country. 外国へ行く場合持病の薬を持参するとよい.

---

medium (複 mediums, media) 名 媒体, 方法 (=means)；(衣服の) Mサイズ (= medium-sized dress).
　[買物] I'm sorry. We don't have a *medium* in this dress. 申し訳ございませんが, こ のドレスのMサイズはありません.
― 形 (飲食物の)中くらいの, 並の；(ステーキの) ほどよく焼いた.
　[ファーストフード店] I'll have a Coke〈coke, Coca-Cola〉. → What size would you like? Would you like a small, *medium* or large? → (I'll have) *Medium*, please. コカコーラをお願いします. →サイズは小, 中それとも大にしますか. →中をお願いします.
　[レストラン] Sirloin steak for me, please. → How would you like it done? Rare, *medium*, or well-done? → (I'd like my steak) *Medium*, please. サーロインステーキをお願いします. →ステーキはどのように焼きますか. レア, ミディアムそれともウェルダン(よく焼く)のどれにしますか. →ミディアムでお願いします.

---

meet (過去 met, 過去分詞 met) 動 ① 会う, 出会う.
　[空港] Let's *meet* again at the airport at 6:00 p.m. 午後6時に空港でまたお会いしましょう.
② (紹介されて)知り合いになる.
　[初対面] How do you do? My name is Ms. Sato Junko. I'm glad to *meet*

you. → I'm very happy to *meet* you, too. My name is Jane Smith. はじめまして. 佐藤淳子です. お会いできて光栄です.（=I'm pleased to *meet* you. / (It's) Nice to *meet* you.）→こちらこそ. ジェーン・スミスです.

【別れる時】 I enjoyed *meeting* you. → I hope to see you again. お会いできてよかった.（=(I'm) Glad to have *met* you.）→またお会いしたいですね.

③（人・乗物を）出迎える. ⇔ see off（見送る）

【空港】 I'll come and *meet* you at the baggage claim area at 8 o'clock sharp. 8時きっかりに手荷物受取所にお迎えに来ます.

message 名 伝言；通信（文）. ☆本来は「公式声明」のことである. He delivered a *message* of welcome to a group of tourists.「彼は観光団に対して歓迎の辞を述べた」. 日常的には電話をかけた人に対して相手が不在で「伝言」を依頼する時にも用いる. またホテルなどで留守中に訪ねてきた人から受ける「伝言」などもある. 大きなホテルでは「TV伝言」（TV画像で表示される）サービスが設置されている.

◇ **message lamp** 伝言ランプ. ☆ホテルの部屋にあるランプで, 伝言や郵便をフロントが預かっていると, 点灯して知らせる.

【ホテル】 The *message lamp* is on. Is there any message for me? メッセージ・ランプがついています. 何か私に伝言がありますか.

◇ **give a message** （〜に）伝言する (=send a message). ⇔ take a message

【ホテル】 Could you *give* my *message* to her when she comes back? 彼女が戻ったら伝言をお願いできますか.

◇ **have a message** （〜の）伝言を預かっている.

【ホテル】 Do you *have* ⟨Are there⟩ any *messages* for me? → We *have* ⟨Here's⟩ a *message* for you from Ms. Sato. 何か伝言がありますか. →佐藤さまからの伝言がございます.

◇ **leave a message** （〜に）伝言を頼む, 伝言を残す.

【ホテル】 I'm afraid there's no answer from Mr. Smith's room. Would you like to *leave a message* for him? スミスさんのお部屋はお返事がないようです. 彼に伝言を残されますか.

◇ **receive a message** 伝言を受け取る.

【ホテル】 The telephone in your room is equipped with voice mail which will automatically *receive messages* for you in your absence. ホテルの部屋の電話には, 不在のとき自動的に伝言を受け付けるボイスメールが備わっています.

◇ **take a message** 伝言を受ける. ⇔ give a message

【ホテル】 The manager isn't here at the moment. Can I *take a message* for him? マネージャーはただ今不在です. 彼に何か伝言がございますか.

mind 動 ① 注意する, 気をつける (=watch). ☆主として命令文で用いる.

　　掲示 *Mind* your step. 「足元にご注意ください」「階段にご注意ください」

② 世話する, 番をする (=keep an eye on).

　　空港 Would you *mind* my bags for a few minutes? 少しの間私の鞄を見張っていてくださいますか.

③ 気にする, いやがる. ☆主に疑問文・否定文で用いる.

　　ホテル Don't you *mind* paying the extra charge of 50 percent? → No. I don't *mind*. 50パーセントの追加料金がつきますがよろしいでしょうか. →はい. かまいません.

　◇ **Do you mind if ～?**「～してもよろしいですか」(=**Do you mind one's (doing)?**) ☆「許可」を求める表現である. 直訳すると「もし～すると, 気になりますか」の意味である. したがって肯定の返答 (はい, どうぞ) は **No, I don't mind.** (かまわないよ, 気にしません) と言う. また yes を用いる場合は **Yes, that's all right.** (いいですよ) と言う. しかし Yes. だけの返答は相手の申し出に対して「気にする」という意味になる.

　　ホテル *Do you mind if* I smoke here? → No, I don't *mind* at all. ここでたばこを吸ってもいいですか. (=Do you mind my smoking?) →はい, どうぞ. いいですよ. ☆否定の返答は Well, I'd prefer if you don't. 「ご遠慮いただければうれしいのですが」などと言う.

　◇ **Would you mind (doing), please?**「(恐れ入りますが) ～していただけませんでしょうか」. ☆相手に何かを依頼したり, 要求したりする時の表現である. Do you mind (doing), please? よりも丁寧な表現である.

　　機内／車内 Excuse me, sir. *Would you mind* trad*ing* seats with me? → I'm sorry, but I can't. 恐れ入りますが, 私の席と替わっていただけますか. →いいえ, 困ります. ☆ Yes, I do mind. / Well, I'd rather you didn't. / I'd prefer it if you didn't. などとも言う.

　　空港 What's this in this bag? *Would you mind* open*ing* it? → Not at all. このバッグの中身は何ですか. 開けてくださいますか. →いいですよ. ☆ No, I wouldn't mind. / Certainly not. / Of course not. とも言う. 積極的に応じる場合は Certainly. または Sure (ly). と言えばよい.

― 名 ① 心, 精神. ⇔ body. ▶ A sound *mind* in a sound body. 健全な精神は健全な身体に宿る.

② 考え, 意見；(～したい) 気持ち, 意向.

　◇ **have ～ in mind** ～のことを考えている, 心に思う；念頭に置く (=bear ⟨keep⟩ ～ in mind). ☆店員などが顧客に対して買おうとする物に関して「考えていること」を尋ねる基本表現. また買い物などで「何かきめている物」があるかどう

かを尋ねる場合にもよく用いる.

　[買物] I'd like to buy a dress. → Do you *have* any particular color *in mind*? → I'd like to have a white color. ドレスを買いたいのです. →特に何色をお考えですか. →白色のドレスがほしいのです.

◇ **change one's mind**　(自分の)考えを変える, 気が変わる.

　[レストラン] I'll have a wine. → Sure. What kind? → Sorry. I've *changed my mind*. I'll have a beer. 何をお飲みになりますか. →ワインをください. →承知しました. どのようなワインですか. →申し訳ない. 気が変わりました. ビールをください.

◇ **make up one's mind**　決心する.

　[空港] I *made up my mind* to change our flight reservation. 飛行機の予約を変更することを決めました.

---

miss 動　☆よく使用する観光英語である. 整理しよう.

① (乗物に)乗り遅れる, 乗りそこなう. ⇔ catch (間に合う). ▶ *miss* the last flight by ten minutes. 10分の差で最終便に乗りそこねる.

　[空港] I *missed* my AA flight 007 because of a traffic accident. 交通事故のためAA007便に乗り遅れました.

② 取り〈見・聞き〉そこなう;(機会を)のがす. ☆ **miss + (do)ing** の文型をとる場合が多い. ▶ *miss* (watching) the TV program in the hotel ホテルでそのテレビ番組を見そこなう.

　[観光] As long as you stay in New York, you should not *miss* seeing some monuments such as the Statue of Liberty. ニューヨークにいる間は自由の女神のような記念物を逃さず見学すべきです.

③ 見失う;紛失する.

　[乗物] When I came back here to my seat, my camera was *missing* 〈gone〉. 座席に戻ってみればカメラがなかった.

④ 見落とす.

　[道案内] Is the duty-free shop easy to find? → You can't *miss* it. You'll find it just in front of the hotel. 免税店はすぐに見つかりますか. →すぐに見つかります. ホテルの前にあります.

⑤ ～がないのに気づく.

　[ホテル] When did you *miss* the room key? → I didn't *miss* it until I got to the hotel. 部屋鍵がないのに気がついたのはいつですか. →気がついたのはホテルに帰ってからです.

⑥ ～がいないのを寂しく思う. ☆別れの時によく用いる表現である.

🛬 I've *missed* you. 久しぶりね。☆長く会わなくて寂しかった。

　🛬 Good-bye, Jane. I hope I can see you again in Tokyo. → I'll *miss* you very much when you return to Japan. ジェーン，バイバイ．東京でまた会えればいいのにね．→あなたが日本へ帰ってしまうととても寂しくなるわ．☆ I have to say goodbye now. I'll *miss* you terribly.（これでお別れです．あなたがいなくなると寂しくなります．）

― 名 失敗，やりそこなうこと．☆日本語で「間違える」ことを「ミスする」というが，英語の miss にはそのような意味はない．英語では mistake または error と表現する．「スペル・ミス」は spelling mistake, spelling error, misspelling である．この意味に近い英語の miss は「的はずれ，的をはずすこと」のことである．例 A *miss* is as good as a mile. 少しのはずれでも，はずれははずれだ．

missing 形 行方不明の，見当らない．▶ *missing* items 紛失物（=lost article）/ *missing* list 行方不明者リスト．

　🛬 I can't find my suitcase. It seems to be *missing*. Could you check for me? 僕のスーツケースが見当らないのです．紛失したようです．調べていただけますか．

◇ **missing baggage**〈**suitcase**〉紛失している手荷物〈スーツケース〉．

　🛬 What kind of your *missing baggage* is it? Please describe your baggage; type, color, and other features. 紛失している荷物はどのようなものですか．荷物の型，色，その他の特徴を説明してくださいますか．

◇ **missing person** 行方不明者．

　📰 Missing Persons.「尋ね人」☆米国では行方不明の幼児の情報が写真入りで牛乳パックなどに印刷されている．

mountain 名 ① 山，山岳；山脈；山地．☆個々の山名（固有名詞）の前には **Mount** あるいは **Mt.** をつける．例 Mount〈Mt.〉Everest エベレスト山（8848m）▶ *mountain* climbing 登山 / *mountain* range 山脈，連山．

　🏞 The *mountain* rises 3,000 feet above sea level. その山は海抜3000フィートある．

② (the ~ Mountains で) ~山脈．▶ the Rocky *Mountains* ロッキー山脈（=the Rockies）．

moving 形 動いている．▶ *moving* staircase エスカレーター（=《英》escalator）．

◇ **moving walkway** 動く歩道（=moving sidewalk）．

　🛬 If you are carrying lots of baggage in the airport, you had better take advantage of the *moving walkway*. 空港で手荷物が多い場合，動く歩道を利用するほうがよいでしょう。

museum 名 博物館，美術館． ▶ art *museum* 美術館（=gallery）/ ethnological *museum* 民族博物館 / historical *museum* 歴史博物館 / mobile *museum* 移動博物館 / science *museum* 科学博物館 / The British *Museum* 大英博物館．
(ホテル) I'm planning to go to the *museum* tomorrow. Where can I get the bus to the *museum*? 明日博物館に行く予定です。博物館へ行くバスにはどこで乗りますか。

大英博物館

ロッキー山脈

N

nation 名 ① 国家, 国. ▶ independent *nation* 独立国 / the United *Nations* 国連.
② 国民；民族. ▶ the Japanese *nation* 日本国民.

national 形 ① 国家の. ⇨ international（国際の）. ▶ the *national* holiday 国民の祝日, 祝祭日 / *national* agent ナショナル・エイジェント（国を代表する旅行業者）/ *national* anthem 国歌 / *national* flag 国旗.
② 国民の, 民族の. ▶ *national* costume 民族衣装 / *national* sports〈game〉国技 / *national* customs 国民的習慣 / *national* vacation village 国民休暇村.
③ 国立の, 国有の. ▶ *national* highway 国道（=*national* road）. ☆ National Highway Route No. 1 国道1号線 / *national* monument 国定記念物（「自由の女神」など）/ National Museum 国立博物館（=*national* gallery）/ *national* park 国立公園. ☆ quasi-national park 国定公園.
◇ **national treasure** 国宝（=national heirloom）.
観光 The temple has many buildings designated as *National Treasures*. その寺には国宝指定建造物が多数ある.
— 名 国民,（海外在住の）同国人. ▶ the Japanese *nationals* 日本国民.

nationality 名 国籍, 国民性. ▶ Japanese *nationality* 日本国籍.
観光 What is your *nationality*? → I'm Japanese〈Italian〉. お国はどこですか. ☆ Where is ～? ではない. → 日本〈イタリア〉です.

natural 形 自然の, 天然の. ⇔ artificial（人工の）. ▶ *natural* beauty 自然美；景勝地 / *natural* food 自然食（=organic food）/ *natural* monument 天然記念物 / *natural* scenic attractions 自然の景観美.
◇ **natural scenery** 自然風景, 自然の景観.
観光 We took this tour to enjoy the beautiful *natural scenery*. 美しい自然風景を楽しむためにこのツアーに参加しました.

nature 名 ① 自然. ⇔ art（人工）. ▶ the beauty of *nature* 自然の美.
② 天然, 性質, 特徴. ▶ human *nature* 人間性.

nonstop 形 直行の. ▶ *nonstop* bus 直行バス / *nonstop* train 直通列車. ⇨ direct
◇ **nonstop flight** 直行便（=direct flight）.

【空港】 I took a *nonstop flight* to New York and then a domestic flight to Boston. ニューヨークまでは直行便、それからボストンまで国内便に乗りました。
― 副 直行で。▶ fly *nonstop* from Chicago to Narita シカゴから成田まで直行便を利用する。

note 名 《英》紙幣, 札 (=《米》bill). ▶ large〈small〉*note* 高額〈小額〉紙幣.
【買物】 You are requested to pay in *notes*, not (in) coins. 硬貨ではなく紙幣でお支払いください。
【銀行】 I need some cash. Will you change Japanese yen into UK *note*? 現金が必要なので日本円を英紙幣に両替してください。

number 名 ① 数；数字。☆「偶数」は **even number**,「奇数」は **odd number** と言う。
☆ **a number of** ～「多数の～」と **the number of** ～「～の数」とを区別すること。
【駐車】 A *number of* cars have been stolen. 多くの車が盗まれた。☆主語は cars（複数名詞）である。
【交通】 The *number of* cars has been increasing. 車の数は増えている。☆主語は the number（単数名詞）である。ちなみに What is the number of people in Paris?「パリの人口はどれくらいですか」☆ What〈How large〉is the population of Paris? とも言う。しかし *How many〈How much〉is the number of people in Paris? とは言わない。
② (車両) 番号；(電話) 番号；(住所の) 番地。▶ car *number* 車両番号 / house *number* 番地 / license *number* (自動車の) 免許証番号 / international prefix *number* 国際電話識別番号 / seat *number* 座席番号 / train *number* 列車番号 / wrong *number* 番号間違いの電話。
【通話】 What *number* are you calling? (電話で) 何番におかけですか。
― 動 ① 番号をつける。
【車内】 All the seats are *numbered* from one to ninety. 全席は1から90まで番号がついてる。
② 総数が～になる, 数える。
【観光】 The party *numbers* twenty people in all. 一行は全部で20人です。
◇ **numbered ticket** 整理券。
【交通】 In the suburbs, a passenger takes a *numbered ticket* when getting on the bus, and pays the regular fare when getting off. 郊外では乗車時に整理券を取り、降車時に規定の料金を支払う。

numeral 名 数字。▶ Arabic *numerals* アラビア数字 (1, 2, 3 など) / Roman

numerals ローマ数字（Ⅰ, Ⅱ, Ⅲなど）.

ホテルの客室案内表示

客室

エレベーターホール

O

ocean (the ～) 名 大洋,海洋. ☆ sea は「海」を表す一般的な単語. 通例 ocean は sea よりも大きい. 米国では sea の代わりに用いることが多い. ▶ the Antarctic *Ocean* 南極海 / the Arctic *Ocean* 北極海 / the Atlantic *Ocean* 大西洋 / the Indian *Ocean* インド洋 / (sail across) the Pacific *Ocean* 太平洋(を船で横断する).

〈ホテル〉 Is my room on the *ocean*-view side? 私の部屋は海の見える側ですか.

officer 名 ① 官吏, 係官. ▶ customs *officer* 税関の係官 / immigration *officer* 入国審査官.

〈空港〉 What did you say to the customs *officer*? → I said I had nothing to declare. 税関吏に対して何を言ったのですか. →申告するものはないと言いました.

② 高級船員；航海士. ☆広義では船長, 副船長も含む. ▶ chief〈first〉 *officer* （船の）一等航海士；（飛行機の）副操縦士 / second *officer* （船の）二等航海士；（飛行機の）航空機関士 / third *officer* （船の）三等航海士.

③ 警官, 巡査 (=police officer). ☆ policeman, cop よりも上品な言葉. 日常会話の中で「呼びかける」時にも用いる.

〈観光〉 Excuse me, *officer*, but is this the right way to the station? すみません. おまわりさん, 駅へはこの道でいいのですか.

official 形 公式〈公用〉の. ▶ *official* passport 公用旅券 / *official* postcard〈postal card〉官製はがき.

― 名 役人；職員. ▶ government *official* 公務員.

one-day 形 1日(限り)の. ▶ *one-day* tour 1日観光 / *one-day* trip 1日旅行.

◇ **one-day round trip** 1日往復旅行, 日帰り往復旅行.

〈観光〉 You can take a *one-day round trip* to Lexington and Concord. レキシントンとコンコルドへの日帰り往復旅行ができます.

◇ **one-day city tour** 日帰り市内観光.

〈観光〉 I want to take a *one-day city tour*. 日帰りの市内観光をしたいのです.

◇ **one-day pass** 1日〈日帰り〉乗車券.

〈観光〉 You can get on and off the bus freely at any stops, if you buy a *one-day pass*, which provides discounts at many tourist spots. 1日乗車券を購入すればどこでも自由に乗降でき, 多くの観光スポットで割り引きが受けられます.

One Serving Only「1回のみ」☆サラダバーなどで見られる表示. ⇨ all-you-can-eat

one-way 形 ① (道路が)一方通行の. ▶ *one-way* traffic 一方通行.
　　交通機関 Is it *one-way* here on weekdays? → Yes, it is. / No, it isn't. ここは平日は一方通行路ですか. (=Is this a *one-way* street?) →はい, そうです / いいえ, 違います.
　② (切符・乗車賃が) 片道の(=《英》single).
　　交通 The seats are \$30 per person *one way*. 座席は片道1人30ドルです.
　　◇ **one-way fare** 片道運賃(=《英》**single fare**). ⇔ round-trip fare(往復運賃);《英》return fare
　　　駅舎 What's the *one-way fare* from Chicago to Boston? シカゴからボストンまで片道運賃はいくらですか.
　　◇ **one-way ticket** 片道切符 (=《英》**single ticket**). ⇔ round-trip ticket (往復切符);《英》return ticket
　　　駅舎 How much is the *one-way ticket* to Paris? パリまでの片道切符はいくらですか.
　　　駅舎 May I have a *one-way ticket* for Rome, please? ローマまでの片道切符を1枚ください.
　　◇ **one-way trip** 〈略 **OW**〉片道旅行(=《英》**single trip**). ⇔ round trip(往復旅行)
　　　旅行 I'd like to take a *one-way trip*. 片道旅行をしたいのです.
─ 名 〈略 **OW**〉一方通行；片道.

open 動 ① 開く；(税関などで荷物などを) 開ける. ⇔ close, shut (閉める). ☆ **push** (押して)開ける. **pull** (引いて)開ける. **slide** (ふすまなどを横に引いて)開ける.
　　機内 How do I *open* the door? → You have only to push the door open. このドアはどのようにして開けるのですか. →押すだけで開きますよ.
　② (店・博物館などを)開ける；開く.
　　レストラン What time does this restaurant *open* in the morning? このレストランは朝何時に開きますか.
─ 形 ① (店などが)開いている, 開いた. ☆名詞の前には用いない.
　　娯楽 The music concert is *open* till 8:00 p.m. But the ticket office closes when the last ticket has been sold. 音楽コンサートは午後8時まで開催されていますが, チケットが完売すれば切符販売所は閉まります.
　　買物 How long does this store stay *open*? → From 10 a.m. to 3 p.m. この店は何時から何時まで開いていますか. →午前10時から午後3時までです.

[買物] How late is this shop *open*? → Until 10 p.m. この店は何時まで開いていますか．→午後 10 時までです．
　[レストラン] Is this restaurant still *open*? → Yes, it is *open* from 8 a.m. through 6 p.m. このレストランはまだ開いていますか．→はい，午前 8 時から午後 6 時まで開店しています．
　◇ **open 24 hours** 24 時間営業．
　　[掲示] *OPEN* 24 HOURS (A DAY)「24 時間営業」．☆24 時間営業のコンビニなどの看板．
② 空きがある．
　　[空港] Do you have any *open* seats or cancellations? → Yes, sir. There are some seats available in the executive-class section. 空席またはキャンセルになった席がありますか．→はい，ございます．ビジネスクラスの座席なら若干空いています．
　◇ **open room charge** 空室料金．☆ホテルの長期滞在者が一時的にホテルを離れて短い旅行をする場合，大きな荷物は客室に保管したままにする．その期間に対する料金でサービス料は含まれない．
③ 覆いのない．☆名詞の前に用いる．▶ *open* car（屋根のない）オープンカー，無蓋車．

open-air [形] 野外の，戸外の (=outdoor)．▶ *open-air* hot-spring bath 露天温泉風呂 / *open-air* market 青空市場 / *open-air* morning market 青空朝市 / *open-air* museum 野外博物館 / *open-air* musical hall 野外音楽堂 / *open-air* restaurant 戸外レストラン / *open-air* stall 屋台 / *open-air* theater〈stage〉野外劇場〈ステージ〉/ *open-air* village museum 野外民族博物館．

opening [形] 開始の．▶ *opening* ceremony 開会式，開通式 / *opening* night 初演の夜 / *opening* time 開館〈開演〉時間．
── [名] ① 開始．▶ the *opening* of the cherry blossom 桜の開花．
② 空席；(地位・職などの) 空き；欠員 (=vacancy)．
　　[空港] There are *openings* on flight 007 bound for Chicago. シカゴ行きの 007 便に空席がございます．

order [名] ①（飲食物の）注文；（製造の）注文品．▶ *order* card 注文カード．☆ホテルのルームサービスで朝食などを頼む時に注文事項を記入するカード / rush *order* 急ぎの注文 / short *order*（食堂の）即席料理，すぐにできる料理の品．
　　[レストラン]〔給仕が顧客に対して注文をとる〕May I take your *order*, sir? → Yes. I'll have coffee. ご注文はお決まりですか．(=Can I have your *order*, please?)

→はい，コーヒーをお願いします．☆単に Coffee, please.（1人分）または Two coffees, please.（2人分）とも言う．
レストラン〔顧客が給仕に対して注文する〕Waiter, will you take my *order*? → I'll be back to take your *order* in just a moment. すみませんが，注文してもいいですか．→ご注文を受けるためにすぐに戻ります．
② 順序，順番．▶ in the *order* of application 申し込み順に / in *order* of age 年齢順に．
観光 All the names are listed in alphabetical *order*. 名前は全部アルファベット順に記載されている．
観光 Please sit in *order* of arrival. 先着順にお座りください．☆ sit on a first-come, first-served basis とも言う．
③ 整頓，（正常な）状態．
　◇ **out of order** 故障中（=out of service）．⇔ in good *order*（順調に）
　　電話 This telephone is *out of order*. 電話は故障中です．（=Something is wrong with the telephone.）
　◇ **in order** きちんと整理された．⇔ in bad *order*（悪い状態）
　　ホテル The hotel room is always *in* good *order*. ホテルの部屋はいつもきちんと整頓されている．
④ 引換証；為替．▶ exchange *order*〈略〉XO　旅行引換証；航空引換証 / hotel *order* 宿泊確認書．☆旅行業者などが発行する宿泊条件を記した確認書．voucher（支払保証書）ではない．
— **動** ①（物を）注文する；（~を）注文する，取り寄せる．
レストラン Are you ready to *order*? → We'd like to *order* our appetizers as a starter. ご注文をうかがいましょうか．（=What would you like to *order*?）→まず手始めにはアペタイザーを注文したいのですが．
② 命ずる，指示する．
病気 The doctor *ordered* me to take a rest for a week. 医者は私に一週間休養するように指示した．☆ The doctor *ordered* that I should take a rest for a week. とも言う．

ordinary **形** 普通の（common），通常の；平凡な，並みの．⇔ extraordinary（並外れた）．▶ *ordinary* express train 普通急行列車 / *ordinary* mail 普通郵便 / *ordinary* ticket 普通券．

outbound [áutbàund]（アクセントに注意）**形** 国外向けの；（飛行機・船などが）外国行きの；（列車・バスなどが）下りの．☆本国から外国へ出ること．往路．⇔ inbound

(復路). ⇨ bound. ▶ *outbound* business 国外旅行業務. ☆自国人が国外へ出て行く場合の旅行(国外旅行)とそれにかかわる業務. / *outbound* flight〈aircraft〉外国行きの便, 出国便, 出発便 (=outgoing flight). ⇔ inbound flight. / *outbound* train 出発列車 / *outbound* ship 外航船 / *outbound* tour アウトバウンド・ツアー. ☆外国に行くツアー. 日本人の場合は海外旅行ということになる. / *outbound* track 出発線 / *outbound* travel〈trip〉国外旅行 / *outbound* voyage 往航.

【船舶】The ship is *outbound* for London. この船はロンドン行きの外航船です.

【航空】Japan Airlines flight 009 was *outbound* from Narita to Chicago. 日本航空009便は成田空港からシカゴに向かっていた.

---

overnight 形 1泊の；1晩の. ▶ *overnight* bag (1泊用の) 小旅行かばん. ☆旅行会社または旅行業者が宣伝用に作成した機内に持ち込こめるかばん / *overnight* guest (1泊の) 宿泊客 / *overnight* shop 深夜営業店.

◇ **overnight stay** 1泊の滞在. ☆ stay overnight「1泊する」(=stay for a night).

【旅行】I'm planning to have an *overnight stay* in Boston. ボストンで1泊する予定です.

◇ **overnight check** 翌朝までの点検作業. ☆夜間に到着した飛行機を翌朝の出発までの間に点検する.

◇ **overnight stop** 1泊の滞在 (=overnight stop).

【ホテル】We made an *overnight stop* at Boston. ボストンに1泊した.

◇ **overnight train** 夜行列車. ▶ *overnight* sleeper train 夜行寝台列車.

【列車】The *overnight train* leaves at 9:00 p.m. 夜行列車は午後9時に出発する.

◇ **overnight trip** 1泊旅行.

【ホテル】We went on an *overnight trip* to Boston. 私たちはボストンまで1泊旅行に出かけました.

― 副 夜通し, 一晩中. ▶ stay *overnight* in Boston ボストンに1泊する.

---

overseas〈略 OVS〉形 海外の；外国の；国際線の. ⇨ international. ▶ *overseas* business trip 海外出張 / *overseas* student (海外からの) 留学生 (=international student). ☆ student overseas (海外への) 留学生 / *overseas* tour 海外観光旅行 (=overseas trip〈travel〉)/ *overseas* travel 海外旅行 / *overseas* travel accident insurance 海外旅行傷害保険 / *overseas* traveler's insurance 海外旅行保険.

◇ **overseas call** 国際電話 (=overseas〈international〉telephone call).

【電話】I'd like to make an *overseas call* to Tokyo. 東京へ国際電話をかけたいのです.

◇ **overseas trip** 海外旅行 (=overseas tour〈travel〉).

【観光】 How often do you make an *overseas trip* in a year? １年にどのくらい海外旅行をなさいますか.
― 副 海外へ, 外国へ (=abroad). ▶ go *overseas* 海外へ行く (=go abroad).
【観光】 We are planning to go *overseas* during the summer vacation. 夏期休暇中は海外旅行の予定です.

空港のチェックインカウンター

空港, 液体の持ち込みに関する注意

P

pack 動 ① 荷造りする. ☆輸送・保管のために包装すること. **wrap** (up) は (紙・布などで) 包むこと.
  空港 Did you *pack* this bag yourself? このバッグは自分で荷造りしましたか.
② 包む, 包装する. ▶ *pack* the parcel carefully 小包を注意しながら包む.
  ホテル I finished *packing* my personal belongings into my baggage. 身の回りのものを手荷物に詰め終えた.
③ (詰めて) 入る, 満員になる.
  野球場 The stadium is *packed* with excited spectators〈supporters〉. 野球場は興奮した観客でいっぱいです.
  ◇ **be packed like sardines** すし詰めになる. ⇨ (be) full of
    列車内 We *were packed like sardines* in the commuter train. 通勤電車はすし詰めでした. (=The commuter train was jammed〈jam-packed〉 with passengers.)
― 名 ① (小さな)包み; 荷物; 束. ▶ *pack* case 包装箱.
  空港 This *pack* contains my personal belongings. この包みには私物が入っています.
② 1組; 1箱 (=《英》**packet**). ☆牛乳など液体を入れる紙「パック」は英語では **carton** と言う.
  免税店 How many *packs* of cigarettes do you want to buy? → Three *packs* of Kent cigarettes, please. たばこを何箱お買いになりますか. →ケントを3箱ください. ☆《英》three packets of cigarettes.

---

package 名 小包 (=《英》parcel). ☆箱などに詰めた荷物. ▶ postal *package* 郵便小包 / *package* store (店内では飲ませない) 酒類販売店 (=*package* liquor store;《英》off-licence) / special delivery *package* 速達小包.
  郵便局 I'd like to send this *package* to Japan by air. 航空便でこの小包を日本まで送りたいのです.

---

packet 名 小さな包み; 小荷物簡易郵便物. ▶ a *packet* of sandwiches サンドイッチの包み.

---

packing 名 荷造り, 包装. ▶ *packing* and wrapping service 梱包サービス / *packing* box 荷箱 / *packing* charge 包装費 / *packing* sheet 包装紙.

parcel 名 小包 (=《米》package). ▶ *parcel*-room 駅の手荷物一時預かり所 (=《英》cloakroom).
　郵便局 I'd like to send this *parcel* to Japan. この小包を日本へ送りたいのです.
　◇ **parcel post** 小包郵便. ▶ *Parcel Post* Customs Declaration 小包郵便税関申告 / send this item by *parcel post* 小包郵便で送る.

park 名 ① 公園. ▶ municipal *park* 市営公園 / national *park* 国立公園 / prefectural *park* 県立公園 / provincial *park* 州立公園 / quasi-national *park* 国定公園.
　② 遊園地 (=amusement park);《米》競技場, 運動場. ▶ baseball *park* 野球場.
　③ 駐車場 (=《米》parking lot;《英》car park).
― 動 駐車する; 駐機する.
　駐車 You must not *park* the car within 15 feet of a hydrant. 消火栓の 15 フィート以内に駐車してはいけない.
　ホテル Is it all right to *park* here? → No. It is prohibited in this area. ここに駐車できますか. (=Can I *park* my car here?) →いいえ, この地域では禁じられています.

parking 名 駐車; 駐車場; (形容詞的に) 駐車の. ☆日本語では高層・高階式の立体駐車場のことを「スカイ・パーキング」または「タワー・パーキング」と言うが, 米国では **multistory〈multilevel〉 parking garage**, 英国では **multistory〈multilevel〉 car park** と言う.
　◇ **parking lot** 駐車場 (=《英》**car park**). ☆ **carport** 屋根のある車庫. ▶ *parking lot* for bicycles 駐輪場 (=bicycle-parking lot)/ pay *parking lot* 有料駐車場.
　ホテル There is a *parking lot* available to the rear of the hotel. ホテルの裏に駐車できます.
　◇ **parking meter** 駐車メーター. ☆小銭を入れると一定時間の範囲で駐車できる. 時間が切れると EXPIRED (時間切れ), VIOLATION (違反) などの文字が出る.
　☆ **metered parking space** メーター制駐車場.
　◇ **parking rate** 駐車料金 (=parking charge〈fee〉). ☆時間料金 (hourly parking rates), 日極め料金 (daily parking rates), 月極め料金 (monthly parking rates) などがある.
　◇ **parking space** 駐車スペース, 駐車可能な場所 (=a space〈place〉 to park).
　掲示 More *Parking Space* Behind the Building. 「建物の裏側にも駐車スペースあり」
　◇ **parking ticket** 《1》駐車違反切符〈呼び出しカード〉 (=parking citation). 《2》駐車利用券 (デパートやホテルなどのガレージに入れた車の引換券).

【買物】 *Parking tickets* are stamped at the time you make your purchase. (商品を) お買い上げの際には駐車券にスタンプが押されます.

park'n lock 〈park and lock〉 無人駐車場. ☆客が自分で駐車し料金を払ったあと旋錠する方式.

participant 图 参加者；関係者.
【観光】 The optional tour has twenty *participants*. このオプショナルツアーの参加者は 20 名です.
◇ **participant sports** 参加するスポーツ. ☆実際に参加して楽しむスポーツ. ⇔ spectator sports (観戦スポーツ)

participate (in) 動 参加する. ⇨ take part in; join. ☆ **participation** 参加.
【観光】 How many people will *participate* in the optional tour? このオプショナルツアーには何人参加しますか.

party 〈略 PTY〉 图 ① パーティー, (社交的な) 会, 集まり.
【娯楽】 We enjoyed ourselves very much at the cocktail *party*. カクテルパーティーはとても楽しかった.
② 団体；一団 (=group). ☆ある目的で集まり, 行動を共にする一団のこと. 集合体として考える場合は単数扱い, 構成要素を考える場合は複数扱い. ▶ touring *party* 旅行団 / sightseeing *party* 観光団.
【レストラン】 How many people are there in your *party*? → There're six of us. One more person will be coming soon. ご一行様は何人ですか. ☆単に How many people 〈persons〉 in your party? とも言う. →私達は 6 名です. もう 1 人すぐに来ます.
③ (電話の) 相手, 先方. ☆呼び出し電話で相手に通じた場合によく用いられる.
【電話】 Your *party* is on the line. Go ahead, please. 先方が電話に出ておられます. どうぞお話しください.

party line 親子電話, 共同電話.

passenger 〈略 PAX〉 图 乗客, 旅客. ☆通称「パックス」.
【空港】 *Passengers* on flight 123 leaving for Paris are kindly requested to go to Gate 10. パリ行き 123 便をご利用のお客様は 10 番ゲートにお越しください.

pay（過去 paid, 過去分詞 paid）**動** ① （代金を）支払う（=make a payment）.
  表示 *Pay* as you enter.「料金はご乗車の際にお支払いください」☆バス等の表示.
  ◇ **pay by (credit) card** （クレジット）カードで支払う.
  ◇ **pay in ⟨with⟩ traveler's checks** トラベラーズチェックで払う.
  ◇ **pay in ⟨by⟩ cash** 現金で払う.
  ◇ **pay in Japanese yen ⟨in dollar / in Euro⟩** 日本円⟨ドル / ユーロ⟩で払う.
  ② （注意・敬意を）払う.
  観光 You must *pay* attention to what the tour guide is explaining. ツアーガイドの説明によく注意すべきです.
― **名** 給料（=wage, salary）; 報酬. ▶ *pay* on delivery ⟨**略** P.O.D.⟩ 現物⟨代金⟩引き換え払い / *pay* toilet 有料トイレ.
  ◇ **pay phone** 公衆電話（=pay telephone;《英》public phone）.
  電話 I'm calling from a *pay phone* right now. ちょうどいま公衆電話から電話をかけているところです.
  ◇ **pay television ⟨TV⟩** 有料テレビ. ☆ホテルなどで独自に企画した番組を有料で放映するテレビのこと. 料金は自動的に宿泊請求書に計上される.

payment **名** 支払い; 支払い金. ▶ *payment* in full 全額払い（=full *payment*）/ *payment* in part 一部払い / *payment* slip 支払伝票 / advance *payment* 前払い（=*payment* in advance）. ☆ pay in advance（前払いする）/ amount of *payment* 支払金額 / balance of *payment* 支払金額の差額 / down *payment* （分割払いの）頭金, 手付金.
  ホテル How would you like to make the *payment*? → I'll pay in cash. お支払いはどのようになさいますか. →現金で払います.

people **名** ① 人々; 世間（の人々）. ▶ the *people* in Boston ボストンの人々.
  ◇ **people bag** 食べ残しを入れる袋. ☆ **doggie bag** （レストランなどで食べ残した物を犬に食べさせるために持ち帰る袋）とも言うが, 実際は帰宅して人間が食べるために残り物を入れる袋のことをこのようにも言う.
  ② 国民（the ～）; 民族. ▶ the English *people* 英国民 / *people's* lodges 国民宿舎.

per **前** ～につき（= a ～）. ☆ **per** は主として専門用語・商業英語の中で「単位」を表す時に用いる. 日常会話の中で「単位」を表す時には **a ⟨an⟩** を用いる場合が多い. ▶ 90 dollars *a* night 1泊につき90ドル.
  ◇ **per day** 1日につき（=a day）.
  ◇ **per hour** 時速. ▶ at fifty miles *per hour* 時速50マイル（約80キロ）で.

◇ **per night** 1泊につき (=a night). ▶ ninety dollars *per night* 1泊90ドル (=90 dollars a night).
◇ **per person** 1人につき, 1人前 (=per head; a person). ▶ *per person* rate 1人当たりの料金 (=rate *per person*).
◇ **per serving** (食べ物〈飲み物〉の) 1杯で, 1人分で.

permission 名 許可. ▶ give *permission* 許す / ask for *permission* 許可を求める.

permit 動 許可する, 許す (=allow).
ホテル Smoking is not *permitted* in the lobby. ロビーは禁煙です.
— 名 許可証. ▶ driving *permit* 運転免許 (証) / entry *permit* 入国許可証 / re-entry *permit* 再入国許可証.
表示 *PERMIT* ONLY. 「許可証所有者のみ」

personal 形 ① 個人の, 個人的な (=individual); 私的な (=《英》private). ▶ *personal* call 私用の電話;《英》指名通話 (=person-to-person call) / *personal* exhibition 個展 (=one-man show) / *personal* history 履歴書 (=resume) / *personal* identification number (キャッシュカードなどの) 個人暗証番号 / *personal*-type traveler 個人旅行者.

◇ **personal account** 個人勘定. ☆master account に対する個人会計 (=separate account; incidental charge). 団体旅行などでホテルに宿泊した場合, 室料以外の電話代, 洗濯代, ミニバーの飲み物代, ルームサービスなどはすべて個人負担. ⇔ master account〈bill〉(親勘定)
◇ **personal belongings** 私物, 個人の所有物, 個人の身の回り品 (=*personal* items〈articles〉). ☆税関で, また機内を出るときによく用いられる単語である. 本来 belongings は土地・家屋・金銭などを含まない「財産・所持品」を指す. すべて複数形である. ▶ leave *personal belongings* behind on the bus バスに所持品を残す〈置き忘れる〉.
◇ **personal effects** 個人の身の回り品 (=*personal* belongings). ☆法律用語として用いる.
空港 I have nothing to declare. These are just my *personal effects*. 申告する物はありません. これは身の回り品だけです.
◇ **personal television**〈略〉PTV〉個人用テレビ. ☆旅客機の機内エンターテイメントの一種として個人用の液晶テレビが設置されている.
◇ **personal use** 個人使用 (=private use).
空港 What's inside this bag? → It's a camera for my *personal use*. このバ

ッグの中身は何ですか. →私個人が使うカメラです. (=This camera is used for myself.)
② 親展の(=confidential). ▶ *personal* letter 親展の手紙, 親展書.

phone 名 電話, 電話機. ☆ telephone の短縮語.

▶ answer the *phone* 電話に出る / get〈have〉a *phone* call (from) (から)電話をもらう / hang up the *phone* 電話を切る / make a *phone* call (to) (へ)電話をかける / talk on〈over〉the *phone* 電話で話す (=talk by phone)/ use a *phone* 電話を借りる. ☆ borrow ではない. / *phone* bill 電話料金請求書 / *phone* directory 電話番号案内, 電話帳(=phone book) / *phone* exchange 電話交換局 / hotel courtesy *phone* (空港周辺の)ホテルへの無料直通電話 / house *phone* ホテル館内電話 / pay *phone* 公衆電話 / public *phone* 公衆電話.

◇ **phone booth**《米》公衆電話室, 電話ボックス, 電話室 (=《英》**phone box**, call box).

◇ **phone call** 電話の呼び出し, 通話.

◇ **phone number** 電 話 番 号 (=telephone number). ▶ look up the *phone number* 電話番号を調べる.

〘電話〙 May I have your *phone number*, please? → Yes, my *phone number* is 03-1224-5678. 電話番号をいただけますか. (=What's your *phone number*?) → 03-1224-5678 です. ☆ O〈zero〉, three-one, two, two〈double two〉, four-five, six, seven, eight.

◇ **on the phone** 電話で：電話口に(出て)；電話がかかって.

〘電話〙 You're wanted *on the phone*. 君に電話ですよ. ☆日常会話では It's for you. / Phone for you. とも言う.

— 動 電話をかける. ☆通常, 米国では **call** (up), 英国では **ring** (up)を用いる.

〘電話〙 Please *phone* me later. あとで私に電話をしてください.

photograph [fóutəgræf]（アクセントに注意）☆「光」(photo)の「記録」(graph).

名 写真 (=photo, picture). ▶ take a *photograph* of a friend 友人の写真を撮る / develop〈print; enlarge〉a photograph 写真を現像する〈焼き付ける；引き伸ばす〉. ☆日本での **DPE**「developing(現像), printing(焼き付け), enlarging(引き伸ばし)」の表示は海外では見かけない. ちなみに「ベタ焼き」は contact printing と言う.

〘観光〙 I'd like to have〈get〉my *photograph* taken in front of this church. この教会の前で私の写真を撮ってもらいたいのです.

photographer [fətágrəfər]（アクセントに注意）名 写真を撮る人, 写真家. ☆日本語の

「カメラマン」は写真家(職業)や報道カメラマン(=**photojournalist**)などを指すが英語では photographer と言う．英語の cameraman は「映画・テレビなどの撮影技師」の意．

---

pick up ① 拾い上げる．▶ *pick up* a coin on the road 道でコインを拾う．
② 取り上げる，手にしてみる，受け取る．
　【空港】You can *pick up* your baggage at the baggage claim area in this terminal. お荷物はこのターミナルの手荷物引渡所で受け取れます．
③ (人を)車に乗せる；(車を使用して)出迎えに行く．☆ (車を使用しないで)出迎える場合は **meet** を用いる．
　【空港】Thank you for *picking* me *up* at the airport. 空港までお出迎えくださり本当にありがとうございます．
④ (～を)途中で受け取っていく，(物を)途中で受け取る．
　【ホテル】The maid will come and *pick up* your laundry soon. メイドが洗濯物をすぐに取りに行きます．(=We'll send a maid to *pick* it *up*.)
⑤ (荷物などを)集める，回収する．
　【ホテル】What time would you like us to *pick up* your luggage tomorrow morning? 明朝何時に荷物を回収すればよろしいでしょうか．

pickup 图 ピックアップ，送迎，車で迎えに来ること．▶ *pickup* point 送迎の待合い場所．
　◇ **pickup bus** 送迎バス(=courtesy bus〈van〉)．⇨ pickup service
　　【ホテル】We have a *pickup bus* for transfer to the airport from this hotel. 当ホテルから空港への送迎バスがあります．
　◇ **pickup service** 送迎サービス(=meeting service)．☆ホテルから空港まで車で旅客を連れて行くサービス，または市内各地のホテルを回って客を特定の目的地(空港や会場など)へ送迎するバス・サービス．
　　【空港】Do you have a free *pickup service* between your hotel and the airport? ホテル・空港間の無料送迎サービスはありますか．
　◇ **pickup time** 送迎の時刻．
　　【観光】The *pickup time* has changed to 9:00 a.m. instead of 8:30 a.m. 送迎時間が午前 8 時 30 分から 9 時に変更されました．

---

picture 图 ① 絵，絵画．▶ *picture* by Picasso ピカソの絵画 / *picture* gallery 画廊．
　◇ **picture postcard** 〈=《米》**postal card**〉絵はがき．▶ send these *picture postcards* by airmail. 航空便で絵はがきを送る．
② 写真(=photograph)．▶ take a *picture* of me 私の写真を撮る(=take my *picture*) / have〈get〉my *picture* taken 私の写真を撮ってもらう．

[観光] Can I take *pictures* inside the museum? 博物館内で写真は撮影できますか.
　　[観光] Shall I take your *picture*? → Thank you. Just press this button. → Sure. Smile! Say cheese! 写真をお撮りしましょうか. →ありがとう. このボタンを押すだけです. →はい. スマイル！チーズ！
　◇ **picture identification** 写真の付いている身分証明書.
　　[空港] Can I see a *picture identification*? → Here's my passport. 写真の付いている身分証明書を見せてください. →はい. パスポートをどうぞ.
③ 映画 (=movies, cinema, film, motion picture). ▶ silent *picture* 無声映画.
④ (テレビ・映画の)映像, 画像. ▶ *picture* on this TV set テレビの映像.

plane [名] 飛行機, 航空機 (=aircraft). ⇨ airplane. ▶ get on〈in〉a *plane* 飛行機に乗る / get off〈get out of〉a *plane* 飛行機から降りる / board a *plane* at Narita 成田で飛行機に乗る / cross (the Pacific Ocean) by *plane* 飛行機で(太平洋を)越える / go to Boston by *plane* ボストンに飛行機で行く.
　　[空港] How many bags can I bring onto the *plane*? 機内にはいくつのカバンを持ち込めますか.
　◇ **plane fare** 飛行機運賃 (=airfare).
　　[空港] Does this price cover the *plane fare*? 価格には飛行機運賃は含まれていますか.

plant [名] ① (動物に対して)植物. ☆ animal「動物」. mineral「鉱物」. ▶ *plant* and animal quarantine 動植物検疫.
　　[空港] Do you have any articles to declare? Do you have any *plants*, or meat or dairy products? 申告する物がありますか. 何か植物または肉製品か乳製品を持っていますか.
② 工場. ▶ nuclear power *plant* 原子力発電所.
　◇ **plant tour** 工場見学ツアー (=industrial tour).
― [動] (植物を)植える, (種を)蒔く. ▶ *plant* roses バラを植える / *plant* seeds 種を蒔く.

platform [plǽtfɔːm] (アクセントに注意) [名] ① (駅の)プラットホーム, ホーム(和製英語), 乗降口. ☆米国では **track** と言う. ▶ *platform* (No.) 3 (of the down line) (下り) 3番ホーム (=《米》track 3)/ *platform* enclosure 駅にある終点になっている線路のホーム (=《英》dock)/ *platform* ticket 《英》(駅の)入場券 (=admission ticket)/ arrival *platform* (駅の)到着ホーム / departure *platform* (駅の)発車ホーム.

【駅舎】I'd like to go to London. What *platform* does the train leave from? → (It leaves) From *platform* 9. ロンドンに行きたいのですが列車は何番ホームから出発しますか．→列車は9番ホームから出ます．
② デッキ (和製英語). ☆米国では「客車の乗降段また昇降口の床」，英国では「バス後部の乗客乗降口」の意．

play guide プログラム．☆映画や演劇などの案内用の「印刷物」．アメリカの会社名 **Play Guide** に由来する．日本語の「プレイガイド」(和製英語) は英語では **ticket agency** と言う．

pleasant [plézənt] 形 快適な，楽しい．⇔ unpleasant (不愉快な)．▶ have a *pleasant* time 楽しい一時を過ごす．
【空港】Thank you for coming to the airport to see me off. → I hope you'll have a *pleasant* flight. 空港までお見送りありがとうございます．→快適な空の旅を祈っています．☆単に Have a pleasant flight! とも言う．
【旅行】Have a *pleasant* trip! いいご旅行を！
◇ **pleasant trip** (物見遊山的な) 行楽旅行 (=pleasure jaunt〈trip〉).

pleasure [pléʒə] 名 楽しみ，快楽，娯楽．▶ *pleasure* boat 遊覧船 / *pleasure* ground 遊園地 / *pleasure* resort 行楽地 / *pleasure* jaunt〈trip〉遊覧旅行 (=pleasant trip)．
【初対面】How do you do? It's a *pleasure* to meet you. はじめまして．よろしくお願いします．
【招待】It's a *pleasure* to have you with us today. 今日は私どものところへお越しいただき光栄です．
◇ **It's my pleasure.** どういたしまして．☆ 相手からの「お礼」を言われた時に応答する基本表現である．**The pleasure is mine**. または単に **My pleasure**. などとも言う．
⇨ welcome
【空港】〔見送り時〕It's nice of you to come to the airport to see me off. → *It's my pleasure*. 空港まで見送りに来てくれてありがとう．→どういたまして．
【機内】〔別れる時〕I really appreciate your service during the flight. → *It's my pleasure*. I hope you will enjoy your stay in Paris. 機内では本当にいろいろとありがとう．→どういたしまして．パリでのご滞在をお楽しみください．
【招待】〔謝意を表す〕Thank you very much for the hospitality you've given to us. → *It's my pleasure*. You should come back soon and stay with us again. 私達にしてくださったご親切に対して深く感謝いたします．→どういたしまして．またお越しになって私達と一緒にお過ごしください．

招待〔招待への返答〕Thank you very much for inviting me tonight. → *It's my ⟨our⟩ pleasure* to welcome you. 今晩はご招待くださり本当にありがとうございます. →歓迎できて光栄です.

◇ **for pleasure** 遊びで, 楽しみに.
　空港 What's the purpose of your travel? → I'm traveling *for pleasure*, not on business. ご旅行の目的は何ですか. →仕事ではなく, 遊びでの旅行です.

◇ **with pleasure** 《1》喜んで, 快く. ☆「喜んで～する」は **be willing to** (**do**) / **be glad to** (**do**).
　協力 I'll help you *with pleasure*. 喜んでお力になります. ☆ I'm willing ⟨glad⟩ to help you. とも言う.
　《2》よろしいですよ；かしこまりました. ☆依頼されたことに対して「快諾の返事」として用いる. **I'll be glad to.** / **I'd love to.** とも言う.
　空港 Will you help me carry my baggage? → *With pleasure*. 荷物を運ぶお手伝いお願いできますか. →喜んで.

---

porter 图 荷物運搬人. ☆「運ぶ」(port) +「人」(er). (空港・港などの) ポーター, (ホテルで客の荷物を運ぶ) ポーター (=doorman), (鉄道駅の) 赤帽 (=《米》redcap),《米》(展望車・寝台車・特別車の) ボーイなどを指す. 通例腕に番号札のある制服・制帽を着用する. 赤い帽子をかぶっているとは限らない.
　空港 Let's ask a *porter* to take our luggage to the taxi stand. タクシー乗り場まで荷物を運ぶため赤帽を頼みましょう.

◇ **porter's fee** ポーター手数料, ポーター代金 (=**porterage**)；荷物の取扱料.
　空港 What's the normal *porter's fee*? → It depends on how heavy your baggage is. It's enough to pay one dollar per baggage. ポーターの標準手数料はどのくらいですか. (=How much is the normal *porter's fee*?) →荷物の重量にもよりますが, 通常は 1 個につき 1 ドル支払えば十分でしょう.

---

porterage [pɔ́:təridʒ] 图 荷物運搬料 (=porter's fee). ☆通常は荷物 1 個に対して 1 ドル程度の見当で支払う.

---

post 图《英》郵便 (物) (=《米》mail)；《英》郵便ポスト (=《米》postbox,《米》mailbox)；《英》郵便局 (=《米》post office).
　◇ **by post** 《英》郵便で (=《米》**by mail**). ▶ send this book *by post* 本を郵送する.
— 動 郵送する (=《米》mail). ▶ *post* a letter 手紙を出す.

---

postage 图 郵便料金.

【郵便局】 What's the *postage* for this letter? この手紙の郵便料金はいくらですか. (=How much *postage* must I pay for this letter?)

postcard 〈**post card**〉 图 郵便はがき (=《米》**postal card**). ☆米国では官製 (official *postcard*) と私製 (private *postcard*) があるが英国では私製に限られる. 単に **card** とも言う. ▶ picture *postcard* 絵はがき / prepaid *postcard* 往復はがき (=reply-paid *postcard*)/ reply *postcard* 返信はがき.

【空港】 I want to send some *postcards* before I get on the plane. Is there a post office at the airport? 飛行機に乗る前にハガキを出したいのです. 空港に郵便局がありますか.

postcode 图《英》郵便番号. ☆宛名の最後につける. 米国の zip code と異なり, 文字と数字の組み合わせ. 例 PE9 2BJ

poste restante 《英》留置郵便, （郵便物の）局留め (=《米》**general delivery**). ☆郵便物の左下に書く表示.

【郵便局】 The letter was sent to the *poste restante*. 留置郵便で手紙を出した.

postman 图 郵便集配人 (=《米》mailman). ☆性差別を避けるため **mail carrier** とも言う.

postmark 图 （印刷物の）消印.
— 動 消印を押す. ▶ the parcel *postmarked* 'Paris' 「パリ」の消印がある小包.

post office 〈略 P.O.〉郵便局. ▶ *post-office* clerk 郵便局員.
☆米国の郵便局内部には, 通常下記のような表示がある.
《1》窓口 (**counter**) ☆窓口では一列に並ぶ.
　　WAIT HERE FOR NEXT AVAILABLE CLERK. 「手のすいた係の所に順次お進みください」
　　STAMPS 「切手」
　　PARCEL POST 「小包」
　　REGISTERED MAIL 「書留郵便」.
《2》郵便物投入口 (**letter box**)
　　AIRMAIL 「航空便」　　**SPECIAL DELIVERY** 「速達便」
　　LOCAL 「市内郵便」　　**OUT OF TOWN** 「市外郵便」
《3》その他

stamp vending machine「切手自動販売機」
bill and coin changer「両替機」
post-office box〈POB / P. O. Box〉「私書箱」

postpone 動 延期する (=put off). ▶ *postpone* one's departure for two days　2日間出発を延期する / *postpone* leaving for London　ロンドン行きを延期する.
【鑑賞】The outdoor concert was *postponed* because of the bad weather. 野外音楽会は悪天候のために延期された.

prefer（過去・過去分詞 preferred, 現在分詞 preferring）動　〜のほうを好む (=like), 選ぶ (=choose).
【酒場】Which sherry wine would you *prefer*, dry or sweet? → Dry sherry, please. シェリーワインは辛口それとも甘口になさいますか. →辛口をください.
【旅行】I *prefer* not to go. 私はどちらかといえば行きたくない. ☆ not の位置に注意.
◇ **prefer A to B**　B よりも A を好む (=like A better than B). ☆二者択一で, 2つのうち1つを選ぶ.
【レストラン】Which do you like to drink, tea or coffee? → I *prefer* coffee *to* tea. コーヒーと紅茶のどちらをご希望ですか.（=Which do you like better, tea or coffee?）→ 紅茶よりコーヒーをお願いします.（=I'd like coffee better than tea. / Coffee, please.）

preference 名 好み；好物.
【レストラン】My *preference* is for coffee rather than tea. 私は紅茶よりコーヒーのほうが好きです.（=I have a *preference* for coffee rather than tea.）☆通常は I'd like coffee better than tea. と言う.

price 名 価格；(品物の) 値段 (=charge, cost, expense)；(prices で) 物価；料金.
☆ price「物の値段」, charge「サービス・労働に対する料金」, cost「かかった費用」, expense「支払いの総額」. ▶ *price* tag 値札, 正札 / at a low〈high〉*price* 安い〈高い〉値段で /（buy a watch）at the *price* of $90　90ドルの値段で (時計を買う). / cheap *price* 安い値段 / cost *price* 原価 / current *price* 時価 / expensive *price* 高価 / fixed *price* 定価 (=list price; set price) / gross *price* 税や手数料を含む価格 / low *price* 低額料金 / market *price* 市価 / moderate *price* 手ごろな価格 / net *price* 正価 (税や手数料を含まない価格) / reasonable *price* 手ごろな値段 / reduced *price* 割引値段 (=lowered〈cut〉price) / retail *price* 小売価格 / special *price* 特価.
【買物】The *price* of the bags ranges from $50 to $100. カバンの価格の幅は50ド

ルから 100 ドルまでである.

[観光] Lunch is included in the *price* of the tour. 昼食はツアーの価格に含まれている.

◇ **price list** 定価表, 料金表；正札, 定価札.
[ホテル] Can I see the *price list* of your hotel? ホテルの料金表を見せていただけますか.

◇ **price range** 予算〈値段〉の範囲. ▶ be out of one's *price range* 予算外である.
[買物] I wish you could give me a rough *price range*, I'd be happy to recommend a nice watch. だいたいのご予算を言ってくだされば, よい時計をおすすめいたします.

◇ **last price** ぎりぎりの値段.
[買物] Can't you lower the price a bit more? → Sorry, we can't. This is our *last price*. もう少しまけてもらえますか. →申し訳ありませんが, 無理です. これはぎりぎりの値段です.

— 動 値段をつける.
[買物] This dress is *priced* at $150 now, down from $200 last week. このドレスの値段は先週 200 ドルでしたが今は 150 ドルです.

☆「値段・価格・会計」を尋ねる基本表現

《1》what を用いる尋ね方.

What's the price (of it)? / What's the rate (of it)? 価格はいくらですか.

What's the total charge (of them)? 料金の合計はいくらですか.

☆ price を用いる場合 How much is the price of it? とは言わない. これに対する返答としては That comes to $200. または That will be $200. と言う.

[買物] What's the *price* of this watch? → (That comes to) $200. 時計の値段はいくらですか. → 200 ドルです. ☆ How much is this watch? とも言う. しかし How much is the price of the watch? とは言わない.

《2》how much を用いる尋ね方.

How much will the bill be? 会計はいくらになりますか.

How much does it cost? 価格はどのくらいですか.

[買物] How much is this leather jacket? → (That'll be) $30. この革ジャケットはいくらですか. → 30 ドルです.

---

purchase [pə́ːtʃəs] 動 買う, 購入する (=buy). ☆ **purchaser**「購入者」(=buyer).

[空港] You are requested to write down all items *purchased* abroad. 海外で購入したものすべてを書き出してください.

— 名 買い物, 購入, 購入品. ▶ duty-free *purchase* 免税購入.

【買物】 I'd like to charge these *purchases* to my credit card. この買い物はクレジットカードで払います.

purpose 图 目的.

> 入国審査での表現

以下は入国審査 (immigration) で最初に尋ねられる「滞在目的」に関する決まり文句である. 目的 (purpose) の尋ね方は, 係員によっていろいろな表現がある.

《1》What is your *purpose* in visiting (the United States)?
《2》For what *purpose* are you visiting (the United States)?
《3》For what *purpose* did you come to (the United States)?
《4》Why are you visiting (the United States)?
《5》What do you do? (ビジネスマンに対して) 商売は何ですか.
《6》What are you doing here? (ビジネスマンに対して) こちらで何をなさるのですか.

the Unite States のところに現地の国名がそれぞれ入る. あるいは, **here** を用いることもある. For what purpose are you visiting *here*?「当地への訪問目的は何ですか」など.
☆アメリカなどでは相手の目を見て話す習慣があるので, 入国審査や税関などでは審査官の目をしっかり見て話すこと. 話の途中で目をそらすと誤解される恐れがあるので, きょろきょろしないように注意しよう.

【空港】〔入国審査〕**B=immigration officer   A=tourist**
質問　**B:** Your passport, please. What's the *purpose* of your visit to the United States? 旅券を拝見します. アメリカへの入国目的は何ですか.
返答　**A:** (I'm here) Just for sightseeing.　　ただ観光目的です.
　　　A: (I'm here) For pleasure.　　　　　　レジャーのためです.
　　　A: (I'm here) On vacation.　　　　　　休暇のためです.
　　　A: (I'm here) On business.　　　　　　仕事のためです.
　　　A: (I'm here) To study English.　　　英語研修のためです.
　　　A: (I'm here) To visit my friend.　　友人を訪問するためです.
　　　A: I'm visiting relatives.　　　　　　親戚訪問のためです.

put（過去 put, 過去分詞 put）動 置く, 入れる, 出す. ▶ *put* one's passport in the safe 旅券は金庫に置く.

◇ **put away** 片付ける，（もとの所へ）しまう (=clear away).
　機内 I've finished eating. *Put* the dishes *away*, please. 食べ終わったので，食器類を片付けてください．
◇ **put** (**the seat**) **back** （シートを）（もとに）戻す，返す．
　機内 *Put* your seat *back* upright, please. 座席を立ててくださいますか．
◇ **put in** 入れる．☆ put の代わりに pack（包む），box（箱詰めする）を用いることもできる．
　機内 Would you *put* this bag *in* the overhead locker for me? バッグを頭上の棚に入れていただけますか．
◇ **put off** 延ばす (=postpone). ▶ *put off* the trip until next year 来年まで旅行を延期する．
　ホテル I want to *put off* my departure for a week. 1週間出発を延期したいのです．
◇ **put on** （着物・帽子・靴などを）着る，身につける；（リストに）載せる．☆ **put on** は「動作」(**例** Can I *put on* this dress?「ドレスを着てもよいですか」), **wear**「（着物・帽子・靴などを）身につけている」は「状態」(**例** She always wears a red shirt.「彼女はいつも赤いシャツを着ている」) を表す．したがって wear は命令文では使えず，Wear your clothes at once. とは言わない．
　機内 You are requested to *put on* the oxygen mask. 酸素マスクをつける必要がある．
◇ **put out** （明かりなどを）消す (=extinguish). ⇨ turn off
　ロビー Could you *put out* your cigarette, please? The smoke is bothering me. タバコを消していただけますか．煙たいのです．
◇ **put through** （電話を）つなぐ．
　ホテル I asked the operator to *put* me *through* to her room. 交換手に彼女の部屋につなぐよう頼んだ．
◇ **put up** 《1》（物を）上に置く，上げる．
　　車内 Could you *put* this bag *up* on that rack for me? この鞄を棚に上げていただけますか．
　《2》片づける，しまう．
　　機内 *Put up* your tray table, please. We're going to land soon. テーブルを元に戻してください．まもなく到着いたします．
　《3》泊める．
　　ホテル Could you *put* me *up* for the night? 1晩泊めてくださいますか．

Q

quarter 名 ① 4分の1. ▶ three *quarters* 4分の3 / a *quarter* of an hour 1時間の4分の1 (=15分) / three *quarters* of an hour 45分 / a *quarter* of a pizza ピザの4分の1.

② **15分**. ☆ a quarter minutes とは言わない. ▶ (a) *quarter* past⟨《米》after⟩ ten 10時15分過ぎ / (a) *quarter* to⟨《米》before⟩ ten 10時15分前.

③ (米国・カナダ) **25セント (硬貨)**. ▶ leave three *quarters* as a tip チップとして25セントを3枚置く.
銀行 Please change these four *quarters* into a dollar bill. 4枚の25セント硬貨を1ドル紙幣に換えてください. (=Could you give me a dollar bill for these four *quarters*?)

④ **地区, 地域**. ▶ the Chinese *quarter* in Boston ボストンの中国人街 / the residential *quarter* 住宅地域.

25セント硬貨（米国）　　　25セント硬貨（カナダ）

R

rack 名 ラック, (乗物の各席の頭上にある)棚, 網棚. ▶ baggage ⟨luggage⟩ *rack*（列車・バスなどの）荷物棚 / bag *rack*（車内の）荷物棚 / net *rack* 網棚 / overhead *rack* (of the coach⟨train⟩)（列車の）頭上の荷棚.
　【機内】 You can put your small things on the *rack* over your head. 小さい物でしたら頭上の棚におのせください.

rail 名 （鉄道の）レール, 線路；鉄道 (=railroad). ⇨ railway
　【交通】 The train ran off the *rails*. 列車は脱線した.
　◇ **by rail** 鉄道で, 列車で.
　　【交通】 It is quicker to travel *by rail* than by road. 陸路⟨自動車⟩より列車で旅するほうが早い.

rail pass 乗車券 (=railroad⟨railway⟩ pass). ☆通常は **a train ticket** と言う.
　【交通】 Suica is a prepaid *rail pass* card with a built-in IC chip. Suica は IC チップを埋め込んだプリペイド（前払い）乗車券 (an IC rail pass card) である.

railroad 名 《米》鉄道, 鉄道線路 (=《英》railway).
　◇ **railroad bridge** 鉄道橋. ☆日本語で道路をまたぐ「鉄道橋」のことを「ガード」と言うが英語では **railroad bridge** または (**railroad**) **overpass** と言う.
　◇ **railroad crossing** 鉄道踏切 (=《英》**railway crossing**). ☆米国では交通法規の強制がないので踏切で停止しない車がある. 一時停止を求める箇所では **STOP–LOOK–LISTEN** の表示がある.
　◇ **railroad line** 鉄道路線.
　◇ **railroad pass** 鉄道パス, 鉄道乗車券.
　　【交通】 Suica is a prepaid *railroad pass*. You just touch and go as you pass through the ticket gate in order to get on and off the trains. スイカはプリペイド（前払い）型の鉄道乗車券である. 列車を乗り降りするため改札口を通過する際には触れて行くだけでよい.
　◇ **railroad station** 鉄道の駅. ☆日常会話では単に **station** と言う.
　　【交通】 It is convenient to take a subway to the *station*. 鉄道駅に行くには地下鉄に乗るのが便利です.

railway 名 《英》鉄道, 鉄道路線 (=《米》**railroad**). ⇨ railroad

reach 動 ① 到着する (=arrive at〈in〉, get to). ⇔ start (出発する)
　〖駅舎〗 This train *reaches* Boston at 5:30 p.m. 列車は午後5時30分にボストンに着く. ☆5時30分は five thirty と言う.
　② (電話などで)連絡する.
　〖ホテル〗 You can *reach* me by phone at the Prince Hotel any time this evening. プリンスホテルに電話をしていただければ今夜はいつでも私と連絡がつきます.
　③ 達する, 届く.
　〖機内〗 I can't *reach* the bag on the rack. 網棚のバッグに手が届きません.
― 名 ① 手の届く距離〈範囲〉. ▶ within easy *reach* of Boston ボストンから簡単に行ける所に.
　② (川などの) 区域〈水域〉. ▶ the upper〈lower〉*reaches* of the Amazon アマゾンの上流〈下流〉域.

---

ready 形 ① 用意〈準備〉ができて (for). ☆名詞の前には用いない.
　〖ホテル〗 Is the room *ready* now? → Not yet. It'll be *ready* in thirty minutes. もう部屋は用意できていますか. →まだです. あと30分ほどでご用意できます.
　◇ **be ready for** (＋名詞〈動名詞〉) 〜の用意〈準備〉ができている.
　　〖観光〗 *Are* you *ready for* your departure? 出発の用意ができていますか. (=Are you ready to go out?)
　◇ **be ready to** (＋動詞)《1》(する)用意〈準備〉ができている.
　　〖観光〗 *Are* you *ready to* go out? 出かける用意ができましたか. (=Are you ready for your departure?)
　　《2》喜んで〜する (=be willing to).
　　〖空港〗 I'*m* always *ready to* help you carry your baggage. 喜んで荷物を運ぶお手伝いをいたします.
　◇ **get ready** (**for**) (〜の)準備をする (=make ready).
　　〖旅行〗 You have to *get ready for* the trip quickly. 君は急いで旅行の準備をしなくてはいけない.
　◇ **get 〜 ready** (**for**) 〜を用意〈準備〉する.
　　〖ホテル〗 I'm checking out now. Will you please *get* my bill *ready for* me? 今チェックアウトします. 会計を準備してくださいますか.
　◇ **have 〜 ready** 〜を用意〈準備〉しておく.
　　〖空港〗 Please *have* your passport and air ticket *ready* before you go through Immigration. 出入国審査を通過する前に旅券と航空券をご用意ください.

② 即座の, すぐに使える. ☆名詞の後にも用いる. ▶ (pay) *ready* money〈cash〉現金〈即金〉で(支払う).
レストラン Do you have anything *ready* to eat? すぐに食べられるものがなにかありますか.

rear 图 後部, 後方 (=the back). ⇔ front (前)
場内 They sat at〈in〉the *rear* of a concert hall. 彼らはコンサート会場の後部に座っていた.
— 形 後部の. ▶ *rear* exit of a plane 飛行機の後部出口 / *rear* door of a bus バスの後部ドア.
◇ **rear seat** 後部座席.
乗物(タクシー乗車) Please use the spare seat in front. The *rear seat* is for only three. 前の補助席を使ってくださいよ. 後部座席は3名だけだよ.

reasonable 形 ① (行為が)道理にかなった. ▶ *reasonable* agreement 筋の通った協定.
② (価格・値段が)手頃な, 妥当な.
買物 The prices in this gift shop are *reasonable*. この土産店の価格は手頃です.
◇ **reasonable price** 手ごろな値段, 程よい値段.
レストラン This restaurant serves good food at *reasonable price*. このレストランは手ごろな値段でおいしい食事を出します.
◇ **reasonably-priced** 手頃な値段の. ▶ *reasonably-priced* food 手頃な値段の食料〈食べ物〉.

receipt 图 領収書. ☆米国の領収書には Your Receipt—thank you. Please come back again. などの表示が見られる.
買物 Can I have a *receipt*, please? 領収書をお願いします. ☆(Could you) Give me a receipt, please. / I'd like to have a receipt, please. または単に Receipt, please. とも言う.

receive 動 ① 受ける, 受け取る (=accept). ▶ *receive* (the) first prize 一等賞を受賞する.
招待 I *received* your invitation yesterday. 昨日あなたの招待状を拝受しました. ☆ receive は招待状を受け取ったが出欠は不明である. しかし accept は出席する意向がある.
② 迎える. ▶ *receive* the guests warmly 客を暖かく迎える.
歓迎 We are glad to *receive* a foreign tourist. 外国人観光客を喜んで迎える.

reception 名 ① 受付. ☆ **receptionist** は「受付係；応接係；(ホテルの) フロント係」.
　[ホテル] Please leave the room key at the *reception*. フロントに部屋の鍵を預けてください.
　◇ **reception clerk** 受付係 (=receptionist)；フロント係 (=the clerk at reception).
　　[ホテル] Please talk to the *reception clerk*. フロント係と相談してください.
　◇ **reception counter** 受付, フロント (=the front desk).
　　[ホテル] Please check in at the *reception counter* over there. 向こうの受付でチェックインしてください.
　◇ **reception desk** (ホテルの) 受付. ☆米国では **RECEPTION** または **REGISTRATION** の用語をよく見かける.
　　[ホテル] You are requested to inform the *reception desk* of your check-out time by 11 a.m. 午前 11 時までにはチェックアウト時間をフロントに知らせてください.
　② 歓迎 (会). ▶ wedding *reception* 結婚披露宴 / hold〈give〉a *reception* 歓迎会を催す.

recommend 動 推薦する, 勧める.
　[ホテル] Could you *recommend* a good restaurant to me in this hotel? このホテルにはお勧めのレストランがありますか.
　[観光] I'd like to *recommend* you go to Rome first. まずはローマ観光をお勧めしたいです.

recommendable 形 推薦できる. ▶ *recommendable* hotel〈motel〉推薦できるホテル〈モーテル〉.

recommendation 名 推薦；お勧めの料理. ▶ chef's *recommendation* シェフのお勧め料理 (=chef's suggestion).
　[レストラン] What would you like to eat? → I'll leave it to your *recommendation*. 何を召し上がりますか. →お勧め料理をお任せします.

reconfirm 〈略 RCFM〉動 (予約等を) 再確認する.
　[空港] I'd like to *reconfirm* my reservation on AA flight 112 for Chicago on May 1st. 5 月 1 日のシカゴ行き AA112 便の予約を再確認したいのですが.
　[レストラン] Let me *reconfirm* our reservation for tonight. We reserved a table for two at 7 p.m. 今晩の予約を再確認させてください. 私たちは今晩 7 時に 2 人用のテーブルを予約しました.

reconfirmation 名 （予約などの）再確認. ☆直接に口頭でまたは電話，メール，ファックスなどで再確認する．国際線の航空券の再確認は従来出発の72時間前までに行うのが原則であったが現在はそれほど厳しくない．しかし変更の場合は予約の座席をキャンセルルする必要がある．

ホテル I'd like to make a *reconfirmation* of a room at this hotel. このホテルの部屋の予約を再確認したいのです．

refrain (from) 動 慎む，控える (=abstain). ☆ある行動を一時的に抑える際に用いる．

機内アナウンス Please *refrain from* using cellular phones while the plane is in the air. 飛行中の携帯電話の利用はご遠慮願います．

refreshment(s) 名 ① 軽食. ▶ *refreshment* room （空港・駅などの）軽食堂．

表示 *Refreshments* provided. 軽食の用意があります．☆会合の通知などの添え書き．

② （通常複数形で）軽い飲食物，清涼飲料水．

空港 Please have some *refreshments* while you wait. お待ちになっている間に軽い物でもお召しあがりください．

regular 形 ① 規則的な．⇔ irregular（不規則な）．▶ a regular life 規則正しい生活．

② 定期的な，一定の．▶ *regular* fare 普通運賃 / *regular* flight 定便 / *regular* liner 定期船 / *regular* service 定便；定期船路；定期発着．

◇ **regular air service** 定期航空便．

空港 There is a *regular air service* between Boston and New Jersey. ボストンとニュージャージーの間には定期航空便が運行している．

◇ **regular bus** 定期バス．

バス運行 There is a *regular bus* service between the hotel and the station. ホテルと駅の間では定期バスが運行している．

③ （サイズが）普通〈標準〉の．▶ *regular* car 普通車 / *regular* room 標準の部屋．

ファーストフード店 I'd like a double cheeseburger and *regular* French fries. ダブルチーズバーガーと普通サイズのフライドポテトをください．

remember 動 覚えている，思い出す．⇔ forget（忘れる）

空港 I can't *remember* the number of the boarding gate. I was enjoying shopping so much that I forgot everything. 私の乗る搭乗口を思い出せないのです．ショッピングが楽しかったのでなにもかも忘れてしまったのです．

◇ **remember to** (**do**) 忘れずに〜する (未来).
　観光 Please *remember to* visit Boston in the US trip. 米国観光ではボストンを忘れずに訪れてください.
◇ **remember** (**doing**) 〜したことを覚えている (過去).
　再会 I *remember* see*ing* you in Boston. 私はボストンで君に会ったことを覚えています.

rent **動** ① (使用料を払って) 借りる. ⇔ lend (貸す). ☆米国では **rent a car** で「有料で」車を借りること. 英国では **hire a car** で「有料で」運転手を付けて車を借りること. ちなみに, **borrow** (a car⟨bicycle⟩) は物 (車・自転車など) を「無料で」一時的に借りること. **use** は移動可能な物を借りてその場で使うこと.
　掲示 *Rent* it here—Leave it there. 「レンタカーの乗り捨て」. ☆「ここで借りて, あちらで乗り捨ててください」の意.
② (家などを) 貸す, 賃貸しする (=《英》let).
③ (家などが) 賃貸される (=《英》let).
　ホテル This room *rents* for 200 dollars a week. この部屋代は週 200 ドルです.
— **名** ① 賃貸, 借りること. ▶ have a car for *rent* レンタカーを借りる.
　掲示 Room for *Rent*「貸間あり」. ☆単に **For Rent.** とも言う. 英国では **To Let.**
② 使用料；家賃；部屋代.
　ホテル How much is the *rent* for this room? この部屋代はいくらですか.

rent-a-car **名** レンタカー, 貸し自動車. ☆ a rental car, a car for rent とも言う.「レンタカー」の型は大きい順に, **luxury** (超大型デラックス) → **full-size** (大型) → **mid-size** (中型) → **compact** (小型) → **subcompact** (さらに小型).

rental **形** 賃貸の.
◇ **rental charge** レンタル料金, 賃貸料 (=rental rate; rental fee).
　交通 I'd like to rent a car for a week. What's the *rental charge*? → It depends on what model you rent. 1 週間車を借りたいのですが, レンタル料金はどうなっていますか. →借りる車の型次第です.

repeater **名** リピーター. ☆何回も繰り返して経験する「海外旅行者」(=**frequent traveler**),「飛行機利用者」(=**frequent flyer**) または「ホテル宿泊者」(=**frequent hotel stayer**) を指す. ただし, 英語の repeater には「常習犯；落第者」の意味もある. そのため repeater の語を避けて, He goes⟨flies⟩ abroad frequently. または He frequently⟨often⟩ stays at the hotel. などとも表現できる.

reservation 名 (乗物・ホテル・レストラン・観光などの)予約(=《英》booking); 予約課(通常複数形). ☆病院や美容院の予約は **appointment** と言う.

▶ have a *reservation* 予約している / cancel a *reservation* 予約を取り消す / change a *reservation* 予約を変更する / check with *reservations* 予約課に確認する / confirm a *reservation* 予約を確認する / make a *reservation* (for) 予約する (=reserve; book) / make a new *reservation* (for) 新しく予約する / e-mail *reservation* 電子〈E〉メールによる予約. ⇨ e-mail. / e-mail *reservation* cancellation form 電子〈E〉メールによる解約書式 / e-mail *reservation* form 電子〈E〉メールによる予約書式 / e-mail *reservation* request form 電子〈E〉メールによる予約申込書式 / tentative *reservation* 仮予約.

《1》〔乗物について〕(飛行機・船舶・列車などの)予約; 予約課. ▶ flight *reservation* 飛行機の座席予約 / onward *reservation* 行きの予約 / return *reservation* 帰りの予約 / seat *reservation* 座席指定, 座席予約.

空港 You had better reconfirm your flight *reservation* one day before departure. 出発の前日に飛行機の予約確認をしたほうがよい.

◇ **reservation agent** 予約課, 予約係. ☆航空会社やホテルなどの予約を受ける係員.

◇ **Reservation and Ticketing Department** 予約部門. ☆航空会社の予約部門には, 予約を受け付ける **reservation section** (予約課)とカウンターで航空券の発券を担当する **ticketing section** (発券課)がある. 予約課のスタッフがＣＲＳ (Computer Reservation System)と呼ばれるコンピューターシステムの端末を操作し, 座席の空き状況を調べる. 空きがある場合は予約を入れて **confirm** (予約済み)とし, 満席の場合は **waiting** (空席待ち)になる.

◇ **reservation alteration sticker** 予約変更ステッカー. ☆紙で発行された航空券に明示された予約便, または「未予約」(**OPEN**)のチケットの予約状況を変更 (alteration)する時に, 新たに予約する (reservation)内容(例 航空会社のコード, 便名, 搭乗月日, クラス, 出発時刻など)を添付するステッカーのこと. E-ticket の場合はコンピューター上で再発行する.

◇ **reservation status** 予約状況 (=booking status). ☆予約状況を表すのには航空会社間で共通の略語が使用される. 例えば **OK** (予約が取れている), **RQ** (申し込んだ予約が取れていない), **OP** (予約は行われていない)などがある.

《2》〔ホテルについて〕予約 (=《英》**booking**). ▶ hotel *reservation* request form ホテル予約申込用紙 / letter confirming the *reservation* 予約確認の手紙.

ホテル I have a *reservation* here for three nights. ここで3泊の予約をしています.

◇ **reservation card** 予約〈登録〉カード (=guest card).

◇ **reservation clerk** 予約係 (= booking clerk).
　ホテル I'd like to talk to the *reservation clerk*. 予約係と話したいのですが.
◇ **reservation confirmation** (**slip**) 予約確認 (証). ☆旅行代理店を通してホテルを予約した場合，通常はホテルに予約確認証を携行する.
　ホテル Please show your *reservation confirmation* to the front desk clerk when you check in. ホテルでチェックインするとき，フロントに予約確認証をみせてください.
◇ **reservation control** 予約管理.
◇ **Reservation Desk** 予約課，予約部. ☆ **Reception Desk** とも言う.
　空港 The Hotel *Reservation Desk* is on Arrival level one floor down. ホテル予約課は1階下の到着階にあります.
◇ **reservation list** 予約リスト，予約名簿.
　ホテル Could you check my name on the *reservation list* once more? 私の名前が予約リストにあるかどうかもう一度調べてくださいますか.
◇ **reservation number** 予約番号. ☆予約を入れたときに後の確認のためコンピューターに登録する番号. 通常はアルファベットと数字を混合した記号が多い.
◇ **reservation record** 予約記録.
　ホテル I think you have given us the wrong room. This room is not what we asked for. → Please let me check the *reservation record*. 部屋が違っていると思います. この部屋は頼んだものと違います. →予約記録をお調べいたします.
◇ **reservation slip** 予約券 (=reservation card).
　ホテル Do you have a reservation? → Yes, I do. Here's my *reservation slip*. 予約はございますか. →はい，予約してあります. これが予約証です.
《3》〔レストランについて〕予約. ☆著名なレストランでは24時間以上前の予約がすすめられる. 予約時間に遅れても20分ほどは待ってくれるが，それ以上の場合は電話連絡する必要がある.
　レストラン I'd like to make a *reservation* for tonight. 今晩予約したいのです.
《4》〔観光について〕予約.
　観光 I'd like to make a *reservation* for a full-day tour. 終日観光を予約します.

reserve 動 予約する (=《英》book : make a reservation〈booking〉).
《乗物》(飛行機・船舶・列車などの座席を) 予約する.
　乗物 I'd like to *reserve* one seat for Boston. ボストンまで1席を予約したいのです. (=I'd like to make a reservation for a flight to Boston.)
《ホテル》(部屋などを) 予約する.

ホテル Can I *reserve* a room on the night of May 25? 5月25日の夜に部屋を予約できますか.
《レストラン》(テーブルなどを)予約する. ☆ **reserve** (a table) **for** (人数) + **at** (時間) + (朝・昼・夜).
レストラン I'd like to reserve a table for five people at six this evening ⟨tonight⟩. 今晩6時に5人分のテーブルを予約したいのです.
《劇場》(座席などを)予約する.
劇場 I would like to *reserve* three tickets for the play. この芝居の切符3枚を予約したいのです.

reserved 形 予約の, 指定した, 指定の. ▶ *reserved* car 貸切車 / *reserved* train 貸切列車 / *reserved* table (レストランなどの)予約席.
表示 All Seats *Reserved*.「全席指定」
◇ **reserved flight** 予約搭乗予定便.
空港 In case you do not use the *reserved flight*, please notify the airline in advance of your itinerary change. 予約搭乗予定便を万一利用されない場合には旅程変更の前に必ず航空会社にお知らせください.
◇ **reserved seat** 予約⟨指定⟩席. ⇔ non-reserved⟨unreserved⟩ seat (自由席). ▶ *reserved seat* ticket 座席指定券.
掲示 *Reserved Seats* for Special Assistance Passengers.「優先席」(=Priority Seat). ☆電車内などの標識.
◇ **reserved time** 予約時間.
レストラン We let another guest sit at your table because you did not arrive at the *reserved time*. 予約時間にお越しいただけなかったために, ほかのお客様にテーブルにお座りいただきました.

rest 名 休憩, 休養. ▶ stop for a *rest* 立ち止まって休憩する / go for the country for a *rest* 休養で田舎に行く.
交通 We took⟨had⟩ a *rest* on our way to the hotel. ホテルに行く途中で一度休憩した.
◇ **rest stop** トイレ停車. ☆トイレ休憩のために長距離バスが行う停車. **comfort stop** または **meal stop** (食事休憩) や **lunch stop** (昼食休憩) などとも言う.
— 動 休む, 休息する. ▶ sit and *rest* for a while 腰を下ろして少し休む.

rest (the ~) 名 残り, 残部; 残りの物⟨人⟩, 他の物⟨人⟩.
ホテル How will you pay for the bill? → I'll pay 100 dollars in traveler's checks

and *the rest* in cash. 勘定の支払いはどのようにしますか. → 100 ドルはトラベラーズチェックで, 残りは現金で払います.

---

return 名 ① 帰り, 帰宅, 帰国.
　　【帰国】 We are looking forward to your *return* from the States〈America〉. 米国から帰国されることを楽しみにしています.
② 返送, 返信. ▶ *return* address 返送先, 差出人住所 / *return* charge 返送料.
— 形 《米》帰りの;返礼の;《英》往復の. ▶ *return* voyage 帰りの航海.
　◇ **return fare** 《英》往復運賃 (=《米》round-trip fare). ⇔ single fare (片道運賃)
　◇ **return flight** 帰りの便. ▶ book the *return flight* 帰りの便を予約する.
　◇ **return reservation** 帰りの予約. ⇔ onward reservation (行きの予約)
　◇ **return ticket**《米》帰りの切符;《英》往復切符. ⇔《英》single ticket, 《米》one-way ticket. ☆「往復切符」は米国では **round-trip ticket; two-way ticket** と言う.
　◇ **return trip**《英》往復旅行;《米》往復旅行の帰り (=return journey〈travel〉). ⇔ single trip. ☆「往復旅行」は米国では **round trip** と言う.
— 動 ① 帰る, 戻る (=go back, come back).
　　【機内】 Please *return* to your seat immediately. すぐにお席にお戻りください.
　◇ **return home** 帰国する (=go back to one's country).
　　【帰国】 When did you *return home* from Boston? ボストンからいつ帰国しましたか.
② 返す, 戻す.
　　【ホテル】 When can I get my laundry〈shirt〉 back? → Is it all right to *return* it at 5 p.m.? 洗濯物〈シャツ〉はいつ戻してもらえますか. →夕方5時でもよろしいですか.
③ (座席を)戻す. ▶ *return* one's seat back 座席の背もたれを戻す.
　　【機内】 Please *return* your seat to the upright position and fold down the tray table. お客さまの座席をまっすぐに戻し, トレイテーブルをたたんでください.
④ 返品する.
　　【買物】 I'd like to *return* this dress. Can I have a refund on this? このドレスを返品したいのですが, これに対して返金をしていただけますか.

---

ride (過去 rode, 過去分詞 ridden) 名 (乗物に)乗る (=get on〈into〉). ▶ *ride* a bus〈taxi/bicycle〉(to the station) (駅まで) バス〈タクシー / 自転車〉に乗る / *ride* (to the museum) on a train (博物館まで) 電車で行く / *ride* (to the museum) in a car (博物館まで) 自動車で行く.
　◇ **ride past** 乗り過ごす.

【車内】 I'll let you know when to get off the bus. → Thanks. I don't want to *ride past* my stop. いつバスから降りるのかをお知らせします. →ありがたい. バス停留所を乗り過ごしたくないのです. ☆I don't want to miss my stop. / I don't want to go past〈beyond〉my stop. とも言う.

— 名 ① 乗ること, 乗車；乗物旅行. ▶ go for a *ride* ドライブに出かける / take a *ride* on (a sightseeing bus)(観光バス)に乗る.

【駅舎】 It's about a three-hour train *ride* from London. ロンドンから列車で3時間ぐらいの旅です.

◇ **give**（人）**a ride**（人を）車に乗せる.

【乗車】 Could you *give* me *a ride* to the station? 駅まで車に乗せてもらえないでしょうか.

② (遊園地などの) 乗物. ☆観覧車, ローラーコースター, メリーゴーランドなどのこと.

【遊園地】 There are more than twenty different *rides* on this amusement park. この遊園地には20以上のいろいろ違った乗物がある.

road 名 道, 道路, 街道. ▶ *road* map 道路地図 (=driver's map)/ *road* toll 有料道路の通行料.

【交通】 Does this *road* go to Boston? この道はボストンへ行きますか.

room 名 ① 部屋, 客室.

【掲示】 **Room Only**「室料のみの料金」. ☆食事を含まない料金制度を European plan と言う.

【掲示】 **Standing Room**「ただいま立ち見席のみ」☆劇場・映画館などで見られる掲示.

【ホテル】 I'd like a *room* for two nights, starting on May 3rd. → What type of *room* do you prefer, a single *room* or a double one? → (I'd like to have) A single *room* with a private bath, please. 5月3日から2泊したいのですが. →どのようなお部屋をご希望ですか. シングルですか, それともダブルですか. →専用バス付きのシングルルームをお願いします.

◇ **room assignment**（**sheet**）部屋割（表）(=**rooming list**).

◇ **room availability** 部屋の利用状況. ▶ check the *room availability* 部屋が利用可能かどうか調べる.

◇ **room charge** 部屋代, 客室料金 (=room rate, the price of the room). ☆純粋に室料のみで税, サービス, 食事の代金などは含まない. ☆**room account** は「室料の勘定書」(チェックアウト時に精算する).

◇ **room key** 客室鍵. ☆ **computerized key card**（コンピューター式の部屋鍵）の場合が多い. ホテルによっては **key card**（カード式鍵）でない場合もある. ⇨ key card
◇ **room maid** （女性の）客室係（=chambermaid）. ☆ room boy（男性の客室係）.
◇ **room number** 部屋番号.
　[ホテル] I'd like to check out right now. → Your name and *room number*, please. いますぐチェックアウトしたいのです. →お名前と部屋番号をいただけますか. ☆ May I have your name and *room number*, please? / Would you please give me your name and *room number*? などとも言う.
◇ **room occupancy**（**rate**）客室稼動（率）；客室利用（率）.
◇ **room rate** 部屋料金, 室料（=room charge）. ▶ *room rate* between 200 and 300 dollars per night　1泊200ドルから300ドルまでの宿泊料金.
　[ホテル] I have a reservation for a single room. What is the *room rate* including breakfast? シングルの部屋を予約しているのですが, 朝食込みの室料はいくらですか.（=What's the room charge? / How much is the room rate?)
◇ **room reservation** 客室予約.
　[ホテル] I'd like to make a *room reservation* for three nights from today. 今日から客室を3泊予約したいのです.
◇ **room service** ルームサービス. ☆ホテルの客室まで飲食物を運んでもらうサービス.
　[ホテル] You can get *room service* 24 hours a day. 1日24時間営業のルームサービスをご利用いただけます. ☆ We have 24-hour *room service*. とも言う.
◇ **room service menu** ルームサービスメニュー. ▶ *room service menu* list　ルームサービスメニューの一覧
◇ **room tab** 部屋勘定. ☆ホテル内の買い物や食堂支払いを自分の部屋の勘定につけること.
　[ホテル] Put it on my *room tab*, please. 私の部屋勘定につけておいてください.
◇ **room temperature** 部屋の温度, 通常の室（内）温（度）.
　[ホテル] How can I regulate the *room temperature*? 室温の調整をどのようにすればよいのですか.
② あき場所；(物を入れる)余地. ☆不定冠詞はつけない, 複数形にしない.
　[レストラン] There's *room* for one more person (to sit) at our table. 私達のテーブルにはもう1人座れる余地があります.

rooming card 部屋割カード. ☆チェックイン時に宿泊予定者に部屋番号, 客室料金などを通知するためのカード. 宿泊客の氏名なども記入されていて, キーカード (⇨ key card) でない部屋鍵 (room key) を受け取る際に確認のために提示する.

rooming list 部屋割表；同宿者名簿 (=room assignment)；団体客の部屋割の名簿. 【ホテル】 My name is left out of the *rooming list*. 私の名前が部屋割表からもれています.

roomkeeper 名 部屋係 (=room maid, chamber maid). ☆ホテルの部屋を掃除したり, タオルや毛布を手配したりする.

round trip 〈略 RT〉 名 《米》往復旅行 (=《英》return trip)；《英》周遊旅行. ☆出発地と帰着地が同じで, 往路と復路が同一の旅程, または往路と復路の経路が異なるが両路とも同一運賃で使用する旅行. ⇔ one-way trip (片道旅行)
【駅舎】 Give me a ticket for the *round trip* to New York, please. ニューヨーク行きの往復切符をください.

round-trip 形 《米》往復 (旅行) の (=《英》return). ⇔ one-way (=《英》single) (片道の)
【駅舎】 A ticket to Boston, please. → One-way or *round-trip*? → *Round-trip* (ticket), please. ボストンまでの切符をお願いします. →片道ですか, それとも往復ですか. →往復 (切符) でお願いします.
◇ **round-trip fare** 《米》往復 (旅行) 運賃；《英》周遊 (旅行) 運賃.
　【駅舎】 What's the *round-trip fare* from Boston to New York? ボストンからニューヨークまでの往復運賃はいくらですか.
◇ **round-trip ticket** 往復切符 (=《英》**return ticket**)；《英》周遊券. ⇔ one-way ticket (片道切符)
　【駅舎】 What's the price of a *round-trip ticket*? 往復切符はいくらですか.

row 名 列, 並び (=line)；(劇場などの) 座席の列.☆横に直線に並んだ人や物の列. line 《英》 **queue**) は順番を待つひと続きの縦の列. ▶ front *row* 前列 / stand in a *row* 1列に並ぶ.
【劇場】 I took a seat in the front *row* in the theater. 劇場では最前列に座った.
【機内】 I reserved a seat in the tenth *row* of the plane. 飛行機の10列目の席を予約した.

run (過去 ran, 過去分詞 run) 動 ① (人・動物が) 走る. ▶ *run* to the station 駅まで走る.

② (定期的に列車・バスなどが)運行する.
　交通 How often do these buses *run*? → (They *run*) Every fifteen minutes. このバス便はどのくらいの間隔で運行されていますか. → 15 分おきです.
③ (劇・映画などが)続演する.
　観劇 The musical play has been *running* over two years. そのミュージカルは 2 年以上も続演されています.
— 名 ① 滑走. ▶ ground *run* 地上滑走 / landing *run* 着陸滑走 / takeoff *run* 離陸滑走.
② (劇・映画などの)連続公演〈上演〉. ▶ (have) a long *run* 長期間の公演〈上映〉(になっている).

空港に到着したシャトルバス

ホテル, 火災時の避難に関する表示

S

safe 形 安全な．⇔ dangerous（危険な）．▶ *safe* arrival 無事到着 / *safe* drive〈driving〉安全運転．
　観光 It is not *safe* to walk alone at night in some dangerous areas in New York. ニューヨークの危険な地域を夜遅く1人で歩くことは安全ではありません．
　◇ **safe and sound** 無事に（=safely）．▶ return from one's trip *safe and sound* 無事に旅行から帰る．
― 名 金庫．▶ keep jewelry in a *safe* 宝石を金庫にしまっておく．
　ホテル I'd like to leave my valuables〈passport〉in the hotel *safe*. 貴重品〈旅券〉をホテルの金庫に預けたいのです．（=Please keep my valuables in your *safe*.）

safety 名 安全(=security)，無事；安全装置．⇔ danger（危険）．▶ *safety* announcement（機内）安全放送 / *safety* regulation 安全規則（機内における安全に関する説明書）．
　◇ **safety belt** 安全ベルト．☆ to fasten（差し込む），to tighten（締める），to unfasten（はずす）．
　掲示 Keep *safety belt* fastened when seated.「着席中は常に安全ベルトをお締めください」
　◇ **safety box** （ホテルの）貴重品保管用の安全金庫．☆ **safety-deposit box** とも言う．
　◇ **safety chain** 安全チェーン〈鎖〉．☆ドアの内側にある安全・防犯用のチェーン．
　◇ **safety information card** 安全情報カード．
　機内 The *safety information card* explains how to use the life vest. 安全カードには救命胴衣の使用法が説明されている．
　◇ **safety instructions card** 安全用の指示カード，安全のしおり（=**safety leaflet**）．
　機内 Escape routes are shown on the *Safety Instructions Card*. 避難経路は安全のしおりに記載されている．
　◇ **safety lock** 安全ロック．☆部屋の内側から操作できる盗難予防用安全錠．
　◇ **safety procedure** 安全手順．
　機内 The cabin crew〈attendant〉will now demonstrate *safety procedures*〈how to use the life jacket〉to the passengers. ただいまより客室乗務員が乗客に安全手順〈救命胴衣の使用法〉を説明します．
　◇ **safety zone** （歩行者用の）安全地帯(=《英》refuge)．☆分離帯に設けられたバスの発着所．また道路の中ほどに島のようにある安全地帯(=**safety island**)．

sail 動 帆走する, 出帆する；航海に出る. ▶ *sail* across the Atlantic Ocean 大西洋を船で横断する / *sail* all over the world 船で世界中を航海する.
　航海 The ship *sailed* from Yokohama to London. 船は横浜からロンドンに向けて出港した.
— 名 ① 帆. ▶ hoist〈make〉 *sail* 出帆する / put up〈down〉 a *sail* 帆を張る〈降ろす〉.
　② 航海；船旅；帆走. ▶ get under *sail* 出帆〈出港〉する / go for a *sail* 船旅に出かける.
　③ 帆船 (=sailboat). ▶ take *sail* 乗船する / set *sail* 出帆する (=hoist sail).

sailing 名 帆走；出帆；航海. ▶ *sailing* boat 小型ヨット (=《米》sailboat)/ *sailing* ship 大型の帆船 (=sailing vessel).

sailor 名 水夫, 船員；船乗り (=sailorman)；甲板員.

sale 名 ① 販売. ▶ *sales* campaign キャンペーン・セール. ☆キャンペーン・セールは和製英語. 英語の語順に注意.
　　◇ **sales slip** 販売伝票, 売上伝票.
　　◇ **sales tax** 物品(販売)税, 売上税. ☆通例販売者が売価に加えて徴収する. アメリカでは州ごとに税率が異なる.
　　◇ **for sale** 売り物用. ⇔ **not for sale**「非売品」. ▶ goods *for sale* 売り物.
　　◇ **on sale** (店頭で)売り出されて；《米》特売中.
　　　観劇 The tickets are *on sale* now. 現在チケットは発売中である.
　② 特売, 安売り. ☆日本語の「バーゲンセール」は英語では単に **sale** と言う. 英語の bargain は「掘り出し物, 特売品」の意. ▶ big *sale* グランド・セール(和製英語)/ buy (this shirt) in〈at〉a *sale* (シャツを)特売で買う / clearance *sale* 処分セール, 在庫一掃セール / closeout *sale* 閉店セール / cut-price *sale* 大安売り / panic *sale* 出血大売り出し / white *sale* ホワイトセール(シーツやタオルなどのリンネル製品を売る)/ year-end *sale* 歳末大セール.
　③ 売れ行き；売上高.

salesclerk 名 販売係, 店員 (=《米》store clerk;《英》shop assistant). ⇨ salesperson. ☆単に **clerk, assistant** とも言う. ▶ a *salesclerk* in a duty-free shop 免税店の店員.

salesperson 名 (性別を問わない)店員, 販売員 (=sales people). ☆ salesgirl「(若い)女性の店員」(=sales lady). salesman「男性の店員；外交販売員」. saleswoman「女性の店員」に共通した用語. ▶ a *salesperson* at a supermarket スーパーの店員 / home-visit *salesperson* 訪問販売員 (=house-to-house *salesperson*).

schedule 〈略 SKD〉 名 ① 予定(表);日程(表). ▶ flight 〈ship/train〉 *schedule* 飛行〈船舶／列車〉予定(表).

[観光] We're going to have a tight *schedule* during this trip. 今度の旅行はハードスケジュールです. ☆「ハードスケジュール」は和製英語. 英語では tight schedule のほか, **heavy** 〈**full**〉 **schedule** とも言う.

② 時間表, 時刻表 (=《英》**time-table**). ▶ bus 〈flight/train〉 *schedule* バス〈飛行機／列車〉の時刻表 / *schedule* change スケジュールの変更 / *schedule* disruptions ダイヤの混乱.

◇ **according to schedule** 予定によれば.

[交通] *According to schedule*, we will tour the museum after lunch tomorrow. 予定によれば, 明日は昼食後に博物館を見学することになっています.

◇ **ahead of schedule** 予定〈定刻〉より早く, 予定に先立って. ⇔ behind schedule (予定より遅れて)

[観光] They got to Boston *ahead of schedule*. 彼らは予定より早くボストンに着いた.

◇ **behind schedule** 予定〈定刻〉より遅れて. ⇔ ahead of schedule (予定より早く)

[観光] We've just arrived in Paris two hours *behind schedule*. 予定より2時間遅れてパリに到着したところです.

◇ **on schedule** 予定どおりに, 定刻に.

[観光] The sightseeing bus leaves at 10:00 a.m. sharp *on schedule*. 観光バスは定刻午前10時きっかりに出発します.

— 動 予定する;～する予定である;(期日を)決める.

◇ **be scheduled to** (**do**) (することが)予定されている.

[駅舎] The train *is scheduled to* arrive at 3:00 p.m. 列車は午後3時到着予定です.

◇ **as scheduled** 予定どおり.

[バス] The bus is running *as scheduled*. バスは予定どおりに運行されている.

---

scheduled 形 定期の, 定刻の. ▶ *scheduled* airline 定期航空路〈航空会社〉. ⇔ non-scheduled airline. / *scheduled* carrier 定期航空会社 / *scheduled* flight (飛行機の)定期便.

[駅舎] What time does the train get in? → The *scheduled* arrival time is 9:05 a.m. 列車は何時に到着しますか. →定刻どおりの到着時間は午前9時5分です.

sea 名 ① 海, 海洋；灘 (=an ocean having strong and high waves). ⇔ land (陸). ▶ at *sea* 海上に〈で〉；航海中で (=on voyage) / by *sea* 海路で (=by ship). ☆ live by the sea 海のそばで住む. / on the *sea* 海上で；船に乗って / go to *sea* 船乗りになる；船出する. ☆ go to the sea (海水浴・避暑などで) 海岸へ行く.
② ～海. ▶ the North *Sea* 北海 / the Red *Sea* 紅海.

sea level 平均海面, 海水面. ▶ 1,200 meters above (the) *sea level* 海抜1200メートル.

sea mail 船便 (=surface mail). ▶ by *sea mail* 船便で.

seaport 名 海港 (=harbor), 港町. ☆単に **port** とも言う.

seasick 形 船に酔った, 船酔いの. ▶ be *seasick* 船に酔っている / get *seasick* 船に酔う.
【船内】 Did you get *seasick*? → No. I'm not *seasick*. 船に酔いましたか. →いいえ, 船には酔っていません.

seasickness 名 船酔い (=nausea). ⇨ airsickness (飛行機酔い)
【船内】 She looks pale green from *seasickness*. 彼女は船に酔って真っ青だ.

seat 名 ① (乗物やレストラン・劇場などの) 座席, 席. ☆航空機内の座席には ashtray「灰皿」, music selection switch「音楽選択スイッチ」, seat reclining button「リクライニングボタン」, reading light switch「読書灯スイッチ」, seat table button「テーブル引き出しボタン」, flight attendant button「乗務員呼び出しボタン」などがある.
【機内】 Excuse me. You're in my *seat*. すみません. そこは私の席です. ☆席を間違えている人に対して用いる.
【駅舎】 I want to reserve a *seat* on the train to London. ロンドン行きの列車の座席を予約したいのです.
【劇場】 Is this *seat* taken〈occupied〉? → Yes, my friend is sitting there. この席はふさがっていますか. →はい, 友人が座っています.
【買物】 I want to try on the pair of red shoes. → OK. Please come this way and take a *seat*. あの赤い靴を試したいのです. →わかりました. どうぞこちらでお座りください.

◇ **seat availability** 利用可能な席数. ☆ **seat available** (空席).
【劇場】 Please be reminded that *seat availability* is limited. お席には限りがございますのでご了承ください.

◇ **seatbelt** 座席安全ベルト，シートベルト (=safety belt).
　[表示] FASTEN *SEATBELT*「座席ベルト着用」．☆離着陸 (landing and takeoff) と乱気流 (air turbulence) の時に，機内放送とともにランプがつく．
　[掲示] Fasten *Seatbelt* While Seated. 「着席中は座席ベルトをお締めください」

◇ **seat button** 座席のボタン．
　[機内] What is this *seat button* for? → It's the cabin crew call button. Feel free to call us anytime, please. この座席ボタンは何のためですか．→乗務員呼び出しボタンです．いつでもお気軽にお呼びください．

◇ **seat class** 座席の等級．☆ the first class 〈F〉ファーストクラス / the business class 〈C〉; the executive class ビジネスクラス / the premium class プレミアムクラス (business class と economy class の中間にある上級クラス) / the economy class 〈Y〉;《米》the coach class エコノミークラス．

◇ **seat number** 座席番号．
　[機内] What's your *seat number*? May I see your boarding pass, please? お客様の座席番号は何番ですか．お客様の搭乗券を拝見できますか．

◇ **seat plan** 座席配置図 (=seating plan).
　[空港] Would you show me the *seat plan*? 座席表を見せてください．

◇ **seat pocket** 座席ポケット．
　[機内] You will find an in-flight magazine in the *seat pocket* in front of you. 機内雑誌はお客様の前のシートポケットにあります．

◇ **seat preference** 希望の座席，座席の好み．☆機内の座席には aisle seat「通路側の座席」, center〈middle〉seat「中央の座席」, window seat「窓側の座席」がある．
　[空港] Do you have any particular *seat preference*? → I'd prefer a window seat near the front, please. 特別な座席のお好みがございますか．→前方の窓際座席をお願いします．
　[レストラン] Do you have any *seat preference*? → Yes. In the non-smoking section, please. ご希望の座席がございますか．→はい．禁煙席をお願いします．(=I prefer to sit in the non-smoking section.) ☆特定の禁煙座を希望する場合などは A window seat in the non-smoking section, please. のように言えばよい．

◇ **seat reclining button** 座席リクライニングボタン．
　[機内] What's this button for? → This is a *seat reclining button*. このボタンは何のためですか．→座席を倒すためのボタンです．

◇ **seat unit** 座席単位．☆ **double-seat unit** は「2人掛けの座席単位」, **triple-seat unit** は「3人掛けの座席単位」.

🛬 There are rows of triple-*seat units* in the economy-section cabin while double-*seat units* are in the first-class cabin. エコノミーのキャビンは３人掛けの座席配置になっているが，ファーストクラスでは２人掛けの座席配置になっている．

◇ **priority seat** 優先席（老人・身体障害者用の優先席）．☆「シルバー・シート」は和製英語．英語では the priority seat for senior and disabled passengers；seat reserved for the aged and disabled (on trains and buses) などと言う．アメリカの電車には **priority seat** の表示が見られ，今では日本の車内でもこの英語で表示されている．

◇ **take one's seat** 決められた席に着く．☆ take a seat「座る」．例 *Take a seat*, please. どうぞ，お座りください．(=Please sit down.)

🛩 Please *take your seat* and fasten your seatbelt. And put your seat back upright, please. お客さまの座席につき，座席ベルトをお締めください．また座席の背もたれをまっすぐにしてください．

┌─ 乗物の座席に関して用いる主な動詞 ─┐

book⟨**reserve**⟩ a seat 座席を予約する
bring up a seat 座席を立てる (=put a seat back up)
have⟨**take**⟩ a seat 席に着く (=be seated)
recline a seat 座席を倒す
return a seat to (the upright position) (まっすぐに元の位置に)座席を戻す
tilt a seat backward 座席を後方に倒す
trade⟨**change**⟩ seats 座席を交換する (複数形に注意)

┌─ 劇場の座席 ─┐

balcony *seat* ２階席　　　　　free *seat* 自由席 (=non-reserved seat)
orchestra *seat* １階前方席　　reserved *seat* 指定席　　　special *seat* 特別席

　② 所在地．▶ the *seat* of a prefectural government 県庁所在地．
— 動 ① 着席させる，座らせる．

【掲示】PLEASE *SEAT* YOURSELF.「ご自由にお座りください」．☆飲食店やカフェなどの表示．

【レストラン】Shall I *seat* you? This way, please. 〔At the table〕Will this table be fine? ご案内いたしましょうか (=I'll *seat* you. ご案内いたします). こちらへど

うぞ.〔テーブルにて〕このテーブルでよろしいでしょうか.
◇ **be seated** (受身形)着席する, 座る (=take a seat, seat oneself, sit down).
　掲示 Please Wait to be *Seated*. 「席にご案内するまでお待ちください」. ☆レストランでの表示.
　会場 Please be *seated*. どうぞご着席ください (=Please take ⟨have⟩ a seat. / Please sit down.)
◇ **remain seated** 着席したままでいる.
　機内/車内 Please *remain seated* until the aircraft ⟨bus⟩ comes to a complete stop. 機体⟨バス⟩が完全に停止するまでお席に着いたままお待ちください.
② ～人分の席がある, 収容する.
　劇場 The theater can *seat* 2,000 people. この劇場は 2,000 人分の座席がある.

send (過去 sent, 過去分詞 sent) **動** ① 送る;届ける. ▶ *send* this baggage to the Hilton Hotel この荷物をヒルトンホテルまで届ける / *send* off 見送る;発送する.
② (の所へ)行かせる, (人を)使いにやる;派遣する. ☆人に命じて行かせる, または頼んで人を差し向ける時に用いる.
　ホテル I'll *send* a bellboy to you with the letter. ベルボーイに手紙を持たせ, お客様のところに行かせます.
◇ **send for** (人を)呼びにやる. ▶ *send for* help 助けを求めにやる.
　ホテル My friend is sick. → OK. I'll *send for* a doctor as soon as possible. 友人が病気なのです. →わかりました. できるだけ早く医者を呼びにやります.
◇ **send up** 上げる, 上に送る. ▶ *send* (a person) *up* (人を上に向けて)送る. ☆上の階からの頼まれごとに対して用いる.
　ホテル I have a lot of baggage. Would you *send* a bellboy *up* to help me? たくさん荷物があるので, お手伝いしてくれるベルボーイを上によこしてくださいますか. (=Would you please *send* a bellboy *up* to my room to get my baggage?)

serve **動** ①(食べ物を)出す;(酒を)つぐ.
　機内 What time will dinner be *served* on this flight? → We'll *serve* dinner soon after take-off. 機内では何時に夕食が出ますか. →夕食は離陸直後にお出しいたします.
② (客の)対応をする (=wait on). ☆レストランやデパートなどでの顧客への対応.
　⇨ help

レストラン Are you being *served*, sir? → No, not yet. ご用を承っておりますか. →いいえ，まだです. ☆ Are you being helped? / Are you being attended to? とも言う.
③ 運航する, 就航する.
　運航 JAL *serves* the world. JAL は世界中に就航しています.

server 图 給仕する人.
　掲示 Please Pay Your *Server*. 「担当の給仕にお支払いください」☆アメリカのレストランなどではテーブルによって担当の給仕が決まっている.

service 图 ① (他人に対する) 奉仕, 尽力, 世話. ☆英語の service には, 日本語での「値引き」(discount), 「おまけ, 景品」(giveaway; freebee), 「(飲食) 店のおごり」(on the house) といった意味はない. また飲食店やバーなどでの「サービス・タイム」のことを英語では **happy hour**, 「サービス・メニュー」は **today's special**, 「サービス・ランチ」は **lunch special** と言う. ⇨ breakfast special
　機内 Our *service* terminates in New York with the departure of a group of tours from JFK International Airport. ニューヨークで団体旅行客が JFK 国際空港を出発することで当社のサービスは終了します.
② 《ホテル》(宿泊客への) サービス, 給仕. ☆ホテルやレストランでの「３Ｓサービス」とは **speediness** (速度), **sincerity** (誠実), **smile** (笑顔) である.
　▶ customer *service* 顧客サービス / delivery *service* 配送サービス / laundry *service* ランドリーサービス / limousine *service* 空港への送迎バス便 / mail *service* 郵便業務 (=postal *service*)/ meeting *service* 空港送迎サービス / pick-up *service* (空港と各ホテルを巡回する) 送迎サービス / room *service* ルームサービス / rush *service* (ホテルのランドリーの) 至急サービス / same-day *service* (ランドリーの) 即日仕上がりサービス / transfer *service* 送迎輸送サービス / valet *service* (ホテル客の衣服の) 世話サービス；駐車サービス.
　◇ **service charge** サービス料, 手数料 (=charge for service).
　　掲示 *Service Charge* Not Included 「サービス料は含まれていません」☆レストランの掲示やメニュー, 請求書や領収書などに記載されている. 「食事代に加えてチップを支払うことが期待されている」という意味である.
　◇ **services directory** サービス一覧 (=directory of services). ☆ホテルで提供する飲食設備や付帯設備等を案内する一覧可能な小冊子のこと. 通常は文具類とともに書類ばさみ (stationery folder) に収納されている.
　◇ **service wagon** サービス・ワゴン. ☆ルームサービスなどで飲食物や調理具を運搬するために用いられる車輪を備えた台の総称. レストランで飲食物を提供

するときにも利用する.

③《レストラン》(顧客への) **サービス, 給仕**. ▶ efficient *service* てきぱきしたサービス / perfect *service* 行き届いたサービス / excellent *service* 優れたサービス / snail-like *service* のろのろしたサービス / slow *service* のろいサービス / quick *service* 早いサービス / table *service* テーブル・サービス.

掲示 *Service* Counter Only.「カウンターまで来てお取りください」

④《陸上輸送・交通》**便, 運転**. ▶ bus ⟨train / taxi⟩ *service* バス⟨電車, タクシー⟩の便 / *service* area サービス・エリア (高速道路沿いにある休憩・給油所) (=《英》rest area) / *service* plaza サービス・プラザ (ハイウェイの途中にある区画で, 休憩所やガソリンスタンドなどがある) / taxi *services* listed in the telephone directory 電話帳に記載されたタクシー.

交通 There are many bus *services* from Springfield to New York everyday. スプリングフィールドからニューヨークまで毎日バスの便が多数ある.

⑤《航空・海上輸送》**運航, 就航**. ☆エアライン用語としてよく用いる. ▶ air *service* 航空便 / regular *service* 定期運航 / regular air *service* 定期航空便 / domestic *service* 国内線便 / international *service* 国際線便.

観光 Hydrofoil boats give a good *service* between Hong Kong and Macao. 香港とマカオ間には水中翼船がよく運航している.

⑥ **礼拝, 宗教儀式**. ☆日本ではホテルなどでの軽い朝食のことを「モーニング・サービス」と言うが, 英語では breakfast special と言う. **morning service** は「教会での朝の礼拝(宗教儀式)」(church service) の意味である.

---

service station ガソリンスタンド, 給油所 (=gas station), 自動車修理場 (=《英》garage). ☆ service station では給油・車の点検・トイレ・休憩などが利用できる. ⇨ filling station

---

serving 名 給仕；接待；(料理の) 一盛り. ▶ *serving* cart 食べ物を食卓まで運ぶ手押し車 / *serving* dish 盛皿 / *serving* fork 食べ物を取り分けるためのフォーク / *serving* tray 給仕用盆.

表示 ONE *SERVING* ONLY.「1回のみ」☆セルフサービスのサラダバーなどで見かける表示.

---

set 形 (あらかじめ)定められた；規定の. ▶ *set* time 定められた時間 / *set* fee 規定料金.

◇ **set menu** 決められた献立表；コース料理 (=course menu)；定食 (=prix fixe). ⇨ à la carte / table-d'hôte. ☆「定食」a set meal ⟨lunch / dinner⟩; a meal from a *set menu*; table-d'hôte.「和定食」a Japanese-style *set menu*.

レストラン This restaurant offers *set menus* from over $30.00. このレストランでは 30 ドルからのコース料理がある.

---

share 動 共有〈共用〉する；分ける；分け合う (with, among, between). ▶ *share* the dishes 料理を分け合う / *share* a taxi タクシーを相乗りする / *shared* bath〈shower〉 共同バス〈シャワー〉.

ホテル We *shared* the same room in the hotel. ホテルでは相部屋でした.

レストラン May I *share* this table with you? → I〈We〉 don't mind. 相席してもよろしいですか. (=Do you mind if I join you?) →いいですよ.

― 名 分け前, 取り分；割り当て, 分担.

レストラン Let me pay my *share*. 私の分を払わせてください.

ship 名 船(=boat, vessel)；宇宙船. ☆ **ship** は「船」を表す一般用語であるが主として「大洋を航海する大型船」, **boat** はオール・帆・小型エンジンなどで動く「小型船」, **vessel** は「大型船」を指す.

▶ go out on〈in〉 a *ship* 船で出かける / go on board a *ship* 乗船する / be on the *ship* 船に乗っている / take *ship* 乗船する / board the *ship* for New York ニューヨーク行きの船に乗る.

出航 The *ship* sailed from Yokohama to China. 船は横浜から中国まで航海した.

◇ **by ship** 船で；船便で (=by sea).

出航 He is planning to go to Europe *by ship* this summer. 彼は今年の夏は船で欧州へ行く予定です.

― 動 (貨物を) 船に積む；船で送る；(船・飛行機・列車・トラックなどで) 運送する. ▶ *ship* products by rail 製品を鉄道で送る / *ship* the cargo from New York 貨物をニューヨークから航送する.

---

shopping 名 買い物. ▶ *shopping* bag《米》買い物袋 (=《英》carrier bag) / *shopping* complex 巨大な複合商業施設 / *shopping* district 商店街 (=shopping center).

◇ **shopping arcade** 商店街 (=*shopping* area, *shopping* street).

◇ **shopping cart**〈**trolley**〉 ショッピングカート (買い物用手押し車).

◇ **shopping mall** ショッピングモール. ☆遊歩道にある商店街, または大きな建物の中にあるショッピングセンター.

◇ **do some shopping** 買い物をする. ☆ have some *shopping* to do「少し買い物がある」

買物 She went to the city to *do some shopping*. 彼女は買い物をしに町へ行った. (=She went shopping in the city.)

show 名 ① 展示, 表示. ▶ *show* window（商店の）陳列窓（=display window）.
② 興行；見せ物；映画. ▶ late *show*（テレビの）深夜番組 / live *show* in the aquarium 水族館での実演.
③ 品評会, 博覧会. ▶ auto ⟨automobile⟩ *show* 自動車の展示会 / dog *show* 犬の品評会 / flower *show* 花の品評会.

— 動 ① 見せる, 示す. ▶ *show* the ticket チケットを見せる.
　[空港] Could you *show* me your passport? 旅券を拝見できますか.
② （人を）案内する.
　[観光] It was very kind of you to *show* me around the city. 市内を案内していただきありがとうございました.
　[機内] Please *show* me to my seat. 私の座席に案内してください.
　[ホテル] Mr. Sato, your room number is 1234. The bellboy will *show* you into your room. Have a pleasant stay. 佐藤様, お部屋は1234号室です. ベルボーイがお部屋（の中）までご案内します. どうぞごゆっくりご滞在ください. ☆ The bellboy will *show* you to the room. の場合は「部屋の前まで案内する」.
③ （示して）教える, 説明する.
　[道案内] If you wait for a while, I can s*how* you the way to the hotel. しばらくお待ちいただければ, ホテルまでの道を説明することができます.
④ 上映する, 上演する.
　[劇場] What time will the next film be *shown*? 次の映画上映は何時ですか.

---

sightseeing 名 見物；観光, 遊覧.
◇ **sightseeing bus** 観光バス（=tour bus）. ▶ amphibian *sightseeing bus* 水陸両用観光バス.
　[観光] What can we see on this *sightseeing bus*? → Yon can see many places of interest, such as the Capitol and the White House. この観光バスではどのような場所を見ることができますか. →国会議事堂やホワイトハウスといった観光名所が見られます.
◇ **sightseeing bus tour** 観光バスツアー.
　[観光] Here is a brochure of many *sightseeing bus tours*, including full-day and half-day tours. 終日観光また半日観光を含めたいろいろな観光バス旅行のパンフレットがございます.
◇ **sightseeing flight** 遊覧飛行（=aerial sightseeing）.
　[観光] We were thrilled by *sightseeing flights* in hot-air balloons. 熱気球での遊覧飛行に興奮した.
◇ **sightseeing spot** 観光名所, 観光地（=tourist spot; spots for sightseeing）.

【観光】 Can you tell me about some good *sightseeing spots* in this city? この都市のどこかよい観光地について教えてくださいますか.
◇ **sightseeing tour** 観光ツアー. ☆通常は <u>full-day</u> *sightseeing*（終日観光）と <u>half-day</u> *sightseeing*（半日観光）がある. ▶ (go on) a *sightseeing tour* of Paris by bus バスでのパリ観光（に出かける）/ (take) a *sightseeing tour* including a visit to Rome and Milan ローマとミラノへの旅が含まれている観光旅行（に行く）/ *sightseeing tour* and travel desk 観光旅行手配カウンター.
【観光】 Where can I get information on *sightseeing tour*? 観光旅行の情報はどこで入手できますか.
◇ **sightseeing trip** 観光旅行（=**sightseeing tour**⟨**travel**⟩）.
【観光】 I plan to take a *sightseeing trip* to Paris today. 今日はパリを観光旅行するつもりです.
◇ **do some sightseeing (in Boston)** （ボストンを）観光する（=go sightseeing (in Boston) ; go on a sightseeing (of Boston)）.
【観光】 I'd like to *do some sightseeing* in the States. Can you recommend some famous places to visit for sightseeing? → Well, I'd like to recommend you go to Boston first. アメリカを観光したいのですが，観光に訪れてみるべき有名な場所を推薦していただけますか. →そうですね. まず最初のお薦めはボストンです.

sightseeing の関連語

sightseeing agency 観光案内所
sightseeing aircraft 遊覧飛行機
sightseeing attraction 景勝地, 観光地
sightseeing boat 観光船, 遊覧船（=sightseeing ship）
sightseeing boom 観光ブーム（=tourist boom）
sightseeing brochure 観光案内パンフレット
sightseeing city 観光都市. ☆ city sightseeing ⟨sightseeing in the city⟩ 市内観光
(a three-hour) sightseeing cruise （3時間の）観光クルーズ
sightseeing ferry 遊覧船
sightseeing guidebook 観光のガイドブック
sightseeing highlight 観光ハイライト, 観光の呼び物（=tourist highlights）
sightseeing map 観光（案内）図
sightseeing road 観光道路
sightseeing train 観光列車
ocean sightseeing 海洋観光

sightseer 名 観光客 (=sightseeing tourist).

sign 動 (書類など)に署名する, サインする (=put〈write〉one's signature). ☆ホテルなどで **Sign, please.** という表現をよく聞くが, この場合の sign は名詞でなく動詞(サインをする)である. 日本語での「サイン」を英語で表現する場合, 書類・手紙などの署名のサインは **signature**, 芸能人・有名人などのサインは **autograph**, 野球などのサインは **signal** と言う. He writes〈puts〉his signature on the form. で「用紙にサインする」. サインを要求するとき, Your sign, please. とは言わない. ちなみに, 英語の sign は「徴候」また「星座」の意味もある. Please give me your sign. と言えば「君の星座は何ですか」と解釈されることもあり得る. ▶ *sign* one's name to a traveler's check 旅行者用小切手に署名する.

銀行 Can I exchange 20,000 yen in traveler's checks? → Yes, sir. Will you *sign* your traveler's checks at the bottom, please? And I need to see your passport. 2万円のトラベラーズチェックを両替できますか. →はい, できます. トラベラーズチェックの下部に署名してください. そして旅券を拝見します.

— 名 ① 記号, 符号 (=mark). ▶ plus *sign* プラス記号 (+).
② 掲示, 標識；看板. ▶ road *sign* 道路の標識 / traffic *sign* 交通標識 / inn *sign* 宿屋の看板.
会場 The *sign* says that admission is free. 掲示には入場無料と書いてあります.

signal 名 信号(機), 合図. ▶ (red) traffic *signal* (赤)信号 / stop *signal* 停止信号.
— 動 信号を送る, 合図する. ▶ *signal* (to) the driver to stop 運転手に止まれの合図をする.

signature 名 署名, サイン. ⇨ sign. ☆欧米では日本のような捺印の習慣はなく, 署名をするので, その表現に慣れること. ▶ put〈write〉one's *signature* 署名する / fill out this paper with one's *signature* 書類に記入してサインする / get a person's *signature* to 〜に署名をしてもらう.

機内 May I have your *signature* on this entry card, please? → Is it all right to write my *signature* in Japanese? この入国カードにご署名をお願いします. →サインは日本語でもよいですか.

single 形 ① ただ1個の, 1人の, 単一の. ▶ *single*-lens reflex camera 一眼レフカメラ.
◇ **single bill** 《米》**check** 1つにまとめた勘定 (=one bill〈check〉; combined check). ⇨ separate bill〈check〉
レストラン I'll pay for all of us. Make a *single bill*, please. → Yes, sir. Could

you write in the total and sign here? 私達全員の分を払います．勘定は1つにしてください．(=Put everything on *single check*, please.) →はい，全額を書き込み，ここにご署名ください．☆クレジットカードで支払う場合，勘定書に全額を記入してからサインする．

② (ホテルの部屋・ベッドなど) 1人用の．▶ *single* bed 1人用ベッド / *single*-berth cabin 1人専用の船室 / *single*-berth ticket 寝台券 (=sleeping-berth ticket)/ *single* studio シングル・スタジオ．☆昼間はソファーにする studio bed の入れてあるシングルルーム / *single* use シングル・ユース．☆ツインルームまたはダブルルームを1人用で使用すること / *single* use rate シングル・ユースの料金．☆ツインルームまたはダブルルームを1人で使用する時の料金．

◇ **single room** シングルルーム，1人用の寝台が1つある部屋 (=single-bedded room).

【ホテル】 May I have a room for tonight? → A *single room* or a twin room? → I'd like a *single room* with a bath. 今晩1部屋お願いできますか．→シングルですか，それともツインですか．→浴室付きのシングルをお願いします．

③ 《英》(切符が) 片道の (=《米》**one-way**). ⇔《英》return（往復の）

◇ **single fare** 片道運賃 (=one-way fare). ⇔ return fare（往復運賃）

◇ **single ticket** 《英》片道切符 (=《米》one-way ticket). ⇔《英》return ticket, 《米》round-trip ticket; two-way ticket（往復切符）

◇ **single trip** 《英》片道旅行 (=《米》one-way trip). ⇔ round trip（往復旅行）

◇ **single-trip fare** 片道運賃 (=《米》one-way fare).

【駅舎】 What's the *single-trip fare* for one to Boston from Chicago? シカゴからボストンまで1人分の片道運賃はいくらですか．

④ 1次の．▶ *single* entry visa 1次入国査証 / *single* passport 1次旅券 (1往復に限る)/ *single* visa 1次査証 (一回だけ入国可).

⑤ 独身の．⇔ married（既婚の）．▶ *single* man〈woman〉独身男性〈女性〉．

― 名 ① (ホテルの) 1部屋 (=single room).

【ホテル】 I have a reservation for a *single* for three nights. シングルを3泊予約してあります．

②《英》片道切符 (=《米》one-way ticket).

【駅舎】 Do you need a *single* (ticket) or a return? → Two *singles*, please. 切符は片道ですか，それとも往復ですか．→片道を2枚お願いします．(=Two single tickets, please.)

---

size 名 サイズ，大きさ，寸法；型．☆日本語で胴回り寸法のことを表す「ウエスト・サイズ」は，

英語では **waist measurement** と言う．また「エル・エル・サイズ」は，英語では **extra large**〈**XL**〉, **outsize**, **oversize** などと言う．
▶ actual *size* 実物大（life size）／ take one's *size* 寸法を測る．
[買物] I'd like a dress like this. → What *size* do you wear? → I'm not sure of my *size* of your country. Could you take my measurements? このようなワンピースが欲しいのです．→サイズはどれくらいですか．（=What *size* do you take? / What's your *size*?）→当地のサイズはよく分かりません．寸法を測っていただけますか．
[ファーストフード店] I'll have a Fanta Orange. → What *size* would you like? Small, medium or large? → Medium, please. ファンタオレンジをください．→サイズはどのようになさいますか．小，中それとも大ですか．→中でお願いします．
— 動 寸法〈大きさ〉を計る（=size up）．
◇ **sizing box** サイズ計測箱．☆手荷物のサイズを測るために，空港の手荷物手続きカウンター近くに置かれている．
[空港] The carry-on baggage must fit in a carry-on *sizing box*. 機内持ち込み手荷物はサイズ計測箱にはいるものでなくてはいけない．

soup 名 スープ．
◇ **soup of the day** 日替わりスープ（=**today's soup**）．☆当日に出されるスープのことで，日によって替わる．フランス語（由来）では **Soup du Jour**（スープ・ドゥ・ジュール）と言う．
[レストラン] What is *the soup of the day*? → Corn soup, sir. 日替わりスープは何ですか．→コーンスープです．

souvenir 名 土産（=gift）；記念品．▶ *souvenir*-hunting 土産あさり．
[買物] I'd like to buy some Scotch whisky as a *souvenir* for my friend. 友人のためにお土産としてスコッチウイスキーを数本買いたいのです．
◇ **souvenir shop** 土産物店（=**gift shop**）．
[ホテル] I'm looking for a *souvenir shop*. Is there a shop in this hotel? 土産物店を探しています．このホテルにはありますか．（=Could you tell me where the *souvenir shop* is in this hotel?）

spend （過去 spent, 過去分詞 spent）動 ①（時を）過ごす，（場所に）出かける．
[観光] How did you *spend* your Christmas vacation? → We went to London, Paris, and Rome. クリスマス休暇はどのように過ごしましたか．→ロンドン，パリそしてローマに行きました．
②（金などを）費やす，使う．▶ *spend* a lot of money on〈for〉food 食べ物にたくさ

んのお金を使う.

旅費 She *spent* $200 on ⟨for⟩ her traveling expenses. 彼女は旅費を 200 ドル使った.

split 動 分ける；(勘定を) 均等割りにする. ▶ *split* a group into two 1グループを2つに分ける.

レストラン Let's *split* the bill ⟨check⟩. 割り勘にしよう. ☆「(昼食は) 割り勘にする」を英語で (Let's)**go Dutch** (for lunch.) という場合がある. しかしオランダ人には失礼かもしれないので避けるほうがよい.

start 動 ① (人・乗物が) 出発する (from, for). ⇔ arrive (到着する). ▶ *start* from Paris パリから出発する / *start* for London ロンドンに向かう / *start* from Paris for London パリをたってロンドンに向かう (=leave Paris for London)/ *start* on a trip 旅立つ.

観光 Our bus tour will *start* from Boston for Washington via New York. 私たちのバス旅行はボストンから出発し，ニューヨーク経由でワシントンへ向かいます.

② 始める；始まる (=begin).

レストラン What time do you *start* serving breakfast? 朝食の開始は何時ですか.

観劇 When ⟨What time⟩ does the opera *start*? オペラの開演は何時ですか.

◇ **to start with** はじめに，まずは (=**to begin with**). ☆文頭または文尾に置いて用いる.

観光 *To start with*, I must explain the purpose of this trip. まずはこの旅行の目的を説明します.

機内 What can I get for you? → Well, a cup of coffee *to start with*, please. 何をお持ちしましょうか.→そうね，まずはコーヒーを1杯ください.

— 名 出発；開始. ▶ make a *start* 出発する，始める / from *start* to finish 始めから終わりまで.

観光 They made an early *start* in the morning. 彼らは早朝に出発した.

starter 名 ① 手始めのもの；前菜, 最初に出てくる料理. ⇨ appetizer

レストラン I'd like Shrimp Cocktail as a *starter*. まずはシュリンプカクテルをお願いします.

② 発車係；出発の合図をする人.

station ⟨略 STA⟩ 名 ① (鉄道の) 駅，(バスの) 発着所；寄港地. ▶ *station* employee

〈attendant〉駅員 / *station* staff 駅員（駅員全体）/ *station* master《英》駅長 (=*station* manager)/ arrival *station* 到着駅 / frontier *station* 国境駅 / railroad 〈railway〉*station* 鉄道の駅 (=train *station*)/ starting *station* 始発駅 / subway *station* 地下鉄駅 / terminal *station* 終着駅 (=the last stop).

【列車】This train stops at every *station*. この電車は各駅に停車します.

② 局；署. ▶ broadcasting *station* 放送局 / fire *station* 消防署 / gas *station* ガソリンスタンド，（車の）給油所 (=filling *station*)/ police *station* 警察署 / postal *station*《英》郵便局 (=post office).

---

stay 图 滞在；滞在期間. ▶ *stay* room 引続き滞在中の客室 / *stay* extension 滞在延期 / short〈long〉*stay* 短い〈長い〉滞在 / do sightseeing during one's *stay* in Boston ボストン滞在中に観光する / intended length of *stay* 滞在予定期間.

◇ **Have a nice stay here 〈in our hotel〉.** 当地〈当ホテル〉にてごゆっくりとおくつろぎください.

◇ **Have a good stay in Boston.** ボストンでは楽しくお過ごしください.

― 動 ① (ある場所に) 留まる, いる. ☆ **stay at** (+ 場所)；**stay with** (+ 人). ▶ *stay* (at) home 家にいる / *stay* at a hotel ホテルに留まる，ホテルに泊まる / *stay* with my friend 友人といる.

【空港】Where are you going to *stay* in this country? → I'm planning to *stay* at the Hilton Hotel. This is my itinerary. 当地ではどこに滞在しますか. →ヒルトンホテルです. これが私の旅程です.

② (ホテルに) 宿泊する, 滞在する. ▶ *stay* overnight 1泊する.

【ホテル】How long will you *stay* at this hotel? → I want to *stay* here for two days longer. 当ホテルにはどのくらい滞在されますか. →あと2日間滞在したいのです. ☆ How long are you going to *stay* here? / How many days are you *staying* with us? とも言える.

---

steak 图 ステーキ（肉の厚切り），ビフテキ；（肉・魚の）厚い切り身.

【レストラン】How would you like your steak (done)? → I'd like it (　　), please. ステーキの焼き加減はいかがいたしましょうか. →（　　）にしてください. ☆かっこ内には次のような単語を入れて活用できる. rare「レア, 生焼けの」(=undercooked;《英》underdone), medium-rare「半ば〈中くらいに〉生焼けの」, medium「ミディアム, 半ば〈中くらいに〉焼けた」, medium well-done「半ば〈中くらいに〉よく焼けた」, well-done「ウェルダン, 十分に焼けた」. 通常は単に Medium〈Rare / Well-done〉, please. と返答する場合が多い.

【レストラン】How do you like this steak? → This steak is (　　). 肉のお味はいかがで

すか. →この肉は (　　) です. ☆かっこ内に次のような単語が入る. bloody「生焼け」(=raw), hard「かたい」, overdone「焼きすぎ」, tender and juicy「やわらかく肉汁たっぷり」, underdone「焼きが足りない」, tough「噛(か)み切れない」. ⇨ tasty

stop 名 ① 中止, 停止；停車. ▶ comfort *stop* 休憩のための停車 / meal *stop*（バス旅行の）食事休憩 / (have a) short *stop* 一時停止（する）/ (come to a) sudden *stop* 急停止（する）.
　〈車内〉 This train will make a ten-minute *stop* at the next station. この列車は次の駅で10分間停車します.
② 停車駅, 停留所. ▶ bus *stop* バス停留所 / flag *stop* 乗客の合図で停車する停留所 / three *stops* away 3つ目の停留所 / get off at the next *stop* 次の停留場で降りる.
　〈駅舎〉 How many *stops* are there from here to South Station? → It's the fifth *stop*. ここからサウス駅までいくつの停車駅がありますか. →5番目の駅です.
— 動 ① 止める, 中止する, 中断する；停車させる. ▶ *stop* the car 車を止める.
　〈観光〉 She *stopped* to watch the beautiful sight. 彼女は美しい景色を見るために立ち止った.（不定詞）
　〈観光〉 She *stopped* watching the beautiful sight. 彼女は美しい景色を見ることをやめた.（動名詞）
② 停まる, 停車する, 停止する.
　〈交通〉 This bus *stops* at 〈in front of〉 Boston Common. このバスはボストンコモンに〈前で〉停車します.
　◇ **stop at** 宿泊する.
　　〈ホテル〉 I want to *stop at* the hotel for the night. このホテルに1泊したいのです.
　◇ **stop by** （途中で）ちょっと立ち寄る（=drop in）.
　　〈カフェ〉 Let's *stop by* for a tea. ちょっとお茶を飲んでいきましょう.
　◇ **stop over** 途中降機する（=《米》stop off, make a stopover）；途中下車〈寄港〉する. ⇨ stopover
　　〈観光〉 I *stopped over* in Milan on my way to Rome. ローマに行く途中にミラノに途中降機した.

stopover 名 途中下車；途中降機；途中寄港；（旅行途中での）短期滞在. ▶ *stopover* station 途中下車駅 / make a *stopover* in Honolulu ホノルルに途中降機する.
　〈列車内〉 Can we make a *stopover* on this ticket? → Can I see it? Yes, you can. この切符で途中下車できますか. →拝見できますか. はい, 大丈夫です.

stranger 名 ① (ある土地に)はじめて来た人, 不案内な人.

 観光 Could you tell me how to get to the nearest subway station? → Sorry. I'm a *stranger* around here. 1番近い地下鉄へ行くにはどうすればいいのか教えてくださいますか. → 申し訳ないですが, 私もこの辺はよく知りません. ☆ I'm not familiar with this area. とも言う.

② 見知らぬ人. ▶ a complete *stranger* 赤の他人.

 車内 We're *strangers* to each other in the sightseeing bus. 観光バスではお互いに知らない人間同士です.

street 名 ① 街路, (両側に建物の並ぶ)通り. ☆アメリカの都市部では street と avenue を使い分けて, 東西・南北に走る道にそれぞれ用いる. ⇨ avenue. ▶ back *street* 裏通り / dead-end *street* 行き止まりの通り / high *street*《英》目抜き通り / main *street* 大通り, 中心街 / one-way *street* 一方通行の通り / shopping *street* 商店街 / side *street* 横丁 / cross the *street* 通りを横切る / walk along〈up, down〉the *street* 通りを歩く.

② ～通り, ～街. ☆ **St.** と略す. ▶ Wall *Street* ウォール街(ニューヨーク市の金融街).

街路標識, ロサンジェルス

T

tag 名 ① (名前・定価などの) 札． ▶ name *tag* 名札 / price *tag* 値札 / *tag* number 札番号．
  空港 My missing bag has a *tag* with my name and address on it. 紛失しているバッグには住所氏名 (日本語との語順の違いに注意) を記載した札が付いています．
② 荷札；《米》(車の) ナンバープレート． ▶ baggage claim *tag*（空港での）手荷物の引換証合札．
  空港 You are requested to write your name and address on these baggage *tags*. これらの荷札には住所氏名を書く必要がある．
  ◇ **put a tag** 荷札を付ける (=attach ⟨fix⟩ a tag).
  空港 Please put this *tag* onto your baggage. この荷札を荷物に付けてください．
— 動 札を付ける． ▶ *tag* one's bag with one's name and address バッグに住所氏名を記した札を付ける．

---

take (過去 took, 過去分詞 taken) 動 ① (手に) 取る, つかむ, 捕らえる．
  交通 *Take* my hand. We'll cross the street together. 私の手を取って．一緒に道を渡ります．
② (物を) 持って行く，(人を) 連れて行く． ⇔ bring (物を) 持って来る，(人を) 連れて来る．
  空港 Please *take* my baggage to the JAL counter. I'd like to take flight 234 for Boston. 私の荷物を JAL のカウンターまで持って行ってください．ボストン行きの 234 便に乗りたいのです．
  観光 He *took* us to the park. 彼は私達を公園に連れて行った． ☆ He went to the park with us. / He brought us to the park. 彼は私達を公園に連れて来た．
  タクシー Could you *take* us to the Hilton Hotel? ヒルトンホテルまでお願いできますか．
③ (時間を) 要する，(費用が) かかる，必要とする (=need)．
  空港 How long will it *take* from New York to Boston? → It'll *take* about three hours by plane. ニューヨークからボストンまで所要時間はどのくらいかかりますか．→飛行機で 3 時間ほどです．
④ (金・物を) 受け取る (=get), 受け付ける (=accept)．
  買物 Do you *take* traveler's checks? → Yes, we do. / No, sorry. We only accept cash. トラベラーズチェックは使えますか．→はい，使えます．/ いいえ，申

し訳ございません．現金のみお受けします．☆ Do you accept traveler's checks? / Can I use traveler's checks? とも言う．

⑤ (乗物に) 乗る，乗って行く；(道・コースを) とって行く．▶ *take* a bus ⟨train / boat⟩ バス⟨列車・ボート⟩に乗る / *take* a short cut to our hotel 近道をして私たちの泊まるホテルに帰る / *take* the elevator to our floor 宿泊する階までエレベーターを利用する / *take* a taxi to the hotel ホテルまでタクシーに乗る / *take* the 7:30 a.m. train to Paris パリまで午前7時30分発の列車で行く / *take* JAL flight 401 for London ロンドン行きのJAL401便に乗る．

交通機関 Does this bus go to the museum? → No, it doesn't. You need to *take* bus number 10. このバスは博物館に行きますか．→いいえ，行きません．10番のバスに乗ってください．

⑥ (席・場所を) 占める，(人が席に) つく．

機内 *Take* your seats and fasten your seatbelts, please. 席について座席ベルトを締めてください．

バス Is this seat *taken*? → No, it isn't. / Yes, it is. この席はふさがっていますか．→いいえ，空いています．/ はい，空いていません．

⑦ (薬を) 飲む (=have)；(塩分を) とる；(空気を) 吸い込む．▶ *take* this medicine after meal 食後にこの薬を飲む / *take* too much salt 塩分を取りすぎる / *take* a deep breath 深呼吸をする．☆薬を「飲む」場合，英語では **take** medicine と言い，drink は用いない．⇨ medicine

機内 My friend feels a little airsick. → We have some medicine on board. → (a few minutes later) How many tablets should she *take*? → I think she should *take* one tablet for now. 私の友人が少し飛行機に酔ったようです．→当機には薬をご用意しております．→(数分後) 何錠飲めばいいのですか．→今のところ1錠飲めばよいでしょう．

⑧ (品物を選んで) 買う (=buy; purchase)．☆特定の品物を決めて買い物をする時の基本表現である．

買物 I'll *take* it ⟨them⟩. それ(ら)を買います．☆ I'll have it ⟨them⟩. とも言う．

買物 Which perfume will you *take*, this one or that one? → I'll *take* this perfume, Chanel No.5. こちらとあの香水のどちらになさいますか．→この香水，シャネル No.5 をください．

⑨ 選び取る (=have)．☆いくつか比べたあとで「これにする」と言いながら選んで入手すること．レストランなどで相手が勧めるものを選んで注文する時によく用いる．

レストラン What would you like for the main dish? → I'll *take* the steak. メイン・ディッシュは何になさいますか．→ステーキをお願いします．(=I'd like the steak, please.)

⑩ (ある行動を)とる，する；(写真・メモを)とる；(寸法・脈を)とる；(責任を)とる．
  ▶ *take* a walk 散歩する / *take* a rest 休息をとる / *take* a bath〈shower〉入浴する〈シャワーを浴びる〉/ *take* a trip〈drive〉旅行〈ドライブ〉をする / *take* one's temperature 体温を測る / *take* one's measurements 寸法をとる．
  【観光】 *Take* my picture with this camera, please. このカメラで私の写真をとってください．

◇ **take away**《1》(物を)運び〈持ち〉去る；食卓の後片づけをする(=clear off, remove)；(人を)連れ去る．
  【機内】 Excuse me, miss. I've finished with wine. Will you please *take away* the glass? すみませんが，ワインを飲み終えたのでグラスをさげていただけますか．
  《2》(店で注文した飲食物を食べずに買って)持って帰る．☆ファーストフード店などで「ここで飲食する」か，それとも「持ち帰る」かを聞く時に用いる慣用表現である． **to go**(持ち帰り用の)とも言う．米国では **to take out** とも言う．⇔ **for here**
  【ファーストフード店】 Is this to eat here or to *take away*? → Two hot dogs *to take away*, please. ここで召し上がりますか，それともお持ち帰りですか．☆単に Eat here or *take away*? という場合が多い．→ホットドッグを持ち帰り用で2個ください．☆1個の場合，(I'd like) A hamburger to *take away*, please. 米国では (I'd like) A hamburger *to take out*, please. とも言う．

◇ **take back**《1》(買った物を)返品する；(もとへ)取って戻す．
  【買物】 I went to the store to *take* the dress *back*. 店に行ってドレスを返品してもらった．
  《2》(物を)持ち帰る；(人を)連れて帰る．
  【空港】 How many bottles of whisky can I *take back* duty-free into Japan? 日本へ免税で持ち帰れるウイスキーは何本までですか．

◇ **take down**(**from**) (高い所から手に取って)降ろす(=get down)．
  【機内】 Will you please *take down* that bag from the rack for me? あの荷物を荷物棚から降ろしていただけるでしょうか．

◇ **take off**《1》(飛行機が)離陸する；(船が)出航する．▶ *take off* on schedule 定刻に離陸〈出航〉する．
  《2》(服・靴などを)脱ぐ．▶ *take off* one's shoes〈jacket〉靴〈上着〉を脱ぐ．
  《3》割引する．▶ *take* 20% *off* the retail price 小売価格より20%割引する．

◇ **take out**《1》(外に物を)取り出す；(人を)連れ出す．
  【レストラン】 I'd like to *take* a friend *out* for lunch today. 今日は友人を昼食に連れ出したいのです．
  《2》持ち帰る．☆ファーストフード店などで注文した飲食物を買って持ち帰るこ

とで **to go** とも言い，英国では **take away** を用いる．⇔ **for here**

ファーストフード店 (I want) Two cheeseburgers to *take out,* please. チーズバーガー2つ，持ち帰り用でください．☆ (I want) Two cheeseburgers to go 〈to *take away*〉, please. とも言う．

◇ **take ~ out of** (~を)取り出す．
ホテル I'd like to *take* my valuables *out of* the safety-deposit box. 貴重品を貸金庫から取り出したいのです．

◇ **take one's time** ゆっくりする．
買物 Hello. Can I help you find something? → I'm just looking, thank you. → All right. *Take your time*, and just call me in case you need help. いらっしゃいませ．何かお探しでしょうか．→ちょっと見ているだけです．ありがとう．→わかりました．どうぞごゆっくりとご覧ください．ご用の際はお気軽にお呼びつけください．

◇ **take part in** 参加する (=join, participate in).
観光 The children *took part in* a festival parade. 子供達は祭の行列に参加した．

◇ **take up** 《1》取り上げる，持ち上げる．《2》(衣服の丈・袖を)短くする．☆ **take in**「幅を詰める」．
買物 This dress is a little long for me. Can you adjust the length? → Yes, we can *take* it *up* a bit more. このドレスは私には少し長いようです．長さを調整してください．→はい，少しすそを上げましょう．

---

takeoff 〈take-off〉〈略 T/O〉名 (飛行機の)離陸，出発．⇔ landing (上陸).

▶ *takeoff* clearance 離陸許可 / *takeoff* run 離陸(用)滑走 / zero-zero *takeoff* 視界ゼロ(状態)の離陸 / make a smooth *takeoff* 順調に離陸する．

空港 Will the *takeoff* be delayed? → Maybe it'll be delayed due to bad weather. 離陸は遅れますか．→多分悪天候のために遅れるでしょう．

◇ **takeoff and landing** 離着陸．▶ horizontal *takeoff and landing* 水平離着陸 / (helicopter's) vertical *takeoff and landing* (ヘリの)垂直離着陸．
機内 Use of electric calculator, computer, and CD players is not permitted during *takeoff and landing*. 離着陸の際には電子計算機，コンピューター，CDプレイヤーなどは使用できません．

◇ **takeoff time** 出発時間．▶ scheduled *takeoff time* 離陸予定時刻．
空港 Your flight will be announced for boarding about 20 minutes before *take-off time*. 出発時刻の20分ほど前に搭乗のアナウンスがあります．
機内 What's the *takeoff time*? → In ten minutes. 離陸時間は何時ですか．→あ

と10分です.
◇ **takingoff or landing place** 飛行機の離着陸所 (=《英》runway).

takeout 图 《米》持ち帰り用の料理〈飲食物〉(=《英》takeaway).
ファーストフード店 I'd like to order *takeout*. A hot dog, please. 持ち帰り用で注文します. ホットドッグをお願いします.
— 形 持ち帰り用の (=《米》carryout). ▶ *takeout* bag 持ち帰り用袋 / *takeout* food 持ち帰り用の料理〈食べ物〉/ *takeout* joint〈restaurant〉テイクアウト料理店〈レストラン〉/ *takeout* lunch stand 持ち帰り弁当店 / *takeout* pizza〈sandwiches〉持ち帰り用ピザ〈サンドイッチ〉/ *takeout* coffee house 持ち帰りができるコーヒー店.

taste 動 ①(飲食物が〜の)味がする.
レストラン How does this cake *taste*? → It *tastes* good〈great〉. このケーキの味はいかがですか. (=What does this cake like?) →とてもおいしいです.
② (飲食物の)味見をする, 味わう. ▶ *taste* the soup (if it is good) (おいしいかどうか)スープの味見をする.
レストラン This is a good wine. Would you like to *taste* it? → Yes, I'll try it. とてもおいしいワインです. 味見なさいますか. →はい, 少しいただきます.
— 图 ①(飲食物の)味；味覚. ▶ (has a) sweet〈bitter〉*taste* 甘い〈苦い〉味 (=be sweet〈bitter〉to the taste).
レストラン What's the *taste* of the Sirloin streak〈Kobe Beef〉like? → It tastes very good. It's tender and juicy. Everybody likes it very much. サーロインステーキ〈神戸ビーフ〉はどのような味ですか. →美味しくて, 柔らかく肉汁たっぷりです. 誰もが好きになれます.
② 好み, 趣味；センス. ▶ have good *taste* in (clothes) (服装)の趣味〈センス〉がよい.

tasting 图 賞味. ☆ブドウ酒製造所(winery)などで試飲すること.
看板表示 WINE *TASTING* AVAILABLE 「ワイン試飲できます」

tasty 形 (食物が)おいしい (=delicious), 味がある. ⇔ tasteless (味がない). ▶ *tasty* stew おいしいシチュー.
レストラン How did beef stew taste like? Was it good? → Yes, it was very *tasty*. ビーフシチューの味はいかがでしたか. おいしかったですか. →はい, とてもおいしかったです.

taste / tasty の関連語

bitter 苦い
cold 冷たい
crisp パリパリした，ガリガリした
dry 乾燥した；辛口（酒）の；汁が少ない
flavored 風味をつけた
fresh 新鮮な．☆ fresh squeezed juice しぼりたてのジュース
greasy 脂っこい
hot （料理が）温かい，できたての；（香辛料が）ピリッと辛い
juicy 水分の多い；（肉など）汁が多い
lean （肉など）脂肪の少ない．☆ lean meat 赤身の肉
mild 甘口の，まろやかな
rich 味が濃い
sour 酸っぱい
strong （茶・コーヒーが）濃い；（アルコールが）強い
sweet 甘い；甘口（酒）の
sweet-and-sour 甘ずっぱい
thick （茶など）濃い
tough （肉など）かたい

bland 口当たりのよい，味が薄い
creamy なめらかな
delicious おいしい
fat 脂肪質の

pungent ピリッと辛い
salty 塩辛い，塩気のある
spicy 薬味のきいた，香ばしい

tender （肉など）やわらかい
thin （茶など）薄い
weak （コーヒーが）薄い；（アルコールが）弱い

taxi 名 タクシー．☆正式には **taxicab**，口語では **cab** とも言う．アメリカでは Yellow Cab や Checker Cab などをよく見かける．タクシーの横腹に会社の電話番号や料金表 (tariff) が書かれている．ニューヨーク市内での「流しタクシー」(**cruising taxi**) の表示には3種類がある．**TAXI**（空車），**TAXI/DUTY**（実車〈旅客乗車中〉），**OFF DUTY**（回送中）．日本語の「白タク」は英語では **unlicensed taxi**〈**cab**〉と言う．

▶ call a *taxi* (for me) タクシーを呼ぶ．☆ call me taxi は「私をタクシーと呼んでください」とも誤解されるのであまり使用しない． / get a *taxi* (easily)（簡単に）タクシーを拾う (=grab a taxi) / get into a *taxi* タクシーに乗る / haul a *taxi* タクシーを呼び止める / hire a *taxi* タクシーを頼む〈雇う〉 / jump into a *taxi* タクシーに飛び乗る / share a *taxi* タクシーを相乗りする / take a *taxi* (from the airport to the hotel)（空港からホテルまで）タクシーで行く (=go by *taxi*) / take a *taxi* tour タクシー観光をする．

> **taxi の種類**
>
> air taxi（タクシーとして用いる）小型飛行機　　elder-care taxi 介護タクシー
> free taxi 空車のタクシー
> metered〈unmetered〉taxi 料金メーター付き〈メーターなし〉のタクシー
> nighthawk taxi 夜流しているタクシー
> owner-driven taxi 個人タクシー
> radio-dispatched taxi 無線タクシー　　registered taxi 公認タクシー
> shared taxi 相乗りタクシー
> water taxi 水上タクシー．☆イタリアのベニスでは，市内は車が利用できないので水上ボートを使用する．water-bus は「水上バス」のこと．

◇ **taxi fare** タクシー運賃〈料金〉．

　[乗物] Take me to the Hilton Hotel, please. How much will the (*taxi*) *fare* be? ヒルトンホテルまでお願いします．タクシー運賃はどれくらいでしょうか．☆タクシー運賃を尋ねる時は How much do I owe you? とも言う．

　[下車] Please stop here. What's the (*taxi*) *fare*, please? ここで止めてください．料金はおいくらですか．

◇ **taxi stand**《米》タクシー乗り場(=cabstand, taxi zone)．（客待ちの）タクシー駐車場(=《英》**taxi rank**)．☆日本とは違い，欧米ではタクシー乗り場またはホテル前で乗車する場合が多い．「流しタクシー」(cruising taxi) が運行されていない都市も珍しくない．

　[空港] Would you please help me (to) take this baggage to the *taxi stand*? この荷物をタクシー乗り場まで運ぶのを手伝ってもらえますか．☆ Please take this baggage to the *taxi stand*．（この荷物をタクシー乗り場まで持って行ってください）より丁寧である．⇨ help

◇ **by taxi** タクシーで．

　[乗物] You had better go to the Hilton Hotel from the airport *by taxi*. 空港からヒルトンホテルまでタクシーを利用するほうがよい．

---

taximeter [名] タクシーのメーター，タクシーの料金表示器．

---

through [形] ① （切符など）通しの，直通の，直行の．☆名詞の前に用いる．▶ *through* checked baggage 通し託送手荷物．☆途中の乗り継ぎがあっても，手荷物を出発地から目的地まで通しで航空会社に委託して輸送させること．/ *through* flight (飛行機の) 直行便 (=nonstop〈direct〉flight) / *through* fare 通し運賃 / *through* passenger 直行の旅客 / *through* ticket (to New York) （ニューヨークまでの）

通し切符 / *through* train (to New York)（ニューヨークまでの）直通列車.
　交通 This is a *through* train to New York, so you don't need to change. これはニューヨークまでの直通列車ですので, 乗り換える必要がありません.
② (道路が) 通り抜けられる. ▶ *through* street（直進車両の）優先道路.
　掲示 No *through* road.「通り抜けできません」
— **副** ① (食事・用事などが) 終わって (=finished). ▶ be *through* with (one's dinner)（夕食）を終える.
　機内 Are you *through* with your meal, ma'am? 食事はもうお済みですか.
② 通しで. ☆2 機の便を乗り継いで目的地に行く場合, 手荷物を出発地から最終目的地まで通しで航空会社に委託, 輸送すること.
　空港 I'd like to check this baggage *through* to Boston, the final destination. この手荷物を最終目的地のボストンまでスルーで託送したいのです.
③ 通り抜けて.
　機内 Please let me *through*. 通してください.
④ (初めから) 終わりまで, ぶっ通しで.
　交通 This train⟨bus⟩ goes *through* to New York. この列車⟨バス⟩はニューヨークへ直行します.
⑤ (電話が) つながって.
　通話 I'll put you *through* (to Mr. Smith).（スミスさんに）おつなぎします.
— **前** ①〔場所・空間〕〜を通って, 〜を貫いて. ▶ travel *through* Europe ヨーロッパ中を旅行する.
　観光 The Thames flows *through* London into the North Sea. テムズ川はロンドンを貫流して北海へと注ぐ.
②〔経過・完了〕〜を通って, 〜を終えて. ▶ go⟨pass⟩ *through* customs inspection 税関検査を受ける.
　空港 International transit passengers should go *through* immigration and make onward connections. 国際通過旅客は入国手続きを終え, 次の接続便に乗る必要がある.
③〔時間〕(から) 〜まで.
　買物 The stores are open from 11:30 a.m. *through* 9:00 p.m. 午前 11 時 30 分から午後 9 時まで開店している.

---

ticket 名 切符, 乗車券, 入場券.
　掲示 Admission by *ticket* only.「入場券をお持ちでない方お断り」
　空港 May I see your (air) *ticket* and passport, please? → Yes, sir. Here you are. 航空券と旅券を拝見できますか. →はい, どうぞ.

time 名 ① 時刻；時間. ☆「タイム」に関連する和製英語は多い. 日本語で締切りのことを「タイム・リミット」と言うが, 英語では **deadline** を用いる. time limit は「時間制限」の意. 制限時間がなくなることを「タイム・アップ」というが英語では **Time is up!** または **Time's up.** と言う. ▶ Daylight Saving *Time* 〈略〉DST〉夏時間 / Estimated *Time* of Arrival 〈略〉ETA〉到着予定時刻 / Estimated *Time* of Departure 〈略〉ETD〉出発予定時刻 / Minimum Connecting *Time* 〈略〉MCT〉最短乗り継ぎ時間.

　[ホテル] Excuse me. What's the *time*? → It's a quarter to three. すみません. 何時ですか. ☆ What *time* is it? /《米》Do you have the *time*? /《米》What *time* do you have? などとも言う. → 3時15分前です.

　◇ **in time** 間に合って.
　　[機内] Will the flight arrive *in time* to catch the connecting flight? 飛行機は接続便に間に合うように到着しますか.
　◇ **on time** 時間どおりに, 定刻に (=on schedule).
　　[観光] Is the sightseeing bus leaving *on time*? 観光バスは時間通りに出ますか.

② 回数；… 回；… 度. ☆ once 1回〈度〉/ twice 2回〈度〉.
　[観光] Next *time* I want to visit Europe. 今度はヨーロッパに行きたい.
　[観光] Is this your first *time* to visit the States? → I have been here three *times*. 米国へは初めてですか. (=How many *times* have you been to the States?) → 3回目です.

③ (ある経験をした)時間. ▶ have a good *time* 楽しく過ごす. ⇔ have a bad time
④ (複数形で)時代 (=age). ▶ in ancient〈modern〉*times* 古代〈現代〉では.

time difference 〈略〉TD〉時差 (=difference in time).
　[空港] What's the *time difference* between Tokyo and London? → It's eight hours. London is 8 hours behind. 東京とロンドンとの時差はどのくらいですか. → 8時間です. ロンドンは8時間遅れです.

timetable 名 (乗物の)時刻表 (=《英》schedule)；(行事などの)予定表；(授業などの)時間割. ▶ domestic *timetable* 国内線時刻表 / international *timetable* 国際線時刻表 / railroad *timetable* 鉄道時刻表 / revision of *timetable* ダイヤの改正. ☆日本では電車やバスの時刻表を「ダイヤ」と言うが, 英語では **timetable, schedule**. また宝石の「ダイヤ」またトランプの「ダイヤ」のことは英語で **diamond** と言う.

time zone 時間帯. ☆同じ標準時を用いる地域.

[時間帯] There are six *time zones* in the United States. アメリカ合衆国には6つの時間帯がある.

train [名] 列車, 電車. ☆**train** は機関車と連結された複数の車両全体のことで, 一台一台の車両は《米》**car**, 《英》**carriage** または **coach** と言う. ▶ single-car〈carriage〉*train* 1両編成電車 / five-car〈carriage〉*train* 5車両の列車 / ten-coach *train* 10両編成の列車 / female-only *train* car 女性専用車両.

[関連語] get on a *train* 列車に乗る / get off a *train* 列車から降りる / go to Boston by *train* 列車でボストンに行く / catch a *train* 列車に間に合う / miss a *train* 列車に乗り遅れる / take the 10:20 *train* (to Boston)（ボストン行きの）10時20分の列車を利用する / travel by *train* 列車旅行をする / change *trains* (for Boston)（ボストン行きの）列車に乗り換える（複数形に注意）.

[掲示] *Train* Crew Only.「乗務員以外立入禁止」

[列車] I took the 8:30 a.m. *train* to London so that I could check in at the airport counter before 11:30 a.m. 午前11時30分より前に空港カウンターでチェックインするために, ロンドン行きの午前8時30分の列車に乗った. ☆ eight-thirty *train* と読む.

[列車] We changed *trains* for Boston at Central Station. セントラル駅でボストン行き列車に乗り換えた. ☆ *trains* の複数形に注意. 現在乗っている電車と次に乗る電車がある.

◇ **train fare** 列車運賃.

[駅舎] What's the *train fare* from Chicago to Boston? シカゴからボストンまで運賃はいくらですか.

tram(-car) [名] 市街〈路面〉電車 (=《米》streetcar). ▶ cable *tram* ケーブルカー.

◇ **tram-fare** 電車賃 (=carfare).

◇ **tramway** 電車の軌道 (=《米》car-line). ▶ *tramway* stop 電車の停車所.

try [動] ① 試みる (=give it a try). ▶ *try* a new bicycle 新しい自転車に乗ってみる.

② 試食する；試飲する (=have a taste of).

[レストラン] I'd like to go to this restaurant to *try* some typical local food. 典型的な郷土料理を試食するために, このレストランに行きたいのです.

[酒場] How would you like to *try* the local wine? 地元ワインを試飲なさいますか.

[レストラン] She tried eating *sashimi* or sliced raw fish and liked it. 彼女はさしみを食べてみておいしいと思った. ☆ She tried to eat *sashimi*, but she couldn't. 彼女はさしみを食べようとしたがだめでした.

③ 試用する, 試しに使う.

買物 May I *try* this perfume before I get it? → Sure. Why not? この香水を買う前に試用してもよろしいでしょうか. →もちろん. いいですよ.

◇ **try on**（衣服・靴などを）試着する. ☆衣類・帽子・靴などを買い物する時によく用いる.

買物 I want to *try on* the new coat to see if it fits me. 新しい上着が合うかどうか試着したいのです.

― 图 試み, 試し (=trial). ▶ have a try やってみる (=try).

◇ **give it a try** 試してみる (=try).

レストラン Have you ever tried "*Natto*" or a fermented soybeans? Why don't you try it? → OK. I'll *give it a try*. 納豆を食べてみたことがありますか. 試してみてはいかがですか. →オーケー. 試しに食べてみましょう.

Tube (the ～) 图（ロンドンの）地下鉄 (=《英》underground;《米》subway).

交通 London's underground train service was the first in the world. It is commonly called "*the Tube*". ロンドンの地下鉄は世界最初に運行されました. 通称「the Tube」です.

turn 图 ① 順番. ▶ by *turns* 交替で / in *turn* 順番に.

② (道路の)曲がり角 (=《英》turning), カーブ. ▶ sharp *turn* in the road 道の急なカーブ.

③ 方向転換, 曲がること. ▶ *turn* signal 方向指示器 (=《英》indicator (light)).

― 動 ① 曲がる, 向きを変える, ふり向く；向ける.

観光 Where is the subway station? → *Turn* right at the lights and the subway entrance will be on your right. 地下鉄はどこですか. →信号機で右に曲がれば, 地下鉄の入り口が右側にあります.

② 回す, 回転させる. ▶ *turn* a steering wheel 車のハンドル (和製英語) を回す.

機内 You have only to *turn* the dial to Channel 2 when you want to see the movie in Japanese. 日本語で映画を見たいときはチャンネル2番に回せばいいのです.

◇ **turn down**（音量などを）下げる, 音量を小さくする. ⇔ turn up（上げる）. ▶ *turn down* the volume on the music channel 音楽の音量を下げる.

◇ **turn off**（明かり・ラジオ・テレビなどを）消す. ⇔ turn on（つける）. ▶ *turn off* the air conditioner before going to bed 寝る前にエアコンを止める.

◇ **turn on**（明かり・ラジオ・テレビなどを）つける (=switch on). ⇔ turn off（消す）. ▶ *turn on* the reading light 読書灯をつける

◇ **turn out**（火・明かりを）消す（=turn off）. ▶ *turn out* this light この明かりを消す.

◇ **turn up**（音量などを）上げる, 音を大きくする. ⇔ turn down（下げる）. ▶ *turn up* the volume of the music channel 音楽の音量を上げる.

ロンドンの地下鉄

U

underground 名 ① 地下；地下鉄 (=《米》subway). ▶ go by 〈on the〉 *underground* 地下鉄で行く.
   【観光】 I want to go to St. Paul Cathedral. How can I get there? → You had better take the *underground*. It is within walking distance. セント・ポール寺院に行きたいのですが, どのようにして行けますか. →地下鉄に乗ればいいのです. 歩いて行ける距離です.
   ②《米》地下；地下道 (=underpass;《英》subway).
─ 形 地下の. ▶ *underground* passage〈passageway〉 地下通路 / *underground* car park 地下駐車場 (=*underground* parking lot)/ *underground* mall〈shopping arcade〉 地下街.
   ◇ **underground railway** 〈=《米》**railroad**〉 地下鉄 (=《米》subway). ☆ロンドンでは the Tube, パリやワシントンでは the Metro と呼ぶ.

underpass 名 地下道, 地下横断路. ☆特に立体交差で鉄道・道路の下をくぐり抜ける道. ⇔ overpass（高架道路）

undersea 形 海中の, 海底の. ▶ *undersea* park 海中公園 / *undersea* trunk 海中幹線 / *undersea* travel 海中旅行 / *undersea* railway tunnel 海底鉄道トンネル / *undersea* road tunnel 海底道路トンネル.

underwater 形 水中(で)の, 水中用の, 水面下の. ▶ *underwater* park 海中〈海底〉公園 / *underwater* observatory 海中展望塔 (=*underwater* observatory tower).

unfasten 動 （ベルトを）はずす, 緩める. ⇔ fasten（締める）
   【機内】 *Unfasten* your seatbelt, please. どうぞ座席のベルトをおはずしください.

unguarded crossing 無人踏切 (=unattended crossing).

upright 形 まっすぐな〈の〉；垂直な. ⇔ horizontal（水平な）. ▶ have one's seat *upright* 座席をまっすぐにする.
   ◇ **upright position** まっすぐな位置.
   【機内放送】 Please return your seats to the *upright position*. お座席を元の位置にお戻しください.

― 副 まっすぐに. ▶ put one's seatback *upright* 座席の背もたれをまっすぐにする.

up train 上り列車;《英》ロンドン行き列車. ⇔ down train（下り列車）

デリー（インド）の地下鉄

航空機内のシート

V

vacancy [véikənsi] 名 (ホテルなどの)空室, 空きの客室；(タクシーの)空車.
- 掲示 VACANCY.「空き室あり」(ホテルの掲示)；「空車」(タクシーの表示).
- 掲示 No Vacancy.「満室」. ☆英国では No Vacancies.
- ホテル I'd like to make a reservation for tomorrow night. Do you have any *vacancies*? 明晩の分を予約したいのです. 部屋は空いていますか.

---

vacant [véikənt] 形 ①《部屋》空いている (=empty).
- 表示 VACANT「空き」(トイレの表示)(⇔ Occupied)；「空車」(タクシーの表示).
- 掲示 ROOMS VACANT「空き室あり」☆ホテルの表示.
- ◇ **vacant room** 空き部屋. ☆利用客が宿泊していない客室.「清掃・整備が完了し, 利用可能な部屋」は **vacant and ready** (room) と言う.
    - ホテル Do you have any *vacant rooms* available for tonight? → I'll check if we have any vacancies tonight. 1晩ですが空き室がありますか. →今晩の空室があるかどうかお調べいたします.

② 《座席》空いている (=free). ⇔ occupied (ふさがっている)
- 空港 A business-class seat is *vacant*. ビジネスクラスが1席空いています.
- 車内/劇場 Is this seat *vacant*? → There is nobody in the seat. この座席は空いていますか. →この席には誰もいません. (=Yes, it is. It is *vacant*. / No one is using it. / This seat is free.) ☆席がふさがっている場合は I'm sorry. That isn't *vacant*. / I'm sorry but it's taken. などと言う.
- ◇ **vacant seat** 空席 (=unoccupied seat). ☆ empty seat とは言わない. 飛行機の空席は There is a seat **available** on flight 123. のようにも表現する.
    - 機内 We have some *vacant seats* at the back of the cabin. 機内の後部に少し空席があります.

③ 《レストラン》空いている.
- レストラン Is this table *vacant*? このテーブルは空いていますか.
- ◇ **vacant table** 空席.
    - レストラン Is there〈Do you have〉a *vacant table*? テーブルは空いていますか.

---

vacate 動 部屋を空ける.
- 掲示 These Seats Must Be *Vacated* For Seniors and Disabled Persons.「ここはお年寄りや体の不自由な方の優先席です」☆ **Priority Seat** (優先席) とも言う.
- ホテル Please *vacate* your room by noon〈before eleven o'clock in the

morning〉. 正午までには〈午前 11 時までに〉部屋を空けてください.

vacation 名 休暇, 休日 (=《英》holiday). ▶ take a ten-day paid *vacation* 10 日間の有給休暇をとる.
　【観光】Where will you go for the coming winter *vacation*? → I'm planning to go to Hawaii with my family. → Have a nice *vacation*! → Same to you. 今度の冬休みにはどこへ行くつもりですか. →家族と一緒にハワイに行く予定です. →よい休暇を！→あなたもね.
　◇ **on vacation**《米》休暇で, 休暇をとって.
　【空港】What is the purpose of your visit? →（I'm here）*On vacation.* 訪問の目的はなんですか. →（当地には）休暇で来ました.

vacationer 名（休暇中の）行楽客 (=《英》holiday-maker).

vacation spot 行楽地 (=vacationland). ▶ *vacation spots* with sightseeing attractions 景勝地がある行楽地.

valuable 形 貴重な, 高価な. ▶ *valuable* cargo 貴重貨物 / *valuable* belongings 貴重品. ⇨ valuables

valuables 名 貴重品 (=valuable belongings〈items〉). ☆特に金銭・宝石・貴金属などを指す.
　【空港】*Valuables*, such as cash and jewelry, cannot be accepted as checked baggage. 現金また宝石のような貴重品は受託手荷物として受理されない.
　【ホテル】I'd like to leave my *valuables* in the hotel safe. 貴重品をホテルの金庫に預けたいのです.

value 名 ①価値 (=worth), 値打ち. ▶ guidebook of great *value* 非常に価値のある案内書.
　② 価格 (=price), 値段. ▶ *value* in money 貨幣価格 / *value* of gold 金の価格.
　【税関】What's the total〈approximate〉*value* of the gift? → It was about three thousand yen in Japan. I guess that's about thirty dollars. この贈り物の総額〈概算価格〉はいくらですか. →日本では 3000 円ぐらいでした. 約 30 ドルだと思います.

vending machine 自動販売機 (=coin-operated vending machine). ☆英国では

slot machine とも言う. ▶ beverage⟨coffee⟩ *vending machine* 飲料⟨コーヒー⟩自動販売機 / stamp *vending machine* 切手自動販売機 / tobacco⟨cigarette⟩ *vending machine* タバコ自動販売機 / ticket *vending machine* 券売機, 切符自動販売機.

【駅舎】You are requested to buy the train ticket from the automatic *vending machine*. 列車の切符は自動販売機で買ってください.

【レストラン】You have to buy a meal coupon. There is a *vending machine* outside the restaurant entrance to the left. 食券を買ってください. 食堂入口外側の左手に自動販売機がございます.

マーケットの露店

スーパーのカート式のカゴ

W

wait 動 待つ (for)；期待する. ▶ *wait* for you at the airport〈station〉 空港〈駅〉であなたを待つ / *wait* for the train to pass 列車が通り過ぎるのを待つ.

[交通] I've been *waiting* for the bus for Boston. How often do the buses run? → (They run) About every fifteen minutes. ボストン行きのバスを待っています。バスはどれくらいの間隔で運行されていますか。→約15分です.

◇ **wait on** 給仕する (=serve, help)；(顧客に)対応する；(顧客の)用を聞く.

[レストラン] Is anybody *waiting on* you? → No. I wonder if you could help me. ご用は承っていますか〈ご注文はお済みですか〉. →いいえ. お願いできるでしょうか. ☆ Is anybody *waiting on* you? はレストランや売店などで顧客に対して尋ねる決まり文句である. Have you been *waited on*? / Are you being served? とも言う. 肯定の返事は Yes, thank you.（はい, 注文済みです）と言う.

— 名 待つこと, 待ち時間. ▶ have a long *wait* for the bus バスを長い間待つ.

---

wake 〈過去 woke〈waked〉, 過去分詞 woken〈waked〉〉 動 ① 目が覚める. ☆ **get up**「起きる」(目を覚まして寝床から離れる). ▶ *wake* up at five 5時に目を覚ます.

② 目を覚まさせる, 起こす. ☆通常は **wake up** として用いる.

[ホテル] Please *wake* me *up* at six tomorrow morning. 明朝6時に私を起こしてください.

◇ **wake-up call** 目覚ましの電話, モーニングコール. ☆日本ではホテルのフロントまたは電話交換手からの目覚まし電話のことを「モーニングコール」と言うが, 英語の **morning call** は「朝の正式訪問」の意味が強い.

[ホテル] This is Aoki Noriko in room 123. Could I have a *wake-up call* tomorrow morning? 123号室の青木規子です. 明朝モーニングコールをお願いできますか.（=I'd like (to have) a *wake-up call* tomorrow morning.）

---

ward 名 ① (都市の行政区である)区. ▶ Meguro *Ward* 目黒区.

② 病棟；(病院の)共同病室. ▶ emergency *ward* 救急病棟 / isolation *ward* 隔離病棟.

---

way in ①《英》(地下鉄・劇場の)入口 (=entrance). ⇔ way out

② 乗車口 (=entrance).

---

way out ①《英》(地下鉄・劇場などの)出口 (=exit). ⇔ way in

② 降車口 (=exit).

way station 《米》中間駅；急行通過の小駅；(田舎の)急行通過駅(=《英》minor station).

---

wear 〈過去 wore, 過去分詞 worn〉 **動** (服などを)着用している；(帽子を)かぶっている. ⇨ put on (着用する). ▶ *wear* a new dress 新しいドレスを着ている(状態). ☆ put on a new dress 新しいドレスを着る(動作)/ *wear* shoes 靴をはいている.
【買物】 What size do you *wear* in Japan? → Medium. / I think medium will fit me. 日本ではどのサイズを着用しますか. → M サイズです / M が合うと思います.
— **名** 着用；衣服. ▶ casual *wear* ふだん着 / Sunday *wear* 晴着 / travel *wear* 旅行服.

---

welcome **間** ようこそ, いらっしゃい. ☆「歓迎」の言葉としての「よくおいでくださいました」という意味がある. ただし招待した来客などに対する言葉として「ようこそ, いらっしゃい」という場合には, You are welcome. よりも, I am very glad to see you. / I am so happy you have come. / It's very kind of you to come to see me 〈us〉. などを使う.

◇ **Welcome to Japan, John.** ジョン, 日本にようこそいらっしゃいました.
◇ **Welcome back home!** お帰りなさい. ☆帰国した人または長く留守をしていた人に対して「お帰りなさい」と言う慣用表現である. Welcome back! また Welcome home! とも言う. 遠方の旅行から帰国した人に対しては (I'm) Glad to see you back (home). そして Did you enjoy your trip? などをつけ加える. ちなみに日常的に毎日帰ってくる人には Hello! あるいは Hi! Did you have a good time? などと言う.

— **形** 歓迎される, 喜ばしい. ▶ *welcome* drink 歓迎の飲み物 / *welcome* guest 歓迎される客 / *welcome* mat 歓迎のドアマット(米国のホテルのエレベーター内によく見かける). ☆ doormat は家の玄関に置く靴ぬぐい / *welcome* party 歓迎会.

◇ **be welcome to (do)** 自由に〜してよい.
【買物】 You *are welcome to* try on the costumes if you'd like. ご希望であれば衣装をご自由に試着なさってください.

◇ **You're welcome.** どういたしまして. (=**You are welcome.**)
☆ 友人または乗客・旅客からの感謝 (Thank you. / It's very kind of you.) に対して返礼する時の慣用表現である. 親しい間柄では単に **Welcome.** とも言う. 相手・状況によって, 次のような表現も用いられる.
　1. 親しい間柄での表現：It's OK.「いいよ」/ That's all right. / Don't mention it.「いいんですよ」/《英》Not at all.「大丈夫」
　2. 形式的な表現：The pleasure is mine. / It's my pleasure. / My pleasure.「こちらこそ」「どういたしまして」
　3. 非常に丁寧な表現：I'm glad I could be of some help to you.「お手伝いで

きてうれしいです」/ I'm happy I could be of assistance to you. 「お力になれて光栄です」
— 動 (好意的に)歓迎する, 喜んで迎え入れる.
(機内放送) We would like to *welcome* you aboard All Nippon Airways 005 bound for New York. 全日空ニューヨーク行き 005 便にご搭乗いただきありがとうございます.
— 名 歓迎, (人を)迎えること. ▶ receive a warm *welcome* (at the airport) (空港で)あたたかく歓迎される / give a warm *welcome* あたたかく迎え入れる.

wide 形 幅が広い(=broad). ⇔ narrow (狭い). ⇨ width (幅)
(観光) How *wide* is this road? → It is 15 meters *wide*. この道路の幅はどれくらいですか. (=What is the width of this road?) →幅 15 メートルです. (=It is 15 meters in width.)

width 名 幅；広さ. ⇨ wide
(関連語) breadth 横幅 / depth 深さ / length 長さ / height 高さ.
(観光) What is the *width* of this bridge? → It is 30 meters in *width*. この橋の幅はどのくらいですか. (=How wide is this bridge?) →この橋は幅が 30m です. (=It has a *width* of 30 meters.)

window 名 ①窓. ▶ look out (of) the bus *window* バスの窓から外を見る.
(レストラン) I've reserved a table by the *window*. 窓側の座席を予約してあります.
◇ **window seat** (飛行機・列車などの)窓際の座席. ⇨ seat
(機内) Can I change my seat into the *window seat*, if this seat is vacant? この席が空いているなら, 窓際の座席に移ってもいいですか.
◇ **window shade** 窓の日よけ；ブラインド (=《英》blind). ☆単に **shade** とも言う.
(機内) Could you close the *window shade*? 窓の日よけを閉めていただけますか.
(機内) Shall I pull the *window shade* down? 日よけを下ろしましょうか.
② 窓口；(店の)ショーウィンドー (=show window). ▶ ticket *window* 切符を売る窓口 / *window* display ショーウィンドーの飾りつけ, 展示宣伝 (=window dressing)/ *window* shopping ウィンドーショッピング.
(駅舎) Please ask at *window* No.5. 5 番窓口でお尋ねください.

wrap [ræp] (w は発音しない) 動 包む(up), 巻く；(紙・布などで)くるむ. ☆**pack** は(郵送や保管のために)「包装する」. 米国の店では通常買った品物を包装せず, プラスチックの袋か

紙袋に入れるだけである。大手のデパートなどでは包装カウンターが設けられているが、包装してもらうには有料 (charge) となる。通常は包装紙とリボンを買い、自分で包む。

(買物) Can you *wrap* it up as a gift in⟨with⟩ the wrapping paper? 贈り物として包装紙で包んでいただけますか。

(買物) Can you *wrap* these gifts one by one? この贈り物を別々に包んでくださいますか。

wrapping 名 包装. ▶ *wrapping* cloth 風呂敷 (=wrapper)/ *wrapping* paper 包装紙 (=wrapper).

空港。出国時のセキュリティーチェック

X

Xing 〈xing〉 名 横断路 (=crossing).
　掲示 **PED XING.**「横断歩道」(=PEDESTRIAN CROSSING). ☆「歩行者 (pedestrian) が横断する (crossing) ので注意せよ」の意.

X-ray 形 X 線の, レントゲン線検査の.
— 動 X 線検査をする.
　◇ **X-ray checking** X 線透視検査.
　　空港 Put your baggage here for *X-ray checking*, please. 荷物をX線透視検査のためここに置いてください.
　◇ **X-ray machine** X 線透視装置. ☆ **metal detector**（金属探知器）また **anti-hijacking metal detector**（ハイジャック防止用金属探知機）とも言う.
　　空港 Will the *X-ray machine* affect this film? X線透視装置はこのフィルムに影響ないですか.
　◇ **X-ray unit** X 線装置.
　　空港 This *X-ray unit* is safe for any films. このX線装置はどのフィルムを通しても影響ありません.

X-raying 名 X 線による荷物検査.
　空港 *X-raying* is the most effective way to ensure that baggage is free from all kinds of dangerous goods. X線検査は乗客の手荷物に危険物がないことをチェックする最も効果的な手段である.

Z

zero [zí:rou] (複 zeros または zeroes) 名 ゼロ, 零；0 の数字（アラビア数字）.
☆ 0 の読み方は米国では zero / o(h) / ou, 英国では zero / nought / nil / nothing が用いられる.

① 「電話番号・部屋番号・建物番号」などの数字の場合, 通常は o(h) / ou と読む. 012-3450 は oh one two, three four five oh と読む.

② 「競技の点数」などの数字の場合, 通常米国では nothing, 英国では nil が用いられる.
　例 Our team won the game by 5 to 0.「我々のチームは 5 対 0 で勝った」. ☆ We won the game with a score of 5 to 0. 米国では five to nothing, 英国では five to nil と読む. ただしテニスの場合は 0 を love と言う. The score is 30 to 0.「得点はサーティーラブ (30 対 0) です」. thirty (to) love と読む.

③ 「年号」などの数字の場合, 1901 は nineteen oh〈nought〉one と読む.

④ 「小数点」などの数字の場合, 0.123 は zero〈nought〉point one, two three と読む.

⑤ 「列車」などの数字の場合, o(h) と読む. The 10:05 train は the ten (o) five train と読む.

出発便の案内表示

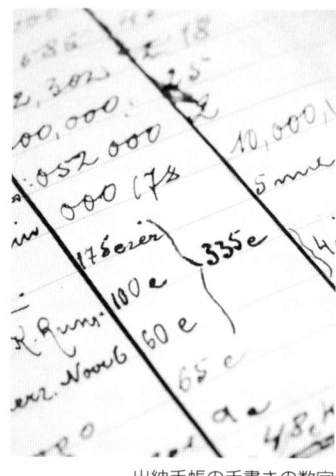

出納手帳の手書きの数字

ホテル，タクシー乗り場の一角

ホテル内で荷物を運ぶ台車

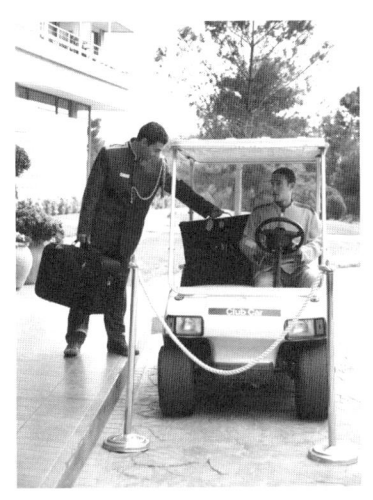

荷物を運ぶベルボーイ

写真提供

pp. 22, 51 (left), 70, 94, 103, 114, 117, 131, 142, 148, 178, 197, 214, 221: 田中由紀

p. 51 (right): Airport Sign for Customs©iStockphoto.com/Lya Cattel

p. 139: Rocky Mountains©iStockphoto.com/David Birkbeck

p. 164: The Twenty-five Cents Coin, USA©iStockphoto.com/Kary Nieuwenhuis

p. 164: Reverse of the Canadian Twenty-five Cents Coin©iStockphoto.com/maogg

p. 218: Security Check©iStockphoto.com/james steidl

p. 220: A Detail from an Old Notebook© iStockphoto.com/Milos Luzanin

著者・校閲者紹介

山口百々男（やまぐち　ももお）
横浜サレジオ学院高等学校および大阪星光学院中学・高等学校の元教頭、宮崎日向学院中学・高等学校の元教諭。学校法人文際学園（日本外国語専門学校および大阪外語専門学校）の初代校長兼元理事。現在、全国語学ビジネス観光教育協会・観光英検センター顧問。

藤田玲子（ふじた　れいこ）
日本航空株式会社元国際線客室乗務員。現在、東海大学外国語教育センター准教授、立教大学観光学部兼任講師。

Steven Bates（スティーブン・ベイツ）
米国・金融関係に勤務後来日。約20数年の在日経験があり、日本文化に造詣が深い。学校法人文際学園・日本外国語専門学校元英語専任教員。

観光のための初級英単語と用例
―観光英検3級～2級対応―

2013年 7 月20日　第 1 刷発行
2025年 7 月20日　第 7 刷発行

著　　者──山口百々男
校　閲　者──藤田玲子／Steven Bates
発　行　者──前田俊秀
発　行　所──株式会社 三修社
　　　　　　〒150-0001 東京都渋谷区神宮前2-2-22
　　　　　　TEL03-3405-4511　FAX03-3405-4522
　　　　　　振替 00190-9-72758
　　　　　　https://www.sanshusha.co.jp
　　　　　　編集担当 三井るり子

印刷・製本──倉敷印刷株式会社

©Momoo Yamaguchi, 2013 Printed in Japan　ISBN978-4-384-05724-9 C2082

カバーデザイン──川原田良一
本文DTP ──有限会社トライアングル
編集協力──朝日則子

JCOPY 〈出版者著作権管理機構 委託出版物〉
本書の無断複製は著作権法上での例外を除き禁じられています。複製される場合は、そのつど事前に、出版者著作権管理機構（電話 03-5244-5088 FAX 03-5244-5089 e-mail: info@jcopy.or.jp）の許諾を得てください。

観光英語検定試験のご案内

主催：全国語学ビジネス観光教育協会 観光英検センター

実施級： **1級**（記述式の筆記試験と面接）年1回実施

　　　　 2級（筆記とリスニングの試験）年1回実施

　　　　 3級（筆記とリスニングの試験）年1回実施

- **1級** 観光業、旅行業に必要な実務英語。
  程度の目安：TOEIC［B・C］レベル（600 – 860）、英検準1級・1級程度。

- **2級** 観光業、旅行業に必要となる基本的な英語および英語による日常会話。
  程度の目安：TOEIC［C］レベル（470 – 600）、英検2級程度。

- **3級** 観光・旅行に必要となる初歩的な英語および英語による日常会話。
  程度の目安：TOEIC［D］レベル（220 – 470）、英検3級程度。

●お問い合わせ先●

〒101-0061　東京都千代田区三崎町2-8-10　ケープビル2F
全国語学ビジネス観光教育協会内　観光英検センター
電話：03-5275-7741　　E-MAIL：info@zgb.gr.jp
http://www.zgb.gr.jp